工程灾害与防灾减灾

李新乐 主编

U0300520

中国建筑工业出版社

图书在版编目（CIP）数据

工程灾害与防灾减灾/李新乐主编. —北京：中国建
筑工业出版社，2012.7
ISBN 978-7-112-14326-9

Ⅰ.①工… Ⅱ.①李… Ⅲ.①灾害防治 Ⅳ.①X4

中国版本图书馆 CIP 数据核字（2012）第 100798 号

　　本书系统介绍了对工程结构影响较大的几类灾害的含义、特点、分类及减灾技术和防灾措
施对策，本书内容丰富、实用，知识性和科普性结合，以大量近期发生的灾害事件为例，突出
了灾害事例的时效性。全书共 10 章，内容包括：防灾减灾概论、地震灾害与防震减灾、火灾与
防火减灾、风灾与结构防风设计、地质灾害与工程防灾、气象灾害与防灾减灾、生产事故灾害、
爆炸灾害与防爆设计、生物与环境灾害、防灾减灾规划。本书附有配套课件光盘。

　　本书适用于土木工程、工程管理、建筑学、城市规划、水利工程、安全工程等本科、专科
学生作为学习用书，可供从事防灾与减灾研究工作者和管理者作为参考，也可作为广大人民群
众学习灾害基本知识及防灾减灾基本技能的学习资料。

＊　　＊　　＊

责任编辑：刘瑞霞　张莉英
责任设计：董建平
责任校对：肖　剑　刘　钰

工程灾害与防灾减灾

李新乐　主编

＊

中国建筑工业出版社出版、发行（北京西郊百万庄）
各地新华书店、建筑书店经销
霸州市顺浩图文科技发展有限公司制版
廊坊市海涛印刷有限公司印刷

＊

开本：787×1092 毫米　1/16　印张：15¾　字数：392 千字
2012 年 8 月第一版　　2018 年 9 月第二次印刷
定价：**38.00** 元（含光盘）
<u>ISBN 978-7-112-14326-9</u>
（22402）

版权所有　翻印必究
如有印装质量问题，可寄本社退换
（邮政编码　100037）

前　　言

纵观人类历史，灾害始终伴随着人类社会的发展，其表现形式主要是自然态灾害和人为态灾害。自然态灾害主要有地震、火灾、洪灾、地质灾害、风灾、气象灾害等，人为态灾害主要有战争、生产事故等。各种灾害造成大量人员伤亡和财产损失。我国是世界上各种自然灾害发生频繁、灾害损失严重的国家之一，特别是进入21世纪以来，"5·12"汶川地震、"4·14"玉树地震、2008年冰雪灾害均造成了巨大损失，随着城市化进程加快，生产事故、环境恶化等灾害呈加重趋势。各种灾害造成的人员伤亡和财产损失多与结构破坏和倒塌有关，因此，防灾减灾与结构安全性密切相关。与此同时，随着灾害理论发展，我国防灾减灾法规建设日益完善，陆续颁布了《防震减灾法》、《防洪法》等，初步建立了适应我国国情的防灾减灾体系。但是，我国的巨灾保险制度仍是空白，防灾减灾教育较发达国家存在较大差距，至今在许多高等院校甚至中小学教育中没有开设此类课程，教材建设不足。因此，我国防灾减灾的任务非常艰巨。

本书系统全面地介绍了与工程结构有关的各种灾害概念、发生原因，列举了大量近期灾害实例，对防灾减灾基本理论、设计方法及防灾措施对策进行了详细阐述。全书共10章，内容包括：防灾减灾概论、地震灾害与防震减灾、火灾与防火、风灾与防风、地质灾害与防灾、气象灾害与防灾、生产事故灾害、爆炸灾害与防爆、生物及环境灾害、防灾减灾规划等。其中，第1、2、3、4、5、6、8、9章由李新乐编写，第7、10章由窦慧娟编写。全书由李新乐负责编写大纲和统稿。本书附有配套多媒体课件光盘，课件由王磊、田雨、董春明、苗建强、黄玲等工作室同学协助制作完成，本书课件曾获得全国第九届多媒体课件大赛工科组一等奖，内容丰富简洁实用，与教材章节呼应，增加动画、视频利于课堂教学。

本书编写力求知识性和科普性相结合，强调灾害实例和统计数据的时效性，收集并整理大量近期发生的灾害事件，贴近读者的切身感触，便于读者理解掌握并提高学习动力。本书可作为普通高等学校土木工程专业及相关专业的必修课或选修课教材，也可作为防灾减灾研究者、工程技术人员、管理者以及广大群众参考用书。

在本书编写过程中，编者参阅了许多学者和研究者的著作和文献资料，引用了其中部分研究成果，在此深表谢意。由于防灾减灾是一门新兴的跨学科的交叉学科，内容涉及知识面广，理论体系复杂，加之编者水平有限，本书难免存在不足和不当之处，敬请读者批评指正，多提宝贵意见。

编者

2011 年 11 月

目　录

第1章 防灾减灾概论

1.1 灾害及灾害学

"灾"，甲骨文字形，像火焚屋的形状。说明人类早期，家中失火，视为大灾。"祸兮福所倚，福兮祸所伏"出自于我国 2000 年前《老子》一书。这里所说的"祸"即指的是"灾害、灾难"。"祸兮福所倚，福兮祸所伏"以朴素的辩证法认识到福与祸的对立与转化的相互关系，意味着除害即兴利，减灾即增产与减少伤亡。

世界卫生组织定义灾害为：任何能引起设施破坏、经济严重损失、人员伤亡、健康状况及卫生服务条件恶化的事件，其规模已超过事件发生社区的承受能力而不得不向社区外寻求专门援助时，就可称其为灾害。联合国"国际减轻自然灾害十年"专家组将灾害定义为：灾害是指自然发生或人为发生的，对人类和人类社会造成危害后果的事件与现象。广而言之，一切对人类生活、生产和生命及财产构成破坏与危害的现象都称为灾害。

由此可见，灾害是由致灾源（或称灾害源）、灾害载体、承灾体三个部分组成的。一切灾害的发生，既要有灾害的诱因，也要有灾害的载体和受体。例如，一次地震，由于地壳振动或错动，引起滑坡、地面下陷，造成人员伤亡和房屋倒塌，则地震是致灾源，土体或地壳是灾害载体，人和房屋是承灾体。相反，如果本次地震发生在荒无人烟的海岛或沙漠，无人员伤亡和财产损失，则不会称为灾害。

灾害学是以各类灾害的发生、成因、特点、特性、分类为研究对象的学科。同时也包括灾害的预防、预报、监测、对策，以及灾后救助、救济、评估、重建等内容，是一门综合性的、新兴的交叉学科。目前国际上也较为热门。学科内容涉及天文、地理、地质、历史、考古、气象、化学、工业、农业、林业、水文、建筑、经济、行政管理、法律、心理、新闻等一系列学科和门类。灾害学是近 20 年来发展起来的交叉学科，是对自然灾害和人为灾害及其防治进行专门研究的综合性学科。我国 1992 年出版的国家标准《学科分类与代码》（GB/T 13745—92）中正式把"灾害学"列为一门学科。

当今的灾害科学走过一条从单学科到多学科合作，从多学科向跨学科发展的轨迹。事实上，现在国内外正开展的灾害学研究包括自然与社会两大方面，其基本研究内容是：(1) 自然灾害事件的性质特点；(2) 自然灾害事件发生的诱发因素及其成灾机制；(3) 原发自然灾害与次生自然灾害的关系；(4) 自然灾害事件规模和损害程度的评定（含减灾措施实施实际效能的评定）；(5) 自然灾害未来发展趋势预测等。

1.2 灾害分类

纵观人类的历史可以看出，灾害的发生原因主要有二：一是自然变异，二是人为影响。而其表现形式也有两种，即自然态灾害和人为态灾害。因此，通常把以自然变异为主因产生的并表现为自然态的灾害称为自然灾害，也就是所谓"天灾"，如地震、风暴潮等；将以人为影响为主因产生的而且表现为人为态的灾害称为人为灾害，即所谓的"人祸"，如人为引起的火灾和交通事故等。

（1）按照灾害类型分类

自然灾害：由自然界形成，非人力所能抗拒，不以人的意志为转移的灾害。如：地震、火山爆发、台风、暴雨（雪）、海啸，大的旱灾、水灾，沙尘暴、低温冻灾、高温热浪、干热风、森林大火、泥石流等。

人为灾害：即由人为造成的各类灾害。如：美国"911"事件、日本的地铁毒气事件、战争等。

技术灾害：一般由技术设计或技术操作失误造成的重大事件。如：核电站泄漏（如切尔诺贝利事件），重大化学品泄漏（含海上油轮失事），大的油田井喷，重大铁路、航空事故（如我国山东2011年火车相撞事故），大面积电网崩溃（如2003年美国加州大停电、2005年莫斯科大停电），航天发射失败，矿难等。

生物灾害：由于生物侵害或生物失控所构成的灾害。如：湖泊水库中的蓝藻泛滥、水葫芦疯长、大面积虫害、外来生物物种的侵害、急性传染病传播（如非典）等。

生态灾害：地下水位持续下降、水质污染、水资源短缺、空气污染、土地的盐碱化与荒漠化、海水倒灌、江河湖泊干涸、森林大火、大面积动植物死亡、物种灭绝等。

天文灾害：由地球以外因素构成的灾害。如：太阳黑子的大爆发（导致地球无线电通信紊乱）、极地臭氧空洞（导致宇宙射线加剧）、地外天体的闯入（如1908年的西伯利亚通古斯大爆炸、大规模陨石坠落）等。

社会灾害：邪教组织蔓延、计算机病毒大爆发、粮食危机、金融危机、谣言造成的危机、民族（宗教）矛盾冲突、政权危机等。

综合灾害：由于全球气候变化和温室效应引起的全球性气候变异，导致大规模、连锁性的生态失衡，引发的多种灾害。

（2）按照灾害发生速度来分类

突发性灾害：自然灾害形成的过程有长有短，有缓有急。有些自然灾害，当致灾因子的变化超过一定强度时，就会在几天、几小时甚至几分、几秒钟内表现为灾害行为，像地震、洪水、飓风、风暴潮、冰雹等，这类灾害称为突发性灾害。

缓发性灾害：旱灾、农作物和森林的病、虫、草害等，虽然一般要在几个月的时间内成灾，但灾害的形成和结束仍然比较快速、明显，直接影响到国家的年度核算，所以也把它们列入突发性自然灾害。另外还有一些自然灾害是在致灾因素长期发展的情况下，逐渐显现成灾的，如土地沙漠化、水土流失、环境恶化等，这类灾害通常要几年或更长时间的发展，故称为缓发性灾害。

一般说来，突发性灾害容易使人类猝不及防，因而常能造成死亡事件和很大的经济损失。缓发性灾害则影响面积比较大，持续时间比较长，虽然发展比较缓慢，但若不及时防治，同样也能造成十分巨大的经济损失。

（3）按照致灾因子性质分类

原生灾害：许多自然灾害，特别是等级高、强度大的自然灾害发生以后，常常诱发出一连串的其他灾害接连发生，这种现象叫灾害链。灾害链中最早发生的起作用的灾害称为原生灾害。

次生灾害：指由原始灾害的发生所引起的二次或三次灾害。如：汶川大地震所导致的堰塞湖现象，还有冰雪冻灾导致的大区域停电、停水、交通中断等。还有火山爆发、大地震之后引起的火灾、不良物质泄漏等。例如，1960 年 5 月 22 日智利接连发生了 7.7 级、7.8 级、8.5 级三次大震，而在瑞尼赫湖区则引起了 300 万 m^3、600 万 m^3 和 3000 万 m^3 的三次大滑坡，滑坡填入瑞尼赫湖后，致使湖水上涨 24m，造成外溢，结果淹没了湖东 65km 处的瓦尔的维亚城，全城水深 2m，使一百万人无家可归。这次地震还引起了巨大的海啸，在智利附近的海面上浪高达 30m。海浪以每小时 600～700km 的速度扫过太平洋，抵达日本时仍高达 3～4m，结果使得 1000 多所住宅被冲走，20000 多亩良田被淹没，15 万人无家可归。

衍生灾害：自然灾害发生之后，破坏了人类生存的和谐条件，由此还可以导生出一系列其他灾害，这些灾害泛称为衍生灾害。如大地震的发生使社会秩序混乱，出现烧、杀、抢等犯罪行为，使人民生命财产再度遭受损失；再如大旱之后，地表与浅层淡水极度匮缺，迫使人们饮用深层含氟量较高的地下水，从而导致了氟病，这些都称为衍生灾害。

次生灾害与衍生灾害有时比原生灾害的危害还大。因此，防止次生灾害与衍生灾害的发生与蔓延也是减灾的重要内容之一。

1.3　灾害分级

一般来说，成灾的大小是由两个基本因素决定的，一是致灾因子变化的强度，二是受灾地区人口和经济密度以及防御和耐受灾害的能力。通常情况下，致灾因子强度越大则灾害越严重；经济越发达相应该地区人口密度就越大，灾害则越大。如何衡量灾害大小，或如何划分灾情大小，目前，国内、国际还没有统一划定灾度的标准，因为它涉及一个国家承灾的能力和灾情处理的层次和职责的划分。目前，根据我国现阶段的国情出发将灾害分为以下几个等级：

A（巨灾）：死亡万人以上，损失大于 1 亿元人民币；

B（大灾）：死亡 1000～10000 人，损失大于 1000 万～1 亿元人民币；

C（中灾）：死亡 100～1000 人，损失大于 100 万～1000 万元人民币；

D（小灾）：死亡 10～100 人，损失大于 10 万～100 万元人民币；

E（微灾）：死亡少于 10 人，损失小于 10 万元人民币。

1.4　灾害对人类社会的影响及发展趋势

1.4.1　历史灾害概况

自然灾害对人类的危害主要表现在两个方面：人员伤亡和财产损失。根据美国减轻自然灾害十年顾问委员会在 1987 年的统计，在过去的 20 年中，地震、洪水、飓风、龙卷风、滑坡、海啸、火山喷发和自然大火等自然灾害，已在世界范围内造成 280 万人死亡，

3

受影响的人口多达 8 亿 2 千万人，直接经济损失估计为 250 亿～1000 亿美元，并经常引起人民的惊恐与社会的动荡。

1. 全球自然灾害概况

世界七大洲主要灾害分布如下：

(1) 亚洲：世界上灾害最多的洲，主要灾害有地震、火山、沙漠化等。

日本和中国都是世界上地震发生频繁的国家，日本附近地区平均每年释放的能量约占全球总释放能量的 1/10，而中国在 20 世纪七级以上强震占全球的 35%。此外，日本有活火山 270 多座，占世界活火山的 10%。

(2) 欧洲：自然灾害较少。

洪水、酸雨、污染及森林大火等灾害也不可避免，如 2002 年 8 月的百年一遇洪水，仅德国就损失 40 亿欧元。瑞典、挪威、德国则酸雨严重，湖泊酸化，鱼类死亡。森林火灾在法国也曾发生。

(3) 非洲：古老而稳定的大陆，地质灾害较少。但沙漠化严重，撒哈拉沙漠每年推进10km。加之人口增长过快，导致粮食问题严重短缺，世界上 33 个最不发达国家有 27 个在非洲。周期性旱灾出现，1984～1985 年死亡 100 多万人。

(4) 北美洲：自然、人为灾害并重。陆地龙卷风在美国西部每年发生数百起。飓风、地震灾害在墨西哥、美国也不断出现。酸雨则严重影响加拿大、美国。同时，森林火灾在北美洲也是非常严重的灾害之一。

(5) 南美洲：哥伦比亚曾发生火山地震，智利也是地震十分频繁的国家。

(6) 大洋洲：火山地震导致新西兰、太平洋岛屿家养生物野生化造成的灾害。澳大利亚盐碱化面积占世界总面积 37.4%。

(7) 南极洲：由于全球气候变暖，冰雪消融加快，冰体污染，南极动物减少。

2. 我国自然灾害概况

我国是世界上自然灾害最严重的少数国家之一。大陆地震的频度和强度居世界之首，占全球地震能量的十分之一以上，台风登陆的频次每年达七次，旱、涝灾害，山地灾害，海岸带灾害连年不断。我国自然灾害呈现出三个特点：①种类多，几乎囊括了世界上各种类型的自然灾害；②灾害发生的频率高、强度大、损失严重；③时空分布广，灾害地域组合明显。

在中国发生的重要的自然灾害，考虑其特点和灾害管理及减灾系统的不同可归结为七大类，每类又包括若干灾种：

(1) 气象灾害：包括热带风暴、龙卷风、雷暴、大风、干热风、暴风雪、暴雨、寒潮、冷害、霜冻、雹灾及旱灾等。

(2) 海洋灾害：包括风暴潮、海啸、潮灾、海浪、赤潮、海冰、海水入侵、海平面上升和海水回灌等。

(3) 洪水灾害：包括洪涝灾害、江河泛滥等。

(4) 地质灾害：包括崩塌、滑坡、泥石流、地裂缝、塌陷、火山、矿井突水突瓦斯、冻融、地面沉降、土地沙漠化、水土流失、土地盐碱化等。

(5) 地震灾害：包括由地震引起的各种灾害以及由地震诱发的各种次生灾害，如沙土液化、喷沙冒水、城市大火、河流与水库决堤等。

(6) 农作物灾害：包括农作物病虫害、鼠害、农业气象灾害、农业环境灾害等。

(7) 森林灾害：包括森林病虫害、鼠害、森林火灾等。

人为灾害主要有：

(1) 生态灾害：自然资源衰竭、环境污染、人口过剩等。

(2) 工程经济灾害：工程塌方、爆炸、工厂火灾、有害物质失控等。

(3) 社会生活灾害：交通事故灾害、火灾、战争、社会暴力与动乱等。

1.4.2 灾害发展趋势

随着科学技术的发展和人类社会的进步，各种各样的自然和人为灾害不断出现，同时新的灾种也呈增多趋势。

(1) 新灾种隐患呈增多趋势

高层和超高层建筑使消防安全工作面临严峻考验；随着社会的发展对信息化的依赖，网络和信息系统的安全对社会的影响日益加大；由于人口密集、人员流动频繁和国际化程度的提高，可能造成变异疫情流入频率加快，流行性传染病易发、高发的疫情新特征。众多高层建筑外饰玻璃幕墙形成了光污染，在大风、地震影响下可能造成"玻璃雨"等。

潜在城市环境灾害、化学事故灾害、通信信息灾害、地下空间与浅埋生命线工程中的灾害，网络攻击、恐怖袭击。

现代战争和恐怖活动给城市带来的是毁灭性的打击。伊拉克巴格达等城市在美军的蹂躏下，满目疮痍。2001 年 9 月 11 日，恐怖分子将劫持的客机变为"巡航导弹"，撞击纽约世贸大厦，使全世界谈恐色变。2005 年 7 月 7 日，世界上最古老最完善的伦敦地铁网正处在早上高峰运营期间，突然几个地铁站连续发生剧烈爆炸，地面上双层公共汽车也同时发生爆炸，震惊全球。

(2) 灾情呈增大趋势

地球板块近年来一直处于活跃期，各种自然灾害频发。在 1990 年至 1999 年间，全世界平均每年发生 258 起自然灾害事件，所造成的死亡人数约为 43000 人。在 21 世纪的第一个十年期间，各类自然灾害事件频繁发生，在全球各地都造成了重大的人员和财产损失。在 2000 年至 2009 年间，全球共发生了 3852 起国家范围内的自然灾害事件，造成超过 78 万人死亡，近 20 亿人受到影响，所导致的经济损失约为 9600 亿美元。

(3) 灾害重点呈现以城市为主趋势

由于城市人口众多，建筑密集，财富集中，是社会的经济、文化、政治中心，城市灾害具有多样性、复杂性、突发性、连锁性（次生、衍生和耦合）、受灾对象的集中性、灾害后果的严重性、影响的放大性等特性。城市对灾害又有着放大效应。比如城市一旦发生地震，绝大多数死伤者是由于地震引发的建筑物倒塌、火灾、煤气毒气泄漏、细菌、放射物侵袭，以及震后的大雨、雨后的瘟疫等，其损失大大超过地震冲击波本身的危害。

1.5 防灾减灾对策与措施

防灾、减灾是国际性的课题，需要国际社会联合行动、共同应对。1990 年联合国发起了"国际减灾十年"活动，我国是积极参与的国家。10 年来，国际减灾活动取得了显著的成效。根据 1999 年 7 月召开的国际减灾十年活动论坛的建议，联合国决定在"国际减灾十年"活动的基础上开展一项全球性的"国际减灾战略"活动，这将成为下一阶段国际社会共同行动的基础。该战略的主要目标是：提高人类社会对自然、技术和环境灾害的抗御能力，从而减轻灾害施加于当今脆弱的社会和经济之上的综合风险；通过对风险预防战略全面纳入可持续发展活动，促进从抗御灾害向风险管理转变。为实施该项减灾战略，联合国建立了减灾工作委员会和减灾秘书处。这是新世纪全球减灾的重大决策，也是世界减灾业新的里程碑。同时，联合国决定继续开展"国际减灾日"活动，时间为每年 10 月的第二个星期三。

防灾减灾是一个复杂的系统工程，涉及很多部门和领域。防灾减灾系统主要由三个方面的子系统组成，即灾害监测预报系统、防灾抗灾救灾系统、灾后救援系统。

灾害监测是减灾工程的先导性措施。通过监测提供数据和信息，从而进行示警和预报，甚至据此直接转入应急的防灾减灾的指挥行动。灾害的准确预报可以大幅度地降低灾害损失。但是，目前由于技术条件有限，灾害预报的难度很大，准确率低。如地震预报准确率只有 20%～30%。

防灾包括两方面措施，一是在建设规划和工程选址时要充分注意环境影响与灾害危害，尽可能避开潜在灾害，即在工程规划和设计中提高灾害预防等级，可以有效地减小灾害程度；二是对遭受灾害威胁的人和其他受灾体实施预防性防护措施，比如防灾知识和技术的普及教育，提高人们的防灾意识。

抗灾通常是指在灾害威胁下对固定资产所采取的工程性措施。如大江大河的治理，城市、重大工程的抗灾加固等。

救灾是灾害已经开始和灾后采取的最急迫的减灾措施。

灾后救援系统则是体现一个国家应对灾害的能力和实力。灾害救援也包括灾害重建工作，及时有力的灾害保障系统是减轻灾害影响和恢复正常生产生活的坚实基础。唐山大地震后，经过十几年的努力，一个崭新的工业城市又重新崛起在华北平原，新唐山的建设取得全世界瞩目的成就。

1.6　与工程结构有关的灾害

全世界每年都发生很多自然和人为的灾害，这些灾害的直接灾害和间接灾害一般都与我们生活中的各种工程结构有关，严重的灾害能够导致建筑物、构造物、电力设施、交通设施等结构倒塌和破坏，造成巨大的经济损失和人员伤亡，甚至导致社会动荡，威胁到全人类的生存。

与工程结构有关的灾害可以归结为以下几类：

(1) 地震灾害：强烈的地震，可使上百万人口的一座城市在顷刻之间化为废墟。

防治的主要方法为提高抗震烈度，防震减震。

(2) 火灾：建筑物火灾造成大量人员伤亡，甚至导致建筑物倒塌，与结构的抗火性能有很大关系。

防治措施：使用防火材料，加强结构防火设计。

(3) 风灾：风灾是发生频率最大、灾害范围广的灾种之一，也是造成工程结构损失较大的主要灾害之一。

防治措施：加强结构抗风设计。

（4）地质灾害：滑坡、崩塌、火山、地面沉降、地裂缝。

防治的主要方法为锚杆加固，挡土结构，控制地下水开采。

（5）气象灾害：主要有洪涝灾害、海洋灾害、冰冻雨雪灾害、沙尘暴及雷暴灾害。

防治措施：加强监测预报，溢洪防洪，拦洪蓄洪，提高结构设计荷载标准。

（6）生产事故灾害：工程事故灾害、道路交通事故、工矿生产事故。

防治方法主要是加强安全教育，提高工程结构的设计和建造水平，加强监测，强调生产过程的标准化。

（7）爆炸灾害：特点是爆破性强，对人和结构破坏性大。

防治措施主要是加强结构防爆设计。

（8）生物和环境灾害：与结构有关的生物灾害和酸雨灾害。

防治方法主要是强调环境综合治理，消除生物和环境对工程结构的侵蚀。

第 2 章　地震灾害与防震减灾

2.1　地震灾害

地震是极其频繁的一种自然灾害，全球每年发生地震约 500 万次，当震级达到某一量级时，地震对地表建筑造成巨大伤害，特别是在人口密集、政治、经济发达的地区，造成巨大损失，对整个社会有着很大的影响。但是，由于人类认识的限制，到目前为止，还不能完全掌握地震的发生规律，地震的监测预报仍然十分困难，因此，对于地震灾害主要以预防为主。为减小地震灾害造成的损失，最根本性的措施就是采取合理的抗震设计方法，提高建筑物的抗震能力，防止结构倒塌破坏，并结合地质勘查，合理规划城市布局，避开大的地层断裂带，从而在一定程度上削弱地震的影响。地震直接导致结构破坏和人员伤亡的同时，也可能引发次生灾害，如火灾、海啸、滑坡、疾病等灾害，次生灾害引起的损失往往比地震的直接损失更大，如 2011 年 3 月的日本福岛地震。因此，防止、减少地震造成的破坏和损失对于地震研究者和工程技术人员来说，是一个漫长的过程，也是一项非常艰巨的任务。

2.1.1　地震基础知识

1. 地球的构造

地球是一个长半轴约为 6378km、短半轴约为 6356km 的近椭球体。其表面有大气层、大洋、大陆，海底有山脉、海沟，陆地上有高山、平原等，地球内部由地壳、地幔、地核、内地核组成（图 2-1-1）。

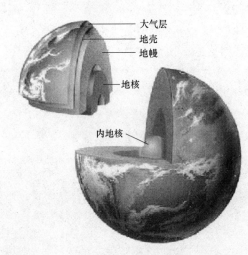

图 2-1-1　地球的构造

地壳是地球固体地表构造的最外圈层，整个地壳平均厚度约 17km，其中大陆地壳厚度较大，平均约为 35km。地壳分为上下两层。上层为花岗岩层，此层在海洋底部很薄，尤其是在大洋盆底地区，太平洋中部甚至缺失。下层为玄武岩层。地球在不停地自转和公转，同时地壳内部也在不停地变化，由此而产生力的作用，使地壳岩层变形、断裂、错动，于是便发生地震。多数地震是发生在地壳中，但是地震的大小与发生地震的位置直接相关。

地球地幔厚度约为 2900km，一般称其组成物质是具有可塑性的固体；地核半径大约 2100～2300km，内地核也叫副核，半径约为

1200～1400km，其温度超过 5000℃，呈液体状态，进行着缓慢的对流。因此，整个地球就像一个半生不熟的鸡蛋。

2. 地震基本概念

地震（earthquake）就是地壳在内、外应力作用下，集聚的构造应力突然释放，引起地球表层的快速震动。在古代又称为地动、地震动。它就像刮风、下雨、闪电、山崩、火山爆发一样，是地球上经常发生的一种自然现象。大地震动是地震最直观、最普遍的表现。在海底或滨海地区发生的强烈地震，能引起巨大的波浪，即地震海啸。

如图 2-1-2 所示，地球内部最早发生震动的地方称为震源。震源在地面上的投影称为震中，它是接收震动最早的部位。震中是有一定范围的，称为震中区（也称为极震区），震中区是震动最大的，一般也是破坏性最严重的地区。

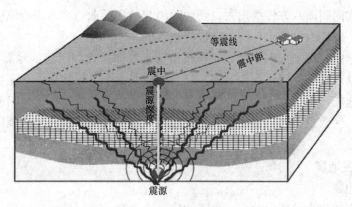

图 2-1-2　地震基本概念

震中到震源的垂向距离称为震源深度。对于同样大小的地震，由于震源深度不一样，对地面造成的破坏程度也不一样。震源越浅，破坏越大，但波及范围也越小，反之亦然。按照震源深度不同分为：

（1）通常将震源深度小于 70km 的叫浅源地震。浅源地震的发震频率高，占地震总数的 72.5%，所释放的地震能量占总释放能量的 85%。其中，震源深度在 30km 以内的占多数，是地震灾害的主要制造者，对人类影响最大。全世界 95% 以上的地震都是浅源地震，震源深度集中在 5～20km 上下。破坏性地震一般是浅源地震。如 1976 年的唐山地震的震源深度为 12km。

（2）深度在 70～300km 的叫中源地震。中源地震的发震频率较低，占地震总数的 23.5%，所释放的能量约占地震总释放能量的 12%。绝大多数中源地震发生在环太平洋地震带上，分布在岛弧的里侧和海岸山脉一带。中源地震一般不造成灾害。

（3）深度大于 300km 的叫深源地震。到目前为止，已知的最深的地震震源是 720km，是 1934 年 6 月 9 日的印尼苏拉西岛东的地震。1969 年 4 月 10 日发生在吉林省珲春南的一次 5.5 级地震，震源深度达到 555km，是目前中国震源最深的地震。深源地震约占地震总数的 4%，所释放的能量约占地震总释放能量的 3%。深源地震大多分布于太平洋一带的深海沟附近。深源地震一般不会造成灾害。

地震震中至某一指定点的距离称为震中距。震中距小于 100km 的地震称为地方震，在 100～1000km 之间的地震称为近震，大于 1000km 的地震称为远震，其中，震中距越远的地方受到的影响和破坏越小。

地表上地震破坏程度相似的各点连接起来的曲线称为等震线。

2.1.2　地震类型与成因

关于地震的成因目前主要有两种说法，一种是断层学说，另一种是板块构造学说。这两种学说实质上是针对天然地震而言的，实际上引起地球表层震动的原因很多，根据诱发地震的原因不同，可以把地震分为天然地震、人工地震及特殊地震三大类。特殊地震是指在某些特殊情况下产生的地震，如大陨石冲击地面（陨石冲击地震）等。

1. 天然地震

（1）构造地震：由于地下深处岩石破裂、错动把长期积累起来的能量急剧释放出来，以地震波的形式向四面八方传播出去，到地面引起的房摇地动称为构造地震。这类地震发生的次数最多，破坏力也最大，约占全世界地震的 90% 以上。

（2）火山地震：由于火山作用，如岩浆活动、气体爆炸等引起的地震称为火山地震。只有在火山活动区才可能发生火山地震，这类地震只占全世界地震的 7% 左右。

（3）塌陷地震：由于地下岩洞或矿井顶部塌陷而引起的地震称为塌陷地震。这类地震的规模比较小，次数也很少，即使有，也往往发生在溶洞密布的石灰岩地区或大规模地下开采的矿区。

2. 人工诱发地震

（1）水库地震

在原来没有或很少地震的地方，由于水库蓄水引发的地震称水库地震。水库蓄水以后由于局部地壳受力状态的改变，水体荷载产生的压应力和剪应力破坏地壳应力平衡，引起断层错动，产生地震。水库地震一般是在水库蓄水达一定时间后发生，多分布在水库下游或水库区，有时在大坝附近。

据统计，全世界已建水库约有 11000 多座，但已诱发水库地震的约 91 座，其中诱发破坏性水库地震的很少。1967 年 12 月 11 日，印度戈伊纳水库发生地震，这次地震是迄今已知的水库地震中最大的一次，震级为 6.5 级。

（2）爆炸地震

工业爆破、地下核爆炸、炸药爆破等各种爆炸释放能量引起的地面振动称为爆炸地震。早在 20 世纪 70 年代初，前苏联核专家进行地下核爆炸试验，在每次试验后的很长时间，爆炸中心近百里范围内都会发生多次地面震动，这说明地下核和地震之间存在某种关系。2008 年 10 月 16 日 18 时 15 分，广东宏大爆破股份有限公司在承担宁夏大峰矿露天煤矿羊齿采区基建剥离工程中，发生爆破伤亡事故，监测显示，此次爆破引发了 2.4 级地震。

（3）注水地震

由于油田注水或矿井中进行高压注水等活动而引发的地震称为油田注水地震。这类地震仅在某些特定的油田地区发生。1985 年 12 月 28 日起，在少震地区的山东省寿光县境内异乎寻常地发生小震群活动。经现场调查，小震群是因正在施工的胜利油田角 07 井注水而诱发。

2.1.3 地震灾害危害

地震和地震灾害既有区别又有联系。由于地面震动及相伴的地面断裂、地面形变和其他变化所产生的灾害统称地震灾害（Earthquake disaster）。之所以称为灾害是由于地震造成了人员伤亡或财产损失，如果一次非常大的地震发生在渺无人烟的地区，虽大而不能称为灾；反之，虽然一次非常小的地震但造成了损失，也称为灾害。随着人类活动的频繁，地震灾害也呈增大的趋势。

1. 地震灾害特点

地震灾害与其他的自然灾害相比有着不同的特点：

（1）突发性强。地震灾害是瞬时突发性的社会灾害，地震发生十分突然，一次地震持续的时间往往只有几十秒，在如此短暂的时间内造成大量的房屋倒塌、人员伤亡，这是其他的自然灾害难以相比的。地震可以在几秒或者几十秒内摧毁一座文明的城市，能与一场核战争相比，像汶川地震就相当于几百颗原子弹的能量。事前有时没有明显的预兆，以至于来不及逃避，造成大规模的灾难。

（2）破坏性大，成灾广泛。地震波到达地面以后造成了大面积的房屋和工程设施的破坏，若发生在人口稠密、经济发达地区，往往可能造成大量的人员伤亡和巨大的经济损失，尤其是发生在城市里，造成很大的人员伤亡和财产损失。

（3）社会影响深远。地震由于突发性强、伤亡惨重、经济损失巨大，它所造成的社会影响也比其他自然灾害更为广泛、强烈，往往会产生一系列的连锁反应，对于一个地区甚至一个国家的社会生活和经济活动会造成巨大的冲击。它波及面比较广，对人们心理上的影响也比较大，这些都可能造成较大的社会影响。

（4）防御难度大。与洪水、干旱和台风等气象灾害相比，地震的预测要困难得多，地震的预报是一个世界性的难题，同时建筑物抗震性能的提高需要大量资金的投入，要减轻地震灾害需要各方面协调与配合，需要全社会长期艰苦细致的工作，因此地震灾害的预防比起其他一些灾害要困难一些。

（5）次生灾害多。地震不仅产生严重的直接灾害，而且不可避免地要产生次生灾害。有的次生灾害的严重程度大大超过直接灾害造成的损害。一般情况下次生或间接灾害是直接经济损害的两倍，在次生灾害中不是单一的火灾、水灾、泥石流等，还有滑坡、瘟疫等，这些都属于次生灾害。

（6）持续时间比较长。这有两个方面的含义，一个是主震之后的余震往往持续很长一段时间，也就是地震发生以后，在近期内还会发生一些比较大的余震，虽然没有主震大，但是这些余震也会不同程度地发生，这样影响时间就比较长。另外一个，由于破坏性大，使灾区的恢复和重建的周期比较长，地震造成了房倒屋塌，接下来要进行重建，在这之前还要对建筑物进行鉴别，还能不能住人，或者是将来重建的时候要不要进行一些规划，规划到什么程度等问题，所以重建周期比较长。

（7）具有周期性。一般来说地震灾害在同一地点或地区要相隔几十年或者上百年，或更长的时间才能重复地发生，地震灾害对同一地区具有一定的周期性，认为在某处发生过强烈地震的地方，在未来几百年或者一定的周期内还可以再重复发生，这是目前对地震认识的水平。

（8）地震灾害的损害与社会和个人的防灾意识密切相关。如日本是世界上地震最严重的国家之一，但是日本因灾损失却不是最大的，这是日本对国民进行长期防灾教育和防灾技术研究的体现。

2. 地震灾害类型

地震灾害是地震对人类社会造成的灾害事件。影响地震灾害大小的因素有自然因素和社会因素。包括震级、震中距、震源深度、发震时间、发震地点、地震类型、地质条件、建筑物抗震性能、地区人口密度、经济发展程度和社会文明程度等。发生在无人区的大地震，一般不会造成灾害；而发生在经济发达、人口稠密地区的一次中等地震就可能造成极为严重的灾害。一般可将地震灾害分为直接灾害、次生灾害和诱发灾害三大类。

（1）地震直接灾害

直接灾害是指由于地震直接产生的地表破坏、各类工程结构物的破坏，及由此而引发的人员伤亡与经济损失。地震直接灾害是地震灾害的主要组成部分。大震，特别是发生在城市和其他人口、工程设施高度密集地区的地震，可造成数以万计的人口伤亡，大量建筑工程设施严重破坏，有时甚至毁灭城镇，成为损失特别严重的巨灾。

地震直接灾害主要有：建筑物和构筑物的破坏或倒塌，如各类房屋、桥梁、道路、电力、水利、通信、供气等设施的破坏或倒塌；地面破坏，如地裂缝、地基沉陷、喷水冒砂等；山体等自然物的破坏，如山崩等；水体的振荡，如海啸等；其他如地光烧伤人畜等。以上破坏是造成震后人员伤亡、生命线工程毁坏、社会经济受损等灾害后果最直接、最重要的原因。

1）地表破坏

地震引起的地面破坏现象主要有：地裂缝、地面塌陷、喷砂冒水、滑坡及塌方等。

地震出现的地裂缝是靠近地表的土层。一般情况下，震动越强烈，地面出现的裂缝就越多、越长、越宽、越深。潮湿疏松的土层中或地形陡峻的山坡上，最容易产生裂缝。这些地裂缝宽几厘米至几十厘米，长几米至几十米，有的断断续续延伸几千米甚至更长。如1966年3月8日邢台6.8级地震后，地面裂缝纵横交错，延绵数十米，有的达数千米，马兰一个村就有大小地裂缝150余条。

地震发生后，在地下存在溶洞及地下采空区的区域，地面往往发生下沉或塌陷。在喷砂冒水严重地区，地下出现空洞，也可能出现大面积地面下沉。例如1964年阿拉斯加地震时，波特奇市即因地震沉陷大而受海潮浸淹，迫使该市迁址。1976年唐山地震时宁河县富庄震后全村下沉2.6～2.9m，塌陷区边缘出现大量宽1～2m的环形裂缝，全村变为池塘。

2）建筑物破坏

建筑物的破坏和倒塌是导致人员伤亡的主要原因。由于建筑物建造在地球表面，地震对建筑物的破坏作用有三种方式：地震波传播方式影响、共振作用和地基液化。

建筑物受地震破坏的方式主要受地震波的传播方式影响。地震对建筑物破坏有三种方式：上下颠簸、水平摇摆、左右扭转。多数时候，震中区，往往存在三种方式的复合作用，破坏力巨大。同时，每个建筑物都有自己特定的自振频率，如果这个频率与地震作用的频率接近，还会引起类似共振的效应，那样带来的破坏力就更可怕了。

3）生命线工程破坏

生命线工程主要是指维持城市生存功能系统和对国计民生有重大影响的工程。主要包括：交通工程、通信工程、供电工程、供水工程、供气和供油工程、卫生工程、消防工程等。这些生命线工程必须具备足够的抗震能力、灵活的反应能力和快速的恢复能力。这些工程在地震时遭到破坏，会导致城市局部或全部瘫痪，并发生次生灾害。根据地震灾害记录资料，由地震引起的生命线工程的次生灾害不胜枚举。2008 年汶川地震导致道路受损，见图 2-1-3。

4）水利工程破坏

由于地震烈度、地震形态以及水库本身工程质量的不同，地震对于水利工程的危害也有所区别。国内外地震对水利工程的危害，主要有以下两种形式：

图 2-1-3　道路受损

① 坝体裂缝。地震作为外力荷载将会导致大坝尤其是土石坝整体性降低，防渗结构破坏，引起大量裂缝。地震的三维运动，在坝体和坝基中会形成过高的孔隙水压力，从而导致抗剪强度与变形模量的降低，引起永久性（塑性）变形的累积，进而导致坝体沉降与坝顶裂开。

② 坝体失稳。地震可能引起坝基液化，从而导致大坝失稳。美国加州的 Sheffield 坝 1917 年建成，坝高 7.63m，坝顶宽 6.1m，长 219.6m，水库库容 17 万 m³。1925 年 6 月距坝 11.2km 处发生里氏 6.3 级地震，长约 128m 的坝中段突然整体滑向下游。事后，经调查研究发现，坝体溃决的主要原因是地震使饱和土内的孔隙水压力增大，造成坝下部和坝基内的细颗料无凝聚性土发生液化。

（2）地震次生灾害

地震次生灾害指强烈地震发生后，自然以及社会原有的状态被破坏造成的山体滑坡、泥石流、水灾、火灾、爆炸、毒气泄漏、放射性物质扩散对生命产生威胁等一系列的因地震引起的灾害。

1）火灾：这是首屈一指的地震次生灾害。地震火灾多是因结构倒塌后火源失控引起的。

由于震后消防系统受损，社会秩序混乱，火势不易得到有效控制，因而往往酿成大灾。烈火不仅烧毁住宅和各种建筑物，还会烧死烧伤人。在强烈地震时，尤其是现代化的大城市地区的地震，其火灾往往比地震本身还可怕。

2）海啸：海啸主要发生在沿海地区，是地震的主要次生灾害。

环太平洋地区是世界上地震活动最为活跃的地区，从公元 358 年至今，全球发生的近 5000 次破坏性地震海啸，约有 85％分布在太平洋中的岛弧-海沟地带，其他 15％主要分布在太平洋的加勒比海、印度洋中的阿拉伯海以及地中海。在太平洋平均每 10 年发生一次 4 级地震海啸，平均每 3 年发生一次 3 级地震海啸，平均每年发生一次 2 级地震海啸，0 级地震海啸平均每年 4 次。

从公元前 47 年到 2002 年，中国共发生海啸 29 次，其中 9 次为海啸，13 次为高度可疑的海啸，基本上不具有危害性。尽管中国特殊的大陆架、岛屿等地质构造特点，海啸少，受外洋海啸影响小，但国际上仍将中国划为海啸危险区之一，特别是台湾海域和印尼北部的南海海域有发生海啸和受海啸影响的可能性，而中国还处于西太平洋地震带上。有专家认为，中国东部有三个主要地震海啸冲击危险区，即京津唐、台湾和苏北、南黄海地区，仍不可掉以轻心。

3）滑坡、崩塌和泥石流：这类地震的次生灾害主要发生在山区和塬区，由于地震的强烈震动，使得原已处于不稳定状态的山崖或塬坡发生崩塌、滑坡或泥石流。这类次生灾害虽然是局部的，但往往是毁灭性的，使整村整户人财全被埋没。

我国是一个多山的国家，山地、丘陵和比较崎岖的高原占全国总面积的三分之二，这些地区地震时一般都伴随不同程度的崩塌、滑坡和泥石流灾害。

4）水灾：地震引起水库、江湖决堤，或是由于山体崩塌堵塞河道形成堰塞湖而使水体溢出等，都可能造成地震水灾。地震水灾的危害是极其严重的，虽然世界上发生的地震水灾次数较少，但单次灾害的伤亡损失严重，有的甚至要大于地震的直接灾害，因而必须引起人们的重视。

地震水灾特点：①地震水灾的危险主要来自地震滑坡、泥石流。据世界地震水灾资料统计，大的地震水灾几乎都是由地震滑坡、泥石流堵塞河道，注入湖海、水库引起的，约占 70%。②地震水灾多发生在雨季。据不完全统计，在雨季发生的地震水灾约占 90%。③地震水灾造成损失严重、水害分布广。④水灾的受灾区域为山区的湖泊、水库、河流的沿岸及其下游区。如图 2-1-4 所示。

图 2-1-4　地震引发洪灾

（3）地震诱发灾害

诱发灾害是由地震灾害引起的各种社会性灾害，如瘟疫、饥荒、社会动乱、人的心理疾病等，称为诱发灾害。随着社会经济技术的发展，地震灾害还带来新的继发性灾害，如通信事故、计算机事故等。这些灾害是否发生或灾害大小，往往与社会条件有着更为密切的关系。

强烈地震发生后，灾区水源、供水系统等遭到破坏或受到污染，灾区生活环境严重恶化，故极易造成疫病流行。社会条件的优劣与灾后疫病是否流行关系极为密切。在古代，大震往往伴随着大疫，如 1556 年 1 月 23 日夜，中国陕西省南部秦岭以北的渭河流域发生的一次巨大地震。是中国人口稠密地区影响广泛和损失惨重的著名历史地震之一，估计震级为 8 级。这次地震之后又引起了饥荒和瘟疫，造成了空前巨大的人员伤亡。震时正值隆冬，灾民冻死、饿死和次年的瘟疫大流行及震后其他次生灾害造成的死者无数可计，约 83 万人，是世界上死亡人员最多的一次大地震。

随着科技发展，各国经济实力的提升，及救灾体系的完善，震后疫情得到了有效控制，但是，新的诱发灾害不断出现，如地震灾害导致银行系统瘫痪，储户的信息丢失，产生不可估量的经济损失。

3. 全球地震概况

通常认为，全球每年发生约 500 万次地震，平均下来每天有 1 万多个，只不过绝大多数不被人所察觉。据美国地震学联合研究会统计,全球 6 级以上的强震平均每年近 200 次,7 级以上的平均每年近 20 次,8 级以上的平均每年近 3 次。地震级数越大,数量就越少。由美国地质调查局(USGS)所做的 2000~2009 年全球 5 级以上地震数量统计可知,每年的大地震数目没有规律,但大致来说 2007 年可以算是其间地震较为频繁的年份。2010 年以来的地震数量并未显示出数量上有异常,即使数目上有小差异,也不过是地震的随机性所致。

地震的地理分布受地质构造影响,因而它有一定的规律,最明显的是成带性(图 2-1-5)。全球地震主要分布在:

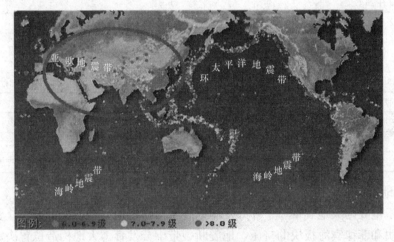

图 2-1-5　全球地震带分布

一是环太平洋地震带,是地球上最主要的地震带,它像一个巨大的环,围绕着太平洋分布,全长约 40000km,呈马蹄形。这是世界上地震最活跃的地带,全球 70% 的地震和释放的地震能量的 75% 就集中在这条带上。日本在环太平洋火山地震带的西侧,犹如坐在一把摇晃不停的椅子上,每年发生的有感地震高达 1000 余次。与日本隔洋相对的美国,处在环太洋火山地震带的东侧,也是强地震频发的国家之一。

二是欧亚地震带,又称喜马拉雅—地中海地震带,横贯亚欧大陆南部、非洲西北部地震带,它是全球第二大地震活动带。这个带全长 2 万多公里,跨欧、亚、非三大洲。全球 15% 左右的地震发生在这条带上,主要是浅源地震和中源地震。

三是洋中脊地震带,是指沿着洋中脊轴部分布的地震带,主要分布在太平洋、印度洋、大西洋的洋中脊,其宽度较窄而延伸很长,震源较浅,震级很少超过 6 级,具有火山地震性质。全球地震近 5% 发生在这些远离人类的大洋之中。

最后约有 10% 分布在板块内部。

全球千人以上地震灾害实例见表 2-1-1。

全球典型地震灾害(千人以上死亡或失踪)　　　　　表 2-1-1

时　　间	地　点	震　级	死亡或失踪
1906 年 1 月 31 日	厄瓜多尔	8.8	1000 多人死亡
1908 年 12 月 18 日	意大利	7.5	7.5 万人
1923 年 9 月 1 日	日本关东	8.2	14 万余人

时　　间	地　点	震　级	死亡或失踪
1939 年 12 月 27 日	土耳其	8.0	5 万人
1960 年 5 月 21 日	智利	9.5	1 万人死亡
1970 年 5 月 31 日	秘鲁	7.6	6 万多人死亡
1985 年 9 月 19 日	墨西哥	7.8	3.5 万人
1990 年 6 月 21 日	伊朗	7.3	5 万人
1995 年 1 月 17 日	日本神户	7.2	5400 多人
2003 年 12 月 26 日	伊朗	6.3	3 万人死亡
2004 年 12 月 26 日	印度洋	8.9	30 万人
2005 年 3 月 28 日	印度尼西亚	8.7	1000 人死亡
2005 年 2 月 22 日	伊朗东南部	6.4	600 多人死亡
2005 年 10 月 8 日	巴基斯坦	7.6	7.3 万多人死亡
2006 年 5 月 27 日	印度尼西亚	6.2	5137 人死亡
2009 年 9 月 30 日	印度尼西亚	7.9	1117 人死亡
2010 年 1 月 12 日	海地	7.3	22.25 万人死亡
2011 年 3 月 11 日	日本	9.0	10066 人死亡 17452 人失踪

4. 中国地震灾害

中国位于世界两大地震带——环太平洋地震带与欧亚地震带的交汇部位，受太平洋板块、印度板块和菲律宾海板块的挤压，地震断裂带十分发育。大地构造位置决定，中国地震活动频度高、强度大、震源浅，分布广，是一个震灾严重的国家。据统计，我国大陆 7 级以上的地震占全球大陆 7 级以上地震的 1/3，因地震死亡人数占全球的 1/2。全国有 41% 的国土、一半以上的城市位于地震基本烈度 7 度或 7 度以上地区，6 度及 6 度以上地区占国土面积的 79%，是一个地震活动较多且强烈的地区。中国占全球 7% 的国土上承受了全球 33% 的大陆强震，是世界上大陆强震最多的国家。全球发生两次导致 20 万人死亡的强烈地震也都发生在我国，1920 年宁夏海原地震（23 万多人死亡）和 1976 年河北唐山地震（24 万多人死亡）。

我国的地震活动主要分布在五个地区的 23 条地震带上（图 2-1-6）。这五个地区是：①台湾省及其附近海域；②西南地区，主要是西藏、四川西部和云南中西部；③西北地区，主要在甘肃河西走廊、青海、宁夏、天山南北麓；④华北地区，主要在太行山两侧、汾渭河谷、阴山-燕山一带、山东中部和渤海湾；⑤东南沿海的广东、福建等地。

在我国历史上，最早的地震载于《竹书纪年》之中，共记载了四次地震，其中最早的两次发生在公元前 17 世纪的夏代末期，一次是夏代帝发七年（约公元前 1831 年），泰山震。另一次是夏代帝癸十年（约公元前 1809 年），五星错行，夜中陨星如雨，地震，伊洛（河南省的伊水和洛水）竭。至今为止，有记载的中国地震超过 8000 次，其中超过 1000 次为 6 级以上破坏性地震。文献考证表明，1556 年 1 月 23 日陕西华县 8.0 级大地震，死亡 83 万人，为世界震灾史之首。21 世纪以来，地壳活动频繁，我国区域性地震大灾呈增多趋势。如 2008 年 5 月 12 日 2 时 28 分，四川汶川 7.8 级地震，地震重创约 50 万平方公里的中国大地，中国除黑龙江、吉林、新疆外均有不同程度的震感，其中以陕甘川三省震

图 2-1-6　中国地震带分布

情最为严重。69227 人遇难，374643 人受伤，失踪 17923 人，汶川灾区建筑多为砖石结构，汶川地震致使灾区 2413.3 万间房屋损坏，其中倒塌房屋 652.5 万间。地震使五条国道、十条省道和 17000km 的农村道路、桥梁和隧道受损，里程累计 53295km，其中最为严重的是宝成铁路，中断通车达 4 天。受损供水管道累计 48275.5km，电网损坏严重，电信光缆损毁里程合计 36647 皮长 km，灾区通信中断，地震直接损失 1 万亿元。

2010 年 4 月 14 日，中国青海玉树 7.1 级地震，震源深度在 33km，属于浅源性地震，造成 2698 人死亡，270 人失踪。灾区房屋结构类型主要有土木结构、砖混结构、钢筋混凝土框架结构等，地震造成大量房屋被破坏，极灾区结古镇的土木、砖木结构房屋几乎全部倒塌或严重破坏，砖混结构房屋 80%以上倒塌，框架结构房屋约 20%倒塌。玉树地区的国省干线、交通基础附属设施造成损失达 23 亿元，受灾范围达 2 万 km^2，损失约 8000 亿元，如图 2-1-7 所示。

我国地震灾害人员伤亡大、建筑结构破坏严重的主要原因：

(1) 地震强度大、震源浅，地形地质条件复杂，震害次生灾害严重。

(2) 我国经济不够发达，结构抗震设

图 2-1-7　玉树地震土木结构倒塌

计标准低，广大农村和相当一部分城镇，房屋多为土木结构、砖木结构和砖石结构，建筑材料差，结构不合理，抗震性能差。

(3) 城市规划和选址不合理。

(4) 施工质量差，不按标准施工、偷工减料致使豆腐渣工程屡见不鲜。

(5) 人口密度相对较大，特别是城市人口集中，如台湾、福建、四川、云南等，都处于地震的多发地区，约有一半城市处于地震多发区或强震波及区。

2.2　结构抗震设计

2.2.1　地震波、震级和烈度

1. 地震波

地震引起的震动以波的形式从震源向四周传播，这种波就称为地震波。观测并记录地震的仪器称为地震仪。早在公元 132 年，我国科学家张衡就创造出了第一台地震仪，称为候风地动仪（图 2-2-1），两年后（公元 134 年 12 月 13 日）的甘肃地震被张衡地动仪感应并吐出一个龙珠，这也是人类首次用仪器记录到地震。第一台真正意义上的地震仪由意大利科学家卢伊吉·帕尔米里（Luigi Palmeri）于 1855 年发明，它可以粗略地显示出地震发生的时间和强度。第一台精确的地震仪，于 1880 年由英国地理学家约翰·米尔恩在日本发明，他也被誉为"地震仪之父"。随着科技的发展，目前越来越多的先进的地震仪应用到地震台网中，我国已建成的数字化台站共计 792 个，用于监测地震的发生，记录到大量的地震波（图 2-2-2），为地震研究奠定了基础。

地震波按其在地壳传播的位置不同，分为体波和面波。

（1）体波是在地球内部由震源向四周传播的波，分为纵波（P 波）和横波（S 波）。

纵波（P 波）是由震源向四周传播的压缩波（图 2-2-3）。介质质点的振动方向与波的传播方向一致，引起地面垂直振动，周期短、振幅小、波速快。纵波可以在固体、液体、气体的内部传播，也可以在固体的表面传播，却不可以在液体和气体的分界面上传播，其原因是在液体和气体的分界面上，液体的表面层分子比较稀薄，形成一个呈现表面张力的特殊层。这一层如

图 2-2-1　张衡地动仪

果出现密部和疏部，意味着液体的表面粉碎。表面张力不允许液体表面粉碎，所以液体表面不能传播纵波。由于纵波可以在地球内部的所有介质中传播，所以，传播到遥远地方的地震波，主要是纵波。纵波在建筑物中引发的震感，是上下振动，楼层越高，感觉越明显。

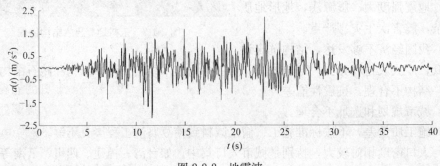

图 2-2-2　地震波

横波（S波）是由震源向四周传播的剪切波（图2-2-4）。介质质点的振动方向与波的传播方向垂直，引起地面水平振动，周期长、振幅大、波速慢。气体分子之间没有横向力，液体内部的分子之间也没有横向力，所以，横波不能在气体中传播，也不能在液体中传播。横波可以在固体内部、固体表面、液体和气体的分界面上传播。横波在地球内部传播时，遇到地下水或者河流、海洋，就会过不去。横波在震中附近的建筑物中引发的震感，就是左右摇动。对于抗震级数不够的建筑物，左右摇动会直接破坏建筑的内部结构，破坏性比纵波强烈得多。

一般情况下，纵波在地球内部传播速度大于横波，所以地震时，纵波总是先到达地表，而横波总落后一步。这样，发生较大的近震时，一般人们先感到上下颠簸，过数秒到十几秒后才感到有很强的水平晃动。这一点非常重要，因为纵波给我们一个警告，告诉我们造成建筑物破坏的横波马上要到了，快点作出防备。

虽然，震中之外的地方，横波比纵波来得慢，它震松了建筑结构，并没有造成坍塌。可是等下一个纵波到来时，已经震松了的建筑结构，如何能够经受水平的晃动？这就是余震比主震级数低，破坏力却更大的主要原因。

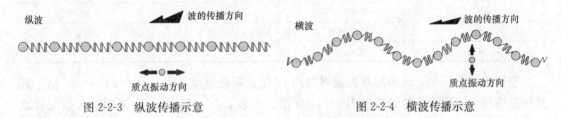

图2-2-3　纵波传播示意　　　　　　　图2-2-4　横波传播示意

（2）面波是沿着地球表面传播的波，它是体波经地层界面多次放射、折射形成的次生波，波速小于体波，往往最后被仪器记录到。如果地震非常强烈，面波可能在震后围绕地球运行数日。面波的质点振动方向比较复杂，既引起地面水平振动又引起地面垂直振动，而且面波能量大于体波，对地表结构物和地表破坏主要以面波为主。

2. 地震震级和地震能量

地震的震级是衡量一次地震大小的等级，是衡量地震释放能量多少的尺度，用符号 M（Magnitude）表示。常用震级表示方法有局部震级 M_L（Local Magnitude）、体波震级 M_b（Body Magnitude）、面波震级 M_s（Surface Magnitude）和矩震级 M_w（Moment Magnitude）。

面波震级标度 M_s 比较适用于从远处（震中距大于1000km）测定浅源大地震的震级，而且各国地震机构的面波震级测定结果也比较一致，因此世界各国在公布和交换有关震级的信息资料时，一般都使用面波震级，即通常所说的里氏震级。

里氏震级（Richter magnitude scale）是由两位来自美国加州理工学院的地震学家里克特（Charles Francis Richter）和古登堡（Beno Gutenberg）于1935年提出的一种震级标度，是目前国际通用的地震震级标准。它是根据离震中一定距离所观测到的地震波幅度和周期，并且考虑从震源到观测点的地震波衰减，经过一定公式计算出来的震源处地震的大小。即距震中100km，用伍德-安德生标准地震仪，所记录到的最大振幅为 $1\mu m$ 时，其震级为零。

$$M = \lg A \qquad\qquad (2-2-1)$$

19

式中，M 为地震里氏震级；A 为地震记录曲线图上的最大振幅（μm）。

比如，某次地震振幅为 10mm，即 $10000\mu m$，用式（2-2-1）计算得到 $M=4$，即本次地震震级为 4 级。

一般说来，$M<2$ 的地震，人们感觉不到，称为微震；$M=2\sim4$ 的地震称为有感地震；$M>5$ 的地震，对建筑物就要引起不同程度的破坏，统称为破坏性地震；$M>7$ 的地震称为强烈地震或大地震；$M>8$ 的地震称为特大地震。

地震震级直接与地壳变动释放的能量有关（表 2-2-1），一次地震能量可以由下式近似表示：

$$\lg E = 11.8 + 1.5M \tag{2-2-2}$$

式中，E 为地震释放能量（单位：尔格，1 尔格 $=10^{-7}$ J）；M 为地震里氏震级。

地震震级与地震释放能量的关系　　　　　　　　　　　　　表 2-2-1

震级 M	能量 E(尔格)	震级 M	能量 E(尔格)
1	2.0×10^{13}	6	6.3×10^{20}
2	6.3×10^{14}	7	2.0×10^{22}
3	2.0×10^{16}	8	6.3×10^{23}
4	6.3×10^{17}	9	2.0×10^{26}
5	2.0×10^{19}	10	6.3×10^{27}

当震级相差一级，地面振动振幅增加约 10 倍，而能量增加近 $10^{1.5}=31.6\approx32$ 倍。震级相差两级，地震释放能量相差 $10^3=1000$ 倍。由表 2-2-1 可见，一次强烈的大地震释放的能量是十分巨大的。一个 6 级地震相当于一个 2 万吨级原子弹释放能量，与美国世界大战期间投放到日本长崎的原子弹相当。

3. 地震烈度和烈度表

地震烈度是指某一地区的地面及建筑遭受到一次地震影响的强弱程度。用 I（Intensity）表示。相对震源而言，在没有仪器记录的情况下，凭地震时人们的感觉或地震发生后器物反应的程度、工程建筑物的损坏或破坏程度、地表的变化状况而定的一种宏观尺度。因此烈度的鉴定主要依靠对上述几个方面的宏观考察和定性描述。

地震的震级与地震烈度是两个不同的概念，对于一次地震，只能有一个震级，而可能有多个烈度。一般来说离震中愈远地震烈度愈小，震中区的地震烈度最大，称为"震中烈度"。

我国现行抗震设计标准《中国地震烈度表》GB/T 17742—2008 将烈度划分为 12 个等级，分别用罗马数字Ⅰ、Ⅱ、Ⅲ、Ⅳ、Ⅴ、Ⅵ、Ⅶ、Ⅷ、Ⅸ、Ⅹ、Ⅺ和Ⅻ表示，见表 2-2-2。

中国烈度表　　　　　　　　　　　　　　　　表 2-2-2

烈度	在地面上人的感觉	房屋震害程度		其他震害现象	水平向地面运动	
		震害现象	平均震害指数		峰值加速度 (m/s²)	峰值速度 (m/s)
Ⅰ	无感					
Ⅱ	室内个别静止中人有感觉					
Ⅲ	室内少数静止中人有感觉	门、窗轻微作响		悬挂物微动		

烈度	在地面上人的感觉	房屋震害程度		其他震害现象	水平向地面运动	
		震害现象	平均震害指数		峰值加速度 (m/s²)	峰值速度 (m/s)
IV	室内多数人、室外少数人有感觉，少数人梦中惊醒	门、窗作响		悬挂物明显摆动，器皿作响		
V	室内普遍、室外多数人有感觉，多数人梦中惊醒	门窗、屋顶、屋架颤动作响，灰土掉落，抹灰出现微细裂缝，有檐瓦掉落，个别屋顶烟囱掉砖		不稳定器物摇动或翻倒	0.31 (0.22～0.44)	0.03 (0.02～0.04)
VI	多数人站立不稳，少数人惊逃户外	损坏—墙体出现裂缝，檐瓦掉落，少数屋顶烟囱裂缝、掉落	0～0.10	河岸和松软土出现裂缝，饱和砂层出现喷砂冒水；有的独立砖烟囱轻度裂缝	0.63 (0.45～0.89)	0.06 (0.05～0.09)
VII	大多数人惊逃户外，骑自行车的人有感觉，行驶中的汽车驾乘人员有感觉	轻度破坏—局部破坏，开裂，小修或不需要修理可继续使用	0.11～0.30	河岸出现坍方；饱和砂层常见喷砂冒水，松软土上地裂缝较多；大多数独立砖烟囱中等破坏	1.25 (0.90～1.77)	0.13 (0.10～0.18)
VIII	多数人摇晃颠簸，行走困难	中等破坏—结构破坏，需要修复才能使用	0.31～0.50	干硬土上亦出现裂缝；大多数独立砖烟囱严重破坏；树梢折断；房屋破坏导致人畜伤亡	2.50 (1.78～3.53)	0.25 (0.19～0.35)
IX	行动的人摔倒	严重破坏—结构严重破坏，局部倒塌，修复困难	0.51～0.70	干硬土上出现地方有裂缝；基岩可能出现裂缝、错动；滑坡坍方常见；独立砖烟囱倒塌	5.00 (3.54～7.07)	0.50 (0.36～0.71)
X	骑自行车的人会摔倒，处不稳状态的人会摔离原地，有抛起感	大多数倒塌	0.71～0.90	山崩和地震断裂出现；基岩上拱桥破坏；大多数独立砖烟囱从根部破坏或倒毁	10.00 (7.08～4.14)	1.00 (0.72～1.41)
XI		普遍倒塌	0.91～1.00	地震断裂延续很长；大量山崩滑坡		
XII				地面剧烈变化，山河改观		

注：表中的数量词："个别"为 10% 以下；"少数"为 10%～50%；"多数"为 50%～70%；"大多数"为 70%～90%；"普遍"为 90% 以上。

震级与震中烈度的大致关系（表 2-2-3）：

$$M=0.58I+1.5 \tag{2-2-3}$$

震级与烈度对应关系 表 2-2-3

震级 M	2	3	4	5	6	7	8	>8
烈度 I	I～II	III	IV～V	VI～VII	VII～VIII	IX～X	XI	XII

地震烈度随震中距的增加而衰减的现象在任何一次地震发生时都存在。例如，1976 年 7 月 28 日河北省唐山市发生了 7.8 级大地震，震中位于唐山市区，烈度达到 XI 度，造成惨重的伤亡和毁灭性的破坏；距震中 40km 的天津市宁河县烈度为 IX，也遭到严重破

坏；距震中 90km 的天津市区烈度为Ⅷ，许多建筑有不同程度的破坏；距震中 150km 的北京市区烈度为Ⅵ强，破坏的程度要轻得多；距震中约 360km 的石家庄市强烈有感，但没有遭到破坏，烈度为Ⅴ度；距震中更远的陕西省西安市，就只有部分人有感，估计烈度为Ⅲ。

地震烈度是一个定性指标，描述房屋震害程度的定量指标可以采用震害指数，它是以 0.00 到 1.00 之间的数字表示由轻到重的震害程度。房屋破坏等级及其对应的震害指数：房屋破坏等级分为基本完好、轻微破坏、中等破坏、严重破坏和毁坏五类，其定义和对应震害指数 d 如下：

（1）基本完好：承重和非承重构件完好，或个别非承重构件轻微损坏，不加修理可继续使用。对应的震害指数房屋为 $0.00 \leqslant d < 0.10$；

（2）轻微破坏：个别承重构件出现可见裂缝，非承重构件有明显裂缝，不需要修理或稍加修理即可继续使用，对应的震害指数房屋为 $0.10 \leqslant d < 0.30$；

（3）中等破坏：多数承重构件出现轻微裂缝，部分有明显裂缝，个别非承重构件破坏严重，需要一般修理后可使用，对应的震害指数房屋为 $0.30 \leqslant d < 0.55$；

（4）严重破坏：多数承重构件破坏严重，非承重构件局部倒塌，房屋修复困难，对应的震害指数房屋为 $0.55 \leqslant d < 0.85$；

（5）毁坏：多数承重构件严重破坏，房屋结构濒于崩溃或已倒毁，已无修复可能，对应的震害指数房屋为 $0.85 \leqslant d \leqslant 1.00$。

2.2.2　基本烈度和地震烈度区划

基本烈度是指一个地区今后一定时间内（一般指 50 年），在一般场地条件下可能遭遇的超越概率为 10% 的地震烈度值。超越概率是指在一定时期内，工程场地可能遭遇大于或等于给定的地震烈度值或地震动参数值的概率，通俗地说，就是要求的值超出给定值的概率。因此，基本烈度表明一个地区在一定时间内发生这个地震烈度的最大值。它是一个地区进行抗震设防的重要依据。例如，某地的地震基本烈度为 7 度，则指该地区在 50 年内，发生大于或等于 7 度地震烈度的概率为 10%。

基本烈度属于偶遇地震水准，即中震，也是目前我国抗震设计主要依据的设计水准。此外，还有大震和小震对应的地震烈度。小震，也称为众值烈度或称多遇烈度时的地震，定义为 50 年内众值烈度的超越概率为 63.2%，是发生机会较多的地震。大震，又称为罕遇地震，它所对应的烈度在 50 年内的超越概率约为 2%～3%。大震、中震、小震并不是指某次地震本身的大小和震级，而是指具体工程场地在某一时间内所可能遭遇到的地面运动的强烈程度。基本烈度与众值烈度相差约为 1.55 度，而基本烈度与罕遇烈度相差大致为 1 度。

中国地震烈度区划图（1990），是根据国家抗震设防需要和当前的科学技术水平，按照长时期内各地可能遭受的地震危险程度对国土进行划分，以图件的形式展示地区间潜在地震危险性的差异。

中国从 20 世纪 30 年代开始作地震区划工作。新中国建立以来，曾三次（1956 年、1977 年、1990 年）编制全国性的地震烈度区划图。现行的 1∶400 万《中国地震烈度区划图》（1990 年，图 2-2-5）的编制采用当前国际上通用的地震危险性分析的综合概率法，并作了重要的改进。图上所标示的地震烈度值系指在 50 年期限内、一般场地土条件下可能遭遇的地震事件中超越概率为 10％所对应的烈度值（50 年期限内超越概率为 10％的风险水平是国际上普遍采用的一般建筑物抗震设计标准）。因此，这张图可以作为中小工程（不包括大型工程）和民用建筑的抗震设防依据、国家经济建设和国土利用规划的基础资料，同时也是制定减轻和防御地震灾害对策的依据。

从地震烈度图中可知，我国有 41％的国土、一半以上的城市位于地震基本烈度 7 度或 7 度以上地区，6 度及 6 度以上地区占国土面积的 79％，75％的城市位于地震区，约一半城市位于基本烈度 7 度及以上的地区，百万人口以上的城市中有 85％位于地震区。

地震区划的目的是为结构抗震设防提供依据，由于目前基础资料的不足，我国的地震烈度区划图还不能给出抗震设计所需的全部参数，特别是不能反映地震频谱特征和地震持续时间等要素。

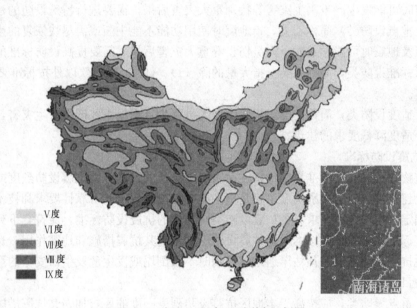

图 2-2-5　中国 1990 年地震烈度区划图

2.2.3　结构抗震设防

1. 抗震设防目标

抗震设防要求是指经国务院地震行政主管部门制定或审定的，对建设工程制定的必须达到的抗御地震破坏的准则和技术指标。它是在综合考虑地震环境、建设工程的重要程度、允许的风险水平及要达到的安全目标和国家经济承受能力等因素的基础上确定的，主要以地震烈度或地震动数表述，新建、扩建、改建建设工程所应达到的抗御地震破坏的准则和技术指标。

《建筑抗震设计规范》GB 50011—2010 规定以"三个水准"来表达抗震设防目标，即"小震不坏，中震可修，大震不倒"。

第一水准：当遭受低于本地区抗震设防烈度的多遇地震（小震）影响时，主体结构不受损坏或不需修理可继续使用。

第二水准：当遭受相当于本地区抗震设防烈度的设防地震（中震）影响时，建筑可能发生损坏，但经一般性修理仍可继续使用。

第三水准：当遭受高于本地区抗震设防烈度的罕遇地震（大震）影响时，不致倒塌或发生危及生命的严重破坏。

2. 建筑工程抗震设防分类

从抗震防灾的角度，根据建筑物使用功能的重要性，按照建筑遭遇地震破坏后，可能造成人员伤亡、直接和间接经济损失、社会影响的程度及其在抗震救灾中的作用等因素，对各类建筑进行了设防类别划分。根据《建筑工程抗震设防分类标准》GB 50223—2008将建筑物分为甲、乙、丙、丁四类。

建筑工程分为以下四个抗震设防类别：

（1）特殊设防类，简称甲类。指使用上有特殊设施，涉及国家公共安全的重大建筑工程和地震时可能发生严重次生灾害等特别重大灾害后果，需要进行特殊设防的建筑。

（2）重点设防类，简称乙类。指地震时使用功能不能中断或需尽快恢复的生命线相关建筑，以及地震时可能导致大量人员伤亡等重大灾害后果，需要提高设防标准的建筑。

（3）标准设防类，简称丙类。指大量的除（1）、（2）、（4）款以外按标准要求进行设防的建筑。

（4）适度设防类，简称丁类。指使用上人员稀少且震损不致产生次生灾害，允许在一定条件下适度降低要求的建筑。

3. 抗震设防标准

建筑物的抗震设防标准是衡量抗震设防要求高低的尺度，由抗震设防烈度或设计地震动参数及建筑抗震设防类别确定。它是指各类工程按照规定的可靠性要求和技术经济水平所统一确定的抗震技术要求。各抗震设防类别建筑的抗震设防标准，应符合下列要求：

（1）标准设防类，应按本地区抗震设防烈度确定其抗震措施和地震作用，达到在遭遇高于当地抗震设防烈度的预估罕遇地震影响时不致倒塌或发生危及生命安全的严重破坏的抗震设防目标。

（2）重点设防类，应按高于本地区抗震设防烈度一度的要求加强其抗震措施；但抗震设防烈度为9度时应按比9度更高的要求采取抗震措施；地基基础的抗震措施，应符合有关规定。同时，应按本地区抗震设防烈度确定其地震作用。

（3）特殊设防类，应按高于本地区抗震设防烈度提高一度的要求加强其抗震措施；但抗震设防烈度为9度时应按比9度更高的要求采取抗震措施。同时，应按批准的地震安全性评价的结果且高于本地区抗震设防烈度的要求确定其地震作用。

（4）适度设防类，允许比本地区抗震设防烈度的要求适当降低其抗震措施，但抗震设防烈度为6度时不应降低。一般情况下，仍应按本地区抗震设防烈度确定其地震作用。

对于划为重点设防类而规模很小的工业建筑，当改用抗震性能较好的材料且符合抗震设计规范对结构体系的要求时，允许按标准设防类设防。

抗震设防标准主要依据是抗震设防烈度。抗震设防烈度是按国家规定的权限批准作为一个地区抗震设防依据的地震烈度。一般情况下，取50年内超越概率10%的地震烈度，即取地震烈度值作为设防烈度。它不仅和当地的基本烈度有关，还和建筑物本身的要求有关，甲、乙、丙、丁四类建筑的设防烈度是不同的。如当地的地震基本烈度为6度，那么建筑物的抗震设防烈度至少是 6 度，也可根据建筑物的重要性不同设防烈度是 7 度或 8 度。从抗震安全角度来讲，设防烈度越高，结构安全性越大，震害越小。

抗震设防标准应符合表 2-2-4 的规定。

抗震设防分类和设防标准 表 2-2-4

项目	设防分类	标 准
设防分类	甲类	重大建筑工程和地震时可能发生严重次生灾害的建筑
	乙类	地震时使用功能不能中断需尽快恢复的建筑
	丙类	除甲、乙、丁类以外的一般建筑
	丁类	抗震次要建筑
地震作用	甲类	按地震安全性评价结果确定
	乙类	应符合本地区抗震设防烈度要求
	丙类	应符合本地区抗震设防烈度要求
	丁类	一般情况下仍应符合本地区抗震设防烈度的要求
抗震措施	甲类	当抗震设防烈度为 6~8 度时，应符合本地区抗震设防烈度提高 1 度的要求；当为 9 度时，应符合比 9 度抗震设防更高的要求
	乙类	一般情况下，当抗震设防烈度为 6~8 度时，应符合本地区抗震设防烈度提高一度的要求；当为 9 度时，应符合比 9 度抗震设防更高的要求，对较小的乙类建筑，当其结构改用抗震性能较好的结构类型时，应允许仍按本地区抗震设防烈度的要求采取抗震措施
	丙类	应符合本地区抗震设防烈度要求
	丁类	应允许比本地区抗震设防烈度的要求适当降低，但抗震设防烈度为 6 度时不应降低

建筑所在地区遭受的地震影响，应采用相应于抗震设防烈度的设计基本地震加速度。设计基本地震加速度是指 50 年设计基准期超越概率 10% 的地震加速度的设计取值。抗震设防烈度和设计基本地震加速度取值的对应关系，应符合表 2-2-5 的规定。设计基本地震加速度为 0.15g 和 0.30g 地区内的建筑，除规范另有规定外，应分别按抗震设防烈度 7 度和 8 度的要求进行抗震设计。

抗震设防烈度和设计基本地震加速度值的对应关系 表 2-2-5

抗震设防烈度	6	7	8	9
设计基本地震加速度值	0.05g	0.10(0.15)g	0.20(0.30)g	0.40g

注：g 为重力加速度。

2.2.4 工程场地分类

建筑工程场地是指工程群体所在地，具有相似的反应谱特征。其范围相当于厂区、居民小区和自然村或不小于 1.0km² 的平面面积。选择建筑场地时，应按表 2-2-6 划分对建筑抗震有利、一般、不利和危险的地段。

有利、一般、不利和危险地段的划分 表 2-2-6

地段类别	地质、地形、地貌
有利地段	稳定基岩，坚硬土，开阔、平坦、密实、均匀的中硬土等
一般地段	不属于有利、不利和危险的地段
不利地段	软弱土，液化土，条状突出的山嘴，高耸孤立的山丘，陡坡，陡坎，河岸和边坡的边缘，平面分布上成因、岩性、状态明显不均匀的土层(含故河道、疏松的断层破碎带、暗埋的塘浜沟谷和半填半挖地基)，高含水量的可塑黄土，地表存在结构性裂缝等
危险地段	地震时可能发生滑坡、崩塌、地陷、地裂、泥石流等及发震断裂带上可能发生地表错位的部位

建筑场地的类别划分,应以土层等效剪切波速和场地覆盖层厚度为准。

土层的等效剪切波速,应按下列公式计算:

$$v_{se} = d_c/t \qquad (2-2-4)$$

$$t = \sum_{i=1}^{n} d_i/v_{sei} \qquad (2-2-5)$$

式中 v_{se}——土层等效剪切波速(m/s);

d_c——计算深度(m),取覆盖层厚度和 20m 两者的较小值;

t——剪切波在地面至计算深度之间的传播时间;

d_i——计算深度范围内第 i 土层的厚度(m);

v_{sei}——计算深度范围内第 i 土层的剪切波速(m/s);

n——计算深度范围内土层的分层数。

土层剪切波速应由勘测设计单位测量,对于丁类建筑及层数不超过 10 层且高度不超过 30m 的丙类建筑,当无实测剪切波速时,可根据岩土名称和性状,按表 2-2-7 划分土的类型,再按经验在表中的剪切波速范围内估计各土层的剪切波速。

场地土类型划分和剪切波速范围 表 2-2-7

土的类型	岩土名称和性状	土层剪切波速范围(m/s)
岩石	坚硬、较硬且完整的岩石	$v_{se} > 800$
坚硬土或软质岩石	破碎和较破碎的岩石或软和较软的岩石,密实的碎石土	$800 \geqslant v_{se} > 500$
中硬土	中密、稍密的碎石土,密实、中密的砾、粗、中砂,$f_{ak} > 150$ 的黏性土和粉土,坚硬黄土	$500 \geqslant v_{se} > 250$
中软土	稍密的砾、粗、中砂,除松散外的细、粉砂,$f_{ak} \leqslant 150$ 的黏性土和粉土,$f_{ak} > 130$ 的填土,可塑新黄土	$250 \geqslant v_{se} > 150$
软弱土	淤泥和淤泥质土,松散的砂,新近沉积的黏性土和粉土,$f_{ak} \leqslant 130$ 的填土,流塑黄土	$v_{se} \leqslant 150$

根据 2010 抗震规范规定,场地类别按等效剪切波速和覆盖层厚度两个指标划分为四类,其中Ⅰ类分为 I_0、I_1 两个亚类。见表 2-2-8。

建筑场地类别划分 表 2-2-8

岩石的剪切波速或土的等效剪切波速(m/s)	场地类别				
	I_0	I_1	Ⅱ	Ⅲ	Ⅳ
$v_{se} > 800$	0	—	—	—	—
$800 \geqslant v_{se} > 500$	—	0	—	—	—
$500 \geqslant v_{se} > 250$	—	<5m	≥5m	—	—
$250 \geqslant v_{se} > 150$	—	<3m	3~50m	>50m	—
$v_{se} \leqslant 150$	—	<3m	3~15m	15~80m	>80m

2.2.5 结构抗震设计方法和理论

1. 抗震设计方法

根据抗震设防目标的要求,进行结构抗震设计时,应满足三个水准的抗震设计要求,现行抗震设计规范采用两阶段设计方法来实现上述目标：

第一阶段设计是（小震不坏）按小震作用效应和其他荷载效应的基本组合验算结构构件的承载能力，以及在小震作用下验算结构的弹性变形。具体地说是在方案布置符合抗震设计原则的前提下，以众值烈度（小震）下的地震作用值作为设防指标，假定结构和构件处于弹性工作状态，计算结构的地震作用效应（内力和变形），验算结构构件抗震承载力，并采取必要的抗震措施。这样既满足了在第一水准下具有必要的承载力（小震不坏），同时又满足了第二水准的设防要求（损坏可修）。另外，对于框架结构和框架-剪力墙结构等较柔的结构，还要验算众值烈度下的弹性层间位移，以控制其侧向变形在小震作用下不致过大。对大多数的结构，可只进行第一阶段设计，而通过概念设计和抗震构造措施来满足第三水准的设计要求。

第二阶段设计是（中震可修）弹塑性变形验算，对特殊要求的建筑和地震时易倒塌的结构，除进行第一阶段设计外，还要按大震作用时进行薄弱部位的弹塑性层间变形验算和采取相应的构造措施，实现第三水准（大震不倒）的设防要求。首先是要根据实际设计截面寻找结构的薄弱层或薄弱部位（层间位移较大的楼层或首先屈服的部位），然后计算和控制其在大震作用下的弹塑性层间位移，并采取提高结构变形能力的构造措施，达到大震不倒的目的。

2. 抗震设计理论

抗震发展为一门学科始于 20 世纪 20 年代，抗震设计理论经历一个从无到有、从浅到深、从片面到逐步全面的过程，远在结构抗震尚未形成一门学科之前，人们对地震动的认识仅限于其强度大小，地震地面运动的强弱也只是用烈度这一宏观概念来描述。综合来看，抗震设计理论和方法大致可以分为三个阶段：

（1）静力理论

日本地震学家大森房吉教授于 20 世纪初提出的震度法标志着静力学抗震设计方法的形成（图 2-2-6）。其基本理论是假设建筑物为绝对刚体，地震时，它和地面一起运动而无相对于地面的位移。建筑物各部分都有一个与地面加速度大小相同的加速度，取其最大值用于抗震设计。

$$F = ma_{max} \tag{2-2-6}$$

式中　F——地震水平作用力（N）；

　　　m——结构等效质量（kg）；

　　　a_{max}——地面最大加速度值（m/s²）。

但静力理论仅考虑了地震地面运动高频振动的幅值，无法考虑地震动频谱特性和时间历程以及结构自身动力特性的影响。

（2）反应谱理论

1923 年，美国研制出第一台强震地震地面运动记录仪，并在随后的几十年间成功地记录到许多强震记录，其中包括 1940 年的 El Centro 和 1952 年的 Taft 等多条著名的强震地面运动记录。1943 年 Biot 发表了以实际地震记录求得的加速度反应谱。20 世纪 50～70 年代，以美国的 Housner、Newmark 和 Clough 为代表的一批学者在此基础上又进行了大量的研究工作，奠定了现代反应谱抗震设计理论

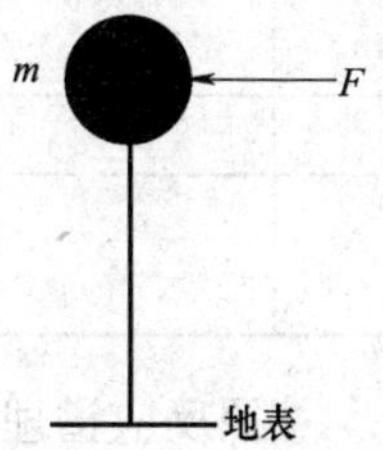

图 2-2-6　静力理论示意图

的基础。作为一种准动力理论或等效静力理论，反应谱理论已成为多数国家抗震设计规范目前采用的主要方法。

但是，反应谱理论仍然以弹性理论为基础，虽考虑了地震动幅值和频谱特性以及结构的部分动力特性，但不能反映地震动持时的影响以及强震作用下结构的非线性行为，并不足以保证结构的抗震安全。虽然反应谱方法存在一定的不足，但随着各国重大地震灾害事件发生，该分析方法也在不断修正完善（表 2-2-9）。

美、中和日抗震规范修订背景及相关主要地震　　　　　　　　表 2-2-9

美 国		中 国		日 本	
年代	主要地震及抗震规范	年代	主要地震及抗震规范	年代	主要地震及抗震规范
1906	San Francisco 地震 S. F. 重建 $1.16kg/m^2$ 的力法	1964	抗震设计规范试行稿	1891 1919 1923	Nobi 地震(M8.4) 结构设计规定 Kanto Catastrophic 地震(M7.9)
1927	UBC: $F=CW$			1924	抗震设计规定 $F=KKW$
1933	Long Beach 地震(M6.3)	1966	邢台地震(M6.5,M7.2)	1933	Sanriku 地震(M8.3)
1940	El Centro 地震(M6.7)	1974	工业及土木建筑抗震规范 (TJ 11—74)	1947	日本建筑标准
1952	Taft 地震(M7.7)	1975	海城地震(M7.3)	1950	建筑标准法
1966	SEAOC $C=\dfrac{0.05}{\sqrt[3]{T}}$ $T=\dfrac{0.03h_n}{\sqrt{D}}$	1976	唐山大地震(M7.8)	1968	Tokachi(Hokkaido)地震(M7.9)
1971	San Fernando 地震(M6.6)	1979	抗震设计规范(TJ 11—78)	1970	建筑高度限制废除
1976	UBC			1978	Miyagi 海地震(M7.4)
1991	UBC: $V=\dfrac{ZIC}{R_w}W$ $C=\dfrac{1.25S}{T^{2/3}}$ Z 为区域因子 I 为重要性因子 S 为场地系数	1993	建筑结构抗震规范 (GB 11—89)	1981	抗震设计规范： $V=ZR_tA_iC_0W$
1989	Loma Prieta 地震(M6.9)				
1994	Northridge 地震(M6.7)	1996	丽江地震(M7.0)	1994	Hokkaido 地震(M7.8)
1997	现行 UBC(zone 4)			1995	Hyogoken-Nanbu 地震(M7.2)
		2001	建筑抗震设计规范 (GB 50011—2001)	1998	现行构筑物抗震设计规范： (1)L1 型地震动 (2)L2 型地震动
		2008	512 汶川地震		
			建筑抗震设计规范 (GB 50011—2010)		

按照反应谱理论，作为一个单自由度弹性体系结构的底部剪力或地震作用为：

$$F=k \cdot \beta \cdot G \qquad (2-2-7)$$

式中，F 为作用在结构上的地震作用；G 为结构的重量；k 为地震系数；β 为动力系数。

地震影响系数：
$$k = \frac{|x_0''|_{max}}{g}$$

动力系数：
$$\beta = \frac{s_a}{|x_0''|_{max}}$$

式中，g 为重力加速度（m/s^2）；$|x_0''|_{max}$ 为地面加速度绝对值的最大值；s_a 为结构的最大加速度反应。

该公式与静力理论的形式相比，多了一个动力系数，动力系数随结构自振周期的变化曲线与加速度反映谱曲线有相同的形状；它是结构周期 T 和临界阻尼比的函数。这表示结构"地震作用"的大小不仅与地震强度有关，而且还与结构物的动力特性（自震周期、阻尼比）有关。

现行抗震设计规范 GB 50011—2010 给出的地震影响系数曲线如图 2-2-7 所示。

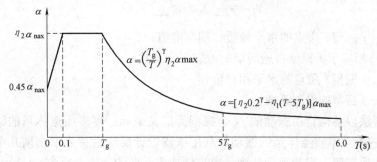

图 2-2-7　地震影响系数曲线

单自由度体系难以准确描述结构的动力反应。很多结构必须采用多自由度模型来描述，才能更好地反映结构的地震动力特性。对于多自由度体弹性体系，对于质量和刚度分布比较均匀，高度不超过40m，以剪切变形为主的结构，规范采用底部剪力法时，各楼层可仅取一个自由度，结构的水平地震作用标准值，应按下列公式确定（图 2-2-8）：

$$F_{Ek} = \alpha_1 G_{eq} \tag{2-2-8}$$

$$F_i = \frac{G_i H_i}{\sum_{j=1}^{n} G_j H_j} F_{ek}(1 - \delta_n) \quad (i = 1, 2, \cdots, n) \tag{2-2-9}$$

$$\Delta F_n = \delta_n F_{Ek} \tag{2-2-10}$$

式中　F_{Ek}——结构总水平地震作用标准值；

　　　α_1——相应于结构基本自振周期的水平地震影响系数值；

　　　G_{eq}——结构等效总重力荷载，单质点应取总重力荷载代表值，多质点可取总重力荷载代表值的 85%；

　　　F_i——质点 i 的水平地震作用标准值；

　　　G_i、G_j——分别为集中于质点 i、j 的重力荷载代表值；

　　　H_i、H_j——分别为质点 i、j 的计算高度；

　　　δ_n——顶部附加地震作用系数，多层钢筋混凝土和钢结构房屋可按表 2-2-10 采用，其他房屋可采用 0；

　　　ΔF_n——顶部附加水平地震作用。

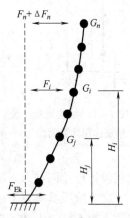

图 2-2-8　结构水平地震作用计算简图

顶部附加地震作用系数

表 2-2-10

$T_g(s)$	$T_i > 1.4T_g$	$T_i \leqslant 1.4T_g$
$T_g \leqslant 0.35$	$0.08T_1 + 0.07$	
$0.35 < T_g \leqslant 0.55$	$0.08T_1 + 0.01$	0.0
$T_g > 0.55$	$0.08T_1 - 0.02$	

注：T_1 为结构基本自振周期。

采用振型分解反应谱法进行求解水平向地震作用时，进行扭转耦联计算的结构，应按下列规定计算其地震作用和作用效应。

结构 j 振型 i 质点的水平地震作用标准值，应按下列公式确定：

$$F_{ji} = \alpha_j \gamma_j X_{ji} G_i \quad (i=1,2,\cdots,n, j=1,2,\cdots,m) \qquad (2\text{-}2\text{-}11)$$

$$\gamma_j = \sum_{i=1}^{n} X_{ji} G_i / \sum_{i=1}^{n} X_{ji}^2 G_i \qquad (2\text{-}2\text{-}12)$$

式中　F_{ji}——j 振型 i 质点的水平地震作用标准值；

α_j——相应于 j 振型自振周期的地震影响系数；

X_{ji}——j 振型 i 质点的水平相对位移；

γ_j——j 振型的参与系数。

振型分解法以结构自由振动的 N 个振型为广义坐标，将多质点体系的结构振动分解为 N 个独立的等效单质点体系的振动，利用抗震设计反应谱首先求出前几个振型的最大地震反应，然后按照一定的组合法则，求出结构水平向的地震总反应。

9 度时的高层建筑，多自由度结构竖向地震作用标准值应按下列公式确定（图 2-2-9），各单元的竖向地震作用效应可按各构件承受的重力荷载代表值的比例分配，并宜乘以增大系数 1.5。

$$F_{Evk} = \alpha_{vmax} G_{eq} \qquad (2\text{-}2\text{-}13)$$

$$F_{vi} = \frac{G_i H_i}{\sum G_j H_j} F_{Evk} \qquad (2\text{-}2\text{-}14)$$

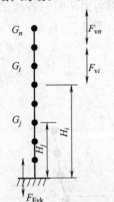

式中　F_{Evk}——结构竖向地震作用标准值；

F_{vi}——质点 i 的竖向地震作用标准值；

α_{vmax}——竖向地震影响系数的最大值，可取水平地震影响系数最大值的 65%；

G_{eq}——结构等效总重力荷载，可取其重力荷载代表值的 75%。

（3）动力理论（弹塑性地震反应分析方法）

随着认识的进一步深入、计算机技术和结构动力试验技术的发展，以及一些重要工程和特殊结构抗震设计的要求，以了解结构在整个地震动时程输入过程中的动力特性为目的的动力分析理论自 20 世纪 70 年代起迅速发展起来，并逐渐为抗震设计所采用，正在影响着

图 2-2-9　结构竖向地震作用计算简图

抗震设计理论向动力方法的转变。

这个阶段具有以下一些主要特点：用结构的强度和变形验算来取代单一的强度验算，把"小震不坏，大震不倒"的设计原则具体化、规范化；以结构在地震作用下的破坏机理的研究成果为基础，在结构抗震设计中充分考虑地震特性的 3 要素：振动幅值、频谱和地

震动持续时间对结构的破坏作用，不再满足于目前仅考虑地震动的加速度峰值和频谱特性两个要素，从单一的变形验算转变为同时考虑结构的最大弹性变形和结构的弹性耗能的双重破坏准则，来判断结构的安全程度。

下面简单介绍时程分析法。

时程分析法是传统的弹塑性分析方法，能够反映结构的非线性特性，被认为是结构弹塑性分析的最可靠方法。时程分析法将结构看作弹塑性振动体系，直接输入强震加速度记录，依据结构的弹塑性性能选择恰当的恢复力模型，对结构的运动方程进行积分求解。这种方法直接利用了结构动力学理论中最基本的动力平衡方程。

我国在抗震设计规范里规定：对于特别不规则的建筑、甲类建筑和表 2-2-11 所列高度范围的高层建筑，应采用时程分析法进行多遇地震下的补充计算。

表 2-2-11

采用时程分析的房屋高度范围

烈度、场地类别	房屋高度范围(m)
8 度 Ⅰ、Ⅱ 类场地和 7 度	>100
8 度 Ⅲ、Ⅳ 类场地	>80
9 度	>60

由于时程分析法耗时长，地震波频谱成分复杂，结构地震反应与地震波选择和假定场地有很大关系，这些缺点和局限在一定程度上制约了动力分析方法的应用。

2.3 结构隔震和振动控制

通常的建筑物因和基础牢牢地连接在一起，地震波携带的能量通过基础传递到上部结构，进入到上部结构的能量被转化为结构的动能和变形能。在此过程中，当结构的总变形能超越了结构自身的某种承受极限时，建筑物便发生损坏甚至倒塌。

结构隔震、减震方法的研究和应用开始于 20 世纪 60 年代，70 年代以来发展速度很快。这种积极的结构抗震方法与传统的消极抗震方法相比，有以下优点：

① 能大大减小结构所受到的地震作用，从而可减低结构造价，提高结构抗震的可靠度。此外，隔震方法能够较准确地控制传到结构上的最大地震作用，从而克服了设计结构构件时难以准确确定载荷的困难。

② 能大大减小结构在地震作用下的变形，保证非结构构件不受地震破坏，从而减少震后维修费用。对于典型的现代化建筑，非结构构件（如玻璃幕墙，饰面，公用设施等）的造价甚至占整个房屋总造价的 80% 以上。

③ 隔震、减震装置即使震后产生较大的永久变形或损坏，其复位、更换、维修结构构件方便、经济。

④ 用于高技术精密加工设备、核工业设备等的结构物，只能用隔震、减震的方法满足严格的抗震要求。

下面介绍几种减震控制方法。

1. 被动控制

被动控制不需要提供外部能量，而通过减震、隔震装置来消耗振动能量，同时阻止振动在结构中的传播，它具有构造简单、造价低、易于维护且无需外界能源支持等优点而被广泛应用。被动控制主要包括基础隔震、耗能减震和调谐减震。

（1）基础隔震

基础隔震示意图如图 2-3-1 所示。隔震措施有很多种：

1）夹层橡胶垫隔震装置：用于隔震装置的橡胶垫块，可用天然橡胶，也可用人工合成橡胶（氯丁胶）。为提高垫块的垂直承载力和竖向刚度，橡胶垫块一般由橡胶片与薄铜板叠合而成。

2）铅芯橡胶支座：铅芯能使支座具有足够的初始刚度，在风荷载和制动力等常见荷载作用下保持足够的刚度，以满足正常使用要求，但强地震发生时，装置柔性滑动，体系进入消能状态（图 2-3-2）。

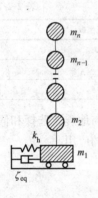

图 2-3-1　基础隔震示意

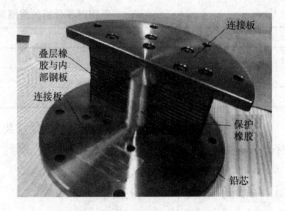

图 2-3-2　隔震支座构造

3）滚珠（或滚轴）隔震：有自复位能力的，有加铜拉杆风稳定装置的，有横向油压千斤顶位的。另外，还有加消能装置的，消能装置有软消能杆件、铅挤压消能器、油阻尼器、光阻尼器等。

4）悬挂基础隔震：悬挂隔震是将结构的全部或大部分质量悬挂起来，使地震动传递不到主体质量上，产生较小的惯性力，从而起到隔震作用。悬挂结构在桥梁、火电厂锅炉架等方面有大量应用。著名的 43 层香港汇丰银行新大楼采用的就是悬挂结构。

5）摇摆支座隔震：同原理还有踏步式隔震制作，用于细高的结构物，如烟囱、桥墩、柜体筒体建筑物等。

6）滑动支座隔震：上部结构与基础之间设置相互滑动的滑板。风荷载、制动力或小震时，静摩擦力使结构固结于基础上；大震时，结构水平滑动，减小地震作用，并以其摩擦阻尼消耗地震能量。为控制滑板间的摩擦力，使之满足隔震要求，在滑板间可以加设滑层。目前常用的滑层有：涂层滑层（聚氯乙烯）、粉粒滑层（铅粒、沙粒、滑石、石墨等）。

基础隔震是发展最快、最早的结构减震控制方法，它在技术上比较成熟，减震效果明显，构造简单、造价经济，理论研究和试验研究成果也比较丰富和完善，是目前大多数减震控制结构所采用的方法。日本 1985～1999 年底，共建成隔震房屋约 700 栋。中国的隔震房屋也由 1995 年的 30 栋增加至 70 栋，近期又有部分隔震房屋建成。新西兰、美国等国家也有相当数量的隔震房屋建成，并且已有部分基础隔震房屋经受了实际地震考验。基础隔震不仅应用于建筑结构，在桥梁结构上应用也非常广泛，桥梁隔震与房屋隔震相似，不同的是隔震支座设置于桥墩与梁之间。1973 年新西兰 Motu 桥首次采用了 U 形弯曲钢梁隔震系统。美国于 1984 年将隔震技术应用到桥梁上，对 Sierrapoint 桥进行抗震加固。日本于 1990 年建成第一座隔震桥梁：宫川大桥。至今，新西兰、意大利、日本和美国等已有数百座桥梁采用了隔震技术，并制定了相应的隔震设计规程。桥梁隔震形式有多种，其中使用最广的是铅芯橡胶支座。

（2）耗能减震

耗能减震技术是把结构物中的某些构件（如支撑、剪力墙等）设计成耗能部件或在结构物的某些部位（节点或连接处）设置阻尼器，在小荷载作用下，耗能构件和阻尼器处于弹性状态，在强烈地震作用下，耗能装置首先进入非弹性状态，大量消耗输入结构的能量，使主体结构避免进入明显的非弹性状态，从而保护主体结构不受破坏。

2. 主动控制

结构主动控制是利用外部能源，在结构受激励振动过程中，对结构施加控制力或改变结构的动力特性，从而迅速地减小结构的振动反应。

主动控制的工作原理为：传感器监测结构的动力响应和外部激励，将监测的信息传入计算机内，计算机根据给定的算法计算出控制力的大小，最后由外部能源驱动作动器产生所需的控制力而施加于结构上。由于实时控制力可以随输入地震波改变，因此控制效果基本不依赖于地震波的特性，这方面明显优于被动控制。

目前有关主动控制的研究内容主要分为主动控制算法和主动控制装置研究两部分。主动控制装置主要有主动质量阻尼系统（AMD）、主动拉索系统（ATS）、主动支撑系统（ABS）等。1989 年日本建成了世界上第一幢采用 AMD 系统的 11 层办公大楼 obasiSeiwa 大厦，用于控制风振和中等地震作用的反应。截止到 2003 年，世界上已有 45 座高层建筑和高耸结构安装了 AMD 控制系统。结构主动控制的研究涉及控制理论、随机振动、结构工程、材料科学、机械工程、计算机科学、振动测量、数据处理和自动控制技术等，是一门交叉学科。目前，它的研究基本上是以理论分析、数据模拟分析为主，且已取得较大的成就，但主动控制技术尚未成熟。从目前已有的研究来看，其可行性还受到一些条件的制约。

3. 半主动控制

半主动控制属于参数控制，控制过程依赖于结构反应及外部激励信息，通过少量能量而实时改变结构的刚度或阻尼等参数来减少结构的反应。半主动控制不需要大量外部能源的输入来直接提供控制力，只是实施控制力的作动器需要少量的能量调节以便使其主动地利用结构振动的往复相对变形或速度，尽可能地实现主动最优控制力。由于半主动控制兼具主动控制优良的控制效果和被动控制简单易行的优点，同时克服了主动控制需要大量能量供给和被动控制调谐范围窄的缺点，因此半主动控制具有较大的研究和应用开发价值，是当前的研究热点。

4. 混合控制

混合控制是将主动控制和被动控制同时施加在同一结构上的结构减震控制形式。混合控制包括主动质量阻尼系统（AMD）与调谐质量阻尼系统（TMD）或调谐液体阻尼系统

(TLD) 的混合控制，主动控制与基础隔震的混合，主动控制与耗能减震的混合，液体质量控制系统和主动质量阻尼系统的混合。混合控制将主动控制与被动控制联合应用，可以充分发挥两种控制系统的优点，克服各自的缺点，只需很小的能量输入即可得到很好的控制效果。被动控制由于引入主动控制，其控制效果和调谐范围有了极大的增强；另一方面，主动控制由于被动控制的参与，所需的控制力大大减小，抗震系统的稳定性和可靠性都比单纯的主动控制有所增强。

2.4 防震减灾措施与对策

近年来，全球大地震灾害不断发生，说明地壳变动又进入到一个相对活跃期，以目前的科学技术发展水平，还不能避免地震灾害的出现，只能采取适当措施减小或削弱地震灾害的程度。根据地震发生过程可以将其分为三个阶段：地震前、地震发生中和地震之后。相应的减轻地震灾害的措施与对策可以根据地震阶段性分为：震前预防、震中应急避震和震后救灾与重建三个组成部分。震前预防主要是根据地震活动性对地震进行研究，并结合地区特点，采取健全法律法规、防灾规划、做好地震应急预案和进行震害保险等非工程措施，从技术上进行工程抗震研究，可以采取加强监测预报、提高结构抗震能力和地震能量的转移分散等工程措施。地震发生中，采用有效的应急避险方法可以有效地减小人员伤亡。震后救灾与重建是避免次生灾害发生的最有效途径。震前预防、震中应急避震和震后救灾与重建三者有机结合综合防灾，才能实现防震减灾的目标。

2.4.1 非工程性防御措施

非工程性防御措施则是除专业部门的地震监测和工程建设以外的一些政府和社会防御措施。主要是法律法规建设、制定防灾规划、震害预防和应急对策、防震教育、震后保险等。

1. 建立健全有关法律法规

为减轻地震灾害对社会生活和经济建设的影响，我国一直以来建立和健全地震法律法规的建设，第八届全国人民代表大会第二十九次会议于 1997 年 12 月 29 日通过了《中华人民共和国防震减灾法》，并于 1998 年 3 月 1 日实施，汶川地震后，中华人民共和国第十一届全国人民代表大会常务委员会第六次会议于 2008 年 12 月 27 日修订通过，修订后的《中华人民共和国防震减灾法》于 2009 年 5 月 1 日实施。

2009 年实行《中华人民共和国防震减灾法》是我国人民几十年来防震减灾的基本经验的结晶，也是党中央关于防震减灾工作一系列方针、政策的法律化、制度化，它的实施，为我们在社会主义市场经济条件下进一步做好防震减灾工作提供了法律依据和保障。《中华人民共和国防震减灾法》及其一系列的配套法规的制定，标志着我国防震减灾工作进入了法制化管理的新阶段。

《中华人民共和国防震减灾法》规定，我国防震减灾的指导方针是：以防为主，防御与救助相结合。

建立了从上到下的地震灾害管理制度，国务院抗震救灾指挥机构负责统一领导、指挥和协调全国抗震救灾工作。县级以上地方人民政府抗震救灾指挥机构负责统一领导、指挥和协调本行政区域的抗震救灾工作。国务院地震工作主管部门和县级以上地方人民政府负责管理地震工作的部门或者机构，承担本级人民政府抗震救灾指挥机构的日常工作。

目前，我国已经建立起较完备的防震减灾法律体系，先后实施的法律法规有：

《发布地震预报的规定》（1998 年）；

《地震监测设施和地震观测环境保护条例》（1994 年）；

《破坏性地震应急条例》（1995 年）；

《中国地震烈度区划图》（1990）及其使用规定；

《中国地震动参数区划图》（2001 年）；

《建筑抗震设计规范》（2010 年）。

同时各地区还又建立了一批地方性防震减灾法规。这些法律法规的建立健全标志着我国防震减灾工作已经进入到有法可依的阶段，今后的防震减灾将逐步实现有法必依的目标，达到减轻我国地震灾害的目的。

2. 编制防震减灾规划

我国约有 80％的国土处于基本烈度Ⅵ度及其以上的地震区，提高我国城镇和企业的综合防御地震灾害能力非常重要。各级人民政府应把防震减灾工作纳入国民经济和社会发展计划，其中编制防震减灾规划成为提高我国综合防御地震灾害能力的一项重要措施。

防震减灾规划一般可包括：规划纲要、地震小区划和土地利用规划、震前综合防御规划、震前应急准备和震后早期抢险救灾对策、震后恢复重建规划及规划实施细则等几个部分。防震减灾规划在编制前一般都需要开展一系列基础性的研究工作，如地震危险性分析、地震小区化、建筑物的震害预测等，这些工作使防震减灾工作朝着健康有序的方向发展。由此可见，各级政府和工业企业编制防震减灾规划，是一项提高企业、乡镇、城市乃至整个社会防震减灾综合能力的有效措施。

3. 编制地震的应急预案

地震应急工作是指破坏性地震临震预报发布后的震前应急防御和破坏性地震发生后的震后应急抢险救灾。

地震应急是防震减灾工作的一项重要内容。破坏性地震发生后，地震应急工作及时、高效、有序的开展，可以最大限度地减轻地震灾害。

制定应急预案，是应急准备乃至整个应急工作的核心内容。目前，国家及国务院有关部门，省、自治区、直辖市的人民政府和部分市、县人民政府，甚至乡镇、企事业单位、街道社区等都制定了相应的破坏性地震应急预案。

4. 防震教育持之以恒、提高防震知识和技能

目前一些发达国家，对国民进行有关防震抗灾方面的知识教育，可以说相当普及。地震大国日本，防灾教育充斥着报刊、电视、画廊，有关防震抗灾方面的知识教育相当普及。人们不仅要知道和了解地震等自然灾害，更要掌握相应的防范技能。日本社会的各行各业，经常会举行各种形式的防震防火演习。日本各地还设有许多防灾体验中心，免费向市民开放，供人们亲身体验发生灾害时的实况，了解避难方法。校园、公园、缓冲绿地等公共设施在灾难事件发生时也都能成为避难所。

从小培养防震抗灾意识，是一个成功做法。为了让地震的灾害减低到最低限度，日本各地中小学都非常重视防灾组织的建立、教师防灾研修、学生防灾知识的学习和防灾演习等防灾教育工作。以兵库县为例，该县所有的小学（828所）、初中（361所）、高中（186所）和特殊学校（40所）都设置了常设的防灾教育委员会，负责平时的防灾教育规划和灾时避难救灾的领导工作；有77％的小学、69％的初中、60％的高中和43％的特殊学校开展了定期的有关防灾对策、学生的防灾指导和心理辅导为主要内容的教师防灾研修会；几乎所有的学校每年都实施了1至2次防灾演习，30％左右的小学每一学年的防灾演习更高达4、5次之多。

特别值得一提的是，日本中小学一般都把防灾教育列入学校年间教育计划中，编制符合学生年龄特点的防灾教育课程。如在理科、社会等课程中指导学生学习地震发生的机理、所在地区的自然环境以及过去所遭受的自然灾害的特征等，在道德课、综合学习课、课外活动等课程中培养学生的防灾意识、讲解日常生活中防灾的注意事项、灾害发生时应采取什么样的行动，以提高学生防灾的实际技能。防灾演习是把学生平时习得的知识和技能运用于实践的一项综合活动，日本各学校分别针对地震发生在课上、课间、放学回家途中等不同情形进行各种实战训练，并请防灾教育专家或当地消防员来校指导，总结每次演习的经验和不足之处，以便下次改进。由于日本各地学校防灾教育都能做到持之以恒，每个学生从幼儿园到高中都要接受几十次防灾演习，所以当真正遭遇地震等灾难时，几乎所有的师生都能迅速作出规范的避难行为，不但不会慌乱，而且还知道如何规避和救助，从而避免了无辜伤亡。如图2-4-1、图2-4-2所示。

图 2-4-1 日本地震中地铁通道 　图 2-4-2 地震避难中畅通的道路

5. 震害保险

（1）我国地震保险现状

目前，我国并没有专门的地震保险。在人身险范围内，寿险、意外伤害险、旅游意外险等的保险责任中包含地震受损责任。购买这些保险的客户在地震中身故或伤残将获得相关赔偿，受伤以及接受住院治疗也将按照合同约定获得给付。在财产险范围内，部分建筑工程险和安装工程险包括地震险，很多公司推出的企财险会将地震作为附加条款，也有地震扩展险承保因地震造成的企业财产损失。在车辆保险条款中，地震属于免责的，而且也没有相应的附加险种。家财险也是因为附加地震险费用太高、赔付不足、保险需求匮乏，而对地震的免疫力微乎其微。地震保险在车辆和家财保险上的缺位，使百姓的财产安全完全暴露在地震的危险当中，要尽快建立完善的地震保险机制。

（2）国外的先进经验

1）日本

1923年，日本发生了震惊世界的关东大地震，造成14.2万人失踪和死亡，25万栋建筑物被毁，损失巨大。关东大地震后，日本开始建立以政府为主导的地震保险制度。1966年，日本国会先后通过了《地震保险法》和《地震再保险特别会计法案》，初步建立了地震保险制度；随后，又相继颁布了《地震保险相关法律》和《有关地震保险法实施令》，进一步完善了日本的地震保险体系。

日本地震保险的运作模式是将地震保险作为火灾保险的附加险进行投保，但是企财险和家财险中的地震保险分别采用不同的运作模式。企业地震保险采用完全由商业保险公司承保的模式，商业保险公司再通过向商业再保险公司分保的方式来分散风险。政府不对其进行干预，但是，政府会对承保地震保险的商业保险公司进行资格确认和偿付能力测定，来确定其是否具有承保地震保险的能力。

家庭地震保险采用商业保险公司与政府相结合的模式。在家庭地震保险中，其核心机构是地震再保险株式会社（简称为JER），该机构是由日本各商业保险公司出资成立的。当投保人向原保险公司购买家庭地震保险后，原保险公司将其全部分保给JER，JER对于其承保的地震保险再进行超额再保险：当损失在750亿日元以下时，由JER完全承担；当损失大于750亿日元、小于8186亿日元时，JER和原保险公司承担50%，政府承担50%；当损失大于8186亿日元、小于41000亿日元时，JER和原保险公司承担5%，政府承担95%。根据各自承担风险的大小，来分配保费。由于日本的家庭地震保险比较有特色，笔者就其保险费率的确定和承担的责任进行论述。

日本商业保险公司不能自行决定家庭地震保险的费率，而是由专门的中立机构（即损害保险费率算定会）来厘定标准费率，然后，再根据不同地域面临的风险差异性以及建筑物的抗震能力的不同，进行调整。日本的地震保险费率等级分为4个：1等级地、2等级地、3等级地、4等级地，等级越高说明地震风险越大，费率越高。建筑物分为非木质结构和木质结构，在等级地相同的情况下，木质结构建筑物的费率高于非木质结构的建筑物的费率。对于非木质结构的住宅，1～4等级地的费率依次为0.5%、0.7%、1.35%、1.75%；对于木质结构的住宅，1～4等级地的费率依次为1.45%、2%、2.8%、4.3%。

日本家庭地震保险的保险责任包括：直接遭受地震、火山、海啸以及由此引起的火灾、损坏、掩埋或者流失等造成的房屋建筑及财产的损害。保险对象有居民住房及其家用财产，如家具、衣服等日常生活用品，但不包括价值超过30万日元的贵重物品，如珠宝、字画、古董、有价证券等。家庭地震保险采用限额承保方式，保险金额为主保险金的30%～50%。另外，保险公司规定，居民投保房屋保险金额的上限为5000万日元，生活用品保险金额的上限为1000万日元，超过部分由投保人自己承担。

2）新西兰

新西兰地震保险制度被誉为全球现行运作最成功的灾害保险制度之一，其主要特点是国家以法律形式建立符合本国国情的多渠道巨灾风险分散体系，走政府行为与市场行为相结合的道路来尽可能分散巨灾风险。

新西兰位于环太平洋火山地震带上，是地震多发国家，平均每年发生地震近3000次，抗击自然灾害已经成为新西兰民众生活的一部分。新西兰政府于1945年成立了地震及战争损坏委员会，后来又将其他自然灾害包括在内。目前，地震巨灾险提供的保险范围包括地震、山体塌方、火山爆发、海啸和地热活动，其宗旨是帮助新西兰民众在自然灾害发生后尽快重返和重建自己的家园。

新西兰对地震风险的应对体系由三部分组成，包括地震委员会、保险公司和保险协会，分属政府机构、商业机构和社会机构。一旦灾害发生，地震委员会负责法定保险的损失赔偿，房屋最高责任限额为 10 万新西兰元（以下简称新元），房内财产最高责任限额为 2 万新元；保险公司依据保险合同负责超出法定保险责任部分的损失赔偿；而保险协会则负责启动应急计划。

新西兰地震委员会由国家财政部全资组建，在抵御巨灾风险时发挥关键作用。该委员会于 1994 年 1 月 1 日重组时，政府无偿拨付了 15 亿新元。目前地震委员会已经积累了近 50 亿新元的巨灾风险基金。基金的主要来源是强制征收的保险费以及基金在市场投资中获得的收益。居民向保险公司购买房屋或房内财产保险时，会被强制征收地震巨灾保险和火灾险保费。地震巨灾险保费为每户每年 60 新元左右，由保险公司代为征收后再交给地震委员会。此外，每户居民每年还须缴纳约 80 新元的火灾险保费。

除建立巨灾风险基金外，地震委员会还利用国际再保险市场进行分保，从而分散风险。当巨灾损失金额超过地震委员会支付能力时，政府将发挥托底作用，由政府负担剩余理赔支付，而地震委员会每年会支付给政府一定的保证金。

新西兰巨灾保险的核心是风险分散机制。首先，当巨灾事件发生后，先由地震委员会支付 2 亿新元。其次，如果地震委员会支付的 2 亿新元难以弥补损失，则启动再保险方案。再保险方案分 3 层。第一层是损失若在 2 亿新元至 7.5 亿新元之间，由再保险人承担损失的 40%，剩余 60% 的损失由地震委员会再承担 2 亿新元。第二层是当损失额在 7.5 亿新元至 20.5 亿新元之间，则启动超额损失保险合约承保。第三层是如果损失额超过 20.5 亿新元，则由巨灾风险基金支付至耗尽，仍不足时，由政府承担无限赔偿责任。

2.4.2　工程性防御措施

1. 加强地震监测，提高预报水平

地震监测是指在地震来临之前，对地震活动、地震前兆异常的监视、测量。地震预报是指用科学的思路和方法，对未来地震（主要指强烈地震）的发震时间、地点和强度（震级）作出预报。分为"长、中、短、临"的阶段性渐进式地震预报的科学思路和工作程序。

目前地震监测主要有几种划分方法，一种是专业与群众之分，指专业的地震台站和一些群测点，前者主要用监测仪器，如水位仪、地震仪、电磁波测量仪等，用来监测地震微观前兆信息；后者则主要靠浅水井、水温、动植物活动异常等手段，来观察地震前的宏观异常现象。

地震前兆有两种，一种是微观前兆，另一种是宏观前兆。宏观前兆是人的感官能觉察到的地震前兆。它们大多在临近地震发生时出现。如井水的升降、变浑，动物行为反常，地声、地光等。发现临近地震前的宏观前兆，既要靠科学家，也要靠广大群众。由于宏观前兆往往在临近地震发生时出现，因此，了解它的特点，学会识别它们，对防震减灾有重要作用。微观前兆是人的感官不易觉察，须用仪器才能测量到的震前变化。例如，地面的

变形、地球的磁场、重力场的变化、地应力、地磁场、地电场、地下水物理化学成分的变化、小地震的活动等异常变化。

地震预报要指出地震发生的时间、地点、震级，这就是地震预报的三要素。完整的地震预报这三个要素缺一不可。地震预报按时间尺度划分：

(1) 长期预报，是指对未来 10 年内可能发生破坏性地震的地域的预报。

(2) 中期预报，是指对未来一二年内可能发生破坏性地震的地域和强度的预报。

(3) 短期预报，是指对 3 个月内将要发生地震的时间、地点、震级的预报。

(4) 临震预报，是指对 10 日内将要发生地震的时间、地点、震级的预报。

1975 年 2 月，中国成功地预报了辽宁海城 7.3 级地震，拯救了成千上万人的生命。此外，中国对 1976 年松潘—平武间的 7.2、6.7 级地震，1976 年盐源—宁蒗间的 6.7、6.4 级地震以及 1998 年宁蒗 6.2 级震群型地震等破坏性地震，也都作过不同程度的预报，取得了比较好的社会效益。

国家对地震预报实行统一发布制度。全国性的地震长期预报和地震中期预报由国务院发布。省、自治区、直辖市行政区域内的地震长期预报、地震中期预报、地震短期预报和临震预报，由省级、自治区、直辖市人民政府发布。已经发布地震短期预报的地区，如发现明显临震异常，在紧急情况下，可由当地市、县人民政府发布 48 小时内的临震警报，并同时向上级报告。任何单位和个人都无权发布地震预报消息。凡未经政府认可的地震预报信息，均属地震谣传，不可轻信。

地震预报是十分复杂的世界性科学难题，地震预报难度大的原因主要有：一是地震现象本身的复杂性；二是地震多发生在地下深处，目前的科学技术水平难以直接探测震源深处的情况；三是强地震（尤其 7 级以上大地震）发生较少，因此预报实践机会不多。我国开始正式进行地震预报的探索，还仅仅是四十多年前的事。现在，我们对地震孕育发生的原理和规律已经有所认识，但还没有完全认识；我们已经能够对某些类型的地震作出一定程度的预报，但还不能对所有的地震都作出准确的预报。

2. 提高工程抗震设防标准

据统计，世界上 130 次巨大的地震灾害中，90%～95% 的伤亡是由于建筑物倒塌造成的。因此，居民住房、单位办公楼、学校及校舍、医院、工厂厂房，乃至水、电、气、通信等生命线工程，能否抗御大地震的袭击，是能否把震灾损失降到最低的关键所在，所以说，"建筑大计，抗震第一"。因此，在《中华人民共和国防震减灾法》中明确规定，建设工程必须按照抗震设防要求和抗震设计规范进行抗震设计，并按照抗震设计进行施工。

因此，加强工程结构抗震设防，提高现有工程结构的抗震能力的工程性措施是减灾的重要手段。工程性措施叫做工程抗震设防，包括三个组成部分。

(1) 对重大建筑物、构筑物、开发区建设要在立项前依法进行充分的地震安全性评价，为工程的选址和建筑抗震设计提供依据。

地震安全性评价工作：地震安全性评价是指对具体建设工程地区或场地周围的地震地质、地球物理、地震活动性、地形变等研究，采用地震危险性概率分析方法，按照工程应采用的风险概率水准，科学地给出相应的工程规划和设计所需的有关抗震设防要求的地震动参数和基础资料。

地震安全性评价的主要内容包括：地震烈度复核、设计地震动参数的确定（加速度、设计反应谱、地震动时程曲线)、地震小区划、场区及周围地震地质稳定性评价、场区地震灾害预测等。

经审定通过的地震安全性评价结果，即可确定为该具体建设工程的抗震设防要求。

重大工程与生命线工程的抗震设防：重大工程与生命线工程指大型的水电站、核电站、通信、交通及供水供电等，这些设施的地震破坏，危害性大，损失严重，有时会造成城市功能的瘫痪，因此，相对于一般的建筑结构，要求对重大工程与生命线工程提高相应的抗震设防要求。

(2) 一般工业和民用建筑的抗震设防。一般工民建工程，必须按照抗震设防要求进行抗震设计、施工，确保在 6 级左右地震条件下的安全。

(3) 对国家划定监视防御区的老旧楼房，特别是人口聚集的公共场所，进行抗震性能的鉴定，不合格和不安全的要进行加固改造，使其能够具备法定的抗震能力。

各类建筑物只要按照国家规定进行抗震设计加固改造，就可以达到小震不坏、中震可修、大震不倒的基本安全效果。

3. 地震能量转移与分散

从地震能量角度来看，大地震的发生往往与断层能量长期不断积累有关，随着科学技术的发展，以及地下活动断层位置逐步确定，从能量释放角度可以研究地震能量的转移或分散技术，通过小规模的引爆或核爆技术释放大断层积聚的巨大能量，从而把破坏性地震对人类的巨大伤害大事化小、小事化了。但是，该方法尚在探索中，还没有应用的例子，即使成功，经济的投入也是非常巨大的。

由于地球地质环境的原因，全球范围内地震的发生不可避免，对于某个地区来说，可能几十年甚至上百年内不会发生大的地震灾害，但一旦发生地震灾害的影响将是十分长远的，因此，震前预防工作要长期不懈地坚持下去，才能将灾害降低到最小程度。

2.4.3　应急避震

应急避震包括震前应急准备、已发布短临预报、震时避险三个阶段应对措施和对策。

1. 震前应急准备

由于地震的复杂性，现有的地震监测预报水平还不能准确地预报地震的时间和地点，只能说预报工作是"偶有成功，多是失败"，因此，地震时应急准备工作是非常重要的。

(1) 家庭或单位应准备应急防震包，包内备有食品、水、常用药品、手电、手机及铁锤等小型工具，并放置于众所周知、易于取用的位置，以备不时之需，并定期检查用品是否过期，及时予以更换。

例如只有 10 万人口的日本千叶县镰谷市首先在 3 所小学和 2 所初中设置了 5 座 40 吨的耐震储水池和水井，并配置了发电机，即使在断电情况下每分钟也能提供 120 升饮用水；其次设置了 3 个防灾仓库，如北部小学的仓库长期储存了防灾食品 64580 份、饮用水袋 4500 袋、简易厕所 42 个、帐篷 12 顶、担架 60 副、药品 48 箱、毛毯 2440 床等；再次在 16 所中小学和 3 所幼儿园等地设置了 25 个避难所和 11 个临时救护所；另外还设置了 67 个户外喇叭、10 辆车载式无线发射台。所以当强烈地震等灾难来临时，即使在孤立无援的情况下，师生和当地居民也能依靠这些食品和设备进行自救。

（2）确认避难路线并实地查看。

在日本，有60％的家庭购置了便携式收音机、手电筒和药品，有20％的家庭储存了应急食品，有86％民众曾确认过去附近避难所的路线等。

（3）检查加固住房、家具、家电的防震措施。

当地震发生的时候，有相当一部分人体的伤害或财产损失是由于家具倾倒造成的。

在日本，家里的书架很高，离顶棚还有一段距离，就可以用专门的装置把它撑住顶棚，防止地震时倒下来（图2-4-3）。而高大的家具一定要固定，在每件大家具的背后，都有个"L"形的大铆钉，将它们牢牢地铆在了墙上，或者用一根链条把家具跟墙固定在一起等。大衣柜、异形高柜或酒柜也不宜放置在离床、沙发等人容易停留的空间太近，因为在晃动中这些过高的家具很容易倒地而伤人。若这些家具实在无法挪开，摆放时应保证其倒地后不能直接砸向床或沙发，并且一定要遵循柜体底部放置重物，顶部放置较轻的物品或空置，以增加这种较高家具的稳定性，防止倾倒砸人。吊柜在地震的时候很容易脱落伤人。一定要注意安装吊码时要避开空心砖才能保证其安全性。而利用柜体顶板与底板的"四点角码固定"，虽然美观度不足但安全性更高一些。

电视机也要用专门固定在电视机柜上的带子（图2-4-4），而摆放的如音响、电器或一些容易损坏的工艺器皿等，在其四角处都有可以专门固定防滑的胶皮垫。对于架上摆放的饰品，质轻的摆放到顶部用双面胶简单固定，重的放在低处以防滑落伤人。解决抽屉滑落的现象可在抽屉外加装小扣条来实现。而玻璃家具，除了尽量将它们摆放在软家饰附近以防止摔坏之外，最有效的办法就是给玻璃家具贴上安全膜，这种透明的安全膜除了可以使玻璃制品更牢固之外，还能防止玻璃家具因破损而引起碎屑飞溅伤人。

图 2-4-3 家具防震措施

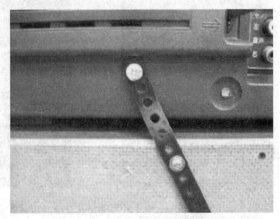

图 2-4-4 电视防震加固措施

2. 已发布短临预报

如果政府已发布短临预报，家庭应做的震前准备工作有：

（1）撤离易损易倒老旧房屋；

（2）选好相对安全的避震空间；

（3）清除床下、桌下，楼道杂物以利避震和疏散；

（4）将高大家具与墙体锚固在一起，以免震时倾倒伤人；

（5）取下高架重物和阳台围栏上的花盆杂物以免震时掉下砸人；

（6）将有毒、易燃、易爆物品搬到室外；

（7）将卧床移离窗户旁、大梁下；

（8）开一次家庭防震会讨论和约定避震方案。

3. 震时科学避险

地震一旦发生，持续时间短则十几秒，长则 1 分钟左右，在如此短的时间内，选择恰当的、科学的避震方法和措施是非常重要的。因此，除了事先有一些准备外，人们只要掌握一定的知识，又能临震保持头脑清醒，就可能抓住这段宝贵的时间，成功地避震脱险。地震时的应急防护原则：就近躲避，即要因地制宜，根据不同情况采取不同对策，震后迅速撤离到安全的地方。

（1）恰当的选择避险位置

一旦发生地震，如果身处平房或楼房一层，能直接跑到室外安全地点也是可行，否则不宜夺路而逃，因为，地震时间短，大地剧烈摇动引起门窗变形不能开启，楼道可能因拥挤践踏造成伤亡，地震时人们进入或离开建筑物时，被砸死砸伤的可能性最大。

地震时应首先"伏而待定"，短暂的时间内首先要设法保全自己；只有自己能脱险，才可能去抢救亲人或别的心爱的东西。可以选择坚实的家具下、课桌下、座位下面、柱子或大型商品旁、大型机床和设备旁边等地方避震，无论在何处躲避，都要尽量用棉被、枕头、书包或其他软物体保护头部，如图 2-4-5、图 2-4-6 所示。

图 2-4-5　正确避震位置　　　　　　图 2-4-6　坚实家具旁留有生存空间

如果你在室外，要尽量远离狭窄街道、高大建筑、高烟囱、变压器、玻璃幕墙建筑、高架桥和存有危险品、易燃品的场所。地震发生时，高层建筑物的窗玻璃碎片和大楼外侧混凝土碎块，以及广告招牌、霓虹灯架等，可能会掉下伤人。因此地震时在街上走，最好将身边的皮包或柔软的物品顶在头上，无物品时也可用手护在头上，尽可能做好自我防御的准备，要镇静，迅速离开电线杆和围墙，跑向比较开阔的地方躲避。

如果在野外应躲避山崩、滑坡、泥石流，遇到山崩、滑坡，要向垂直于滚石前进方向跑，切不可顺着滚石方向往山下跑；也可躲在结实的障碍物下，或蹲在地沟、坎下；特别要保护好头部。

(2) 避免次生灾害

地震时，为防止次生灾害的发生，应该切断电源、燃气源，防止火灾发生。

当遇到燃气泄漏时，可用湿毛巾或湿衣服捂住口、鼻，不可使用明火，不要开关电器，注意防止金属物体之间的撞击。

当遇到火灾时，要趴在地下，用湿毛巾捂住口、鼻，逆风匍匐转移到安全地带。

当遇到有毒气体泄漏时，要用湿毛巾捂住口、鼻，按逆风方向跑到上风地带。

2.4.4　震后救灾与重建

1. 震后自救与互救

震后，余震还会不断发生，周围环境还可能进一步恶化，被困人员应尽量改善自己所处的环境，稳定下来，设法脱险。

虽然灾害72小时是救援最佳时期，但救援工作应坚持"不到最后一刻绝不放弃"的原则，灾后生命奇迹还是不断出现，如2008年中国汶川地震绵竹老人震后266小时获救。此外，成都彭州市龙门山镇团山村村民万兴明家的大肥猪，汶川大地震后被埋废墟下36天，2008年6月17日被成都军区空军某飞行学院战士刨出来时，还坚强地活着。许多市民、网友呼吁为其取名"猪坚强"。

2. 震后卫生防疫与心理干预

在地震发生后，由于大量房屋倒塌，下水道堵塞，造成垃圾遍地，污水流溢；再加上畜禽尸体腐烂变臭，极易引发一些传染病并迅速蔓延。历史上就有"大灾后必有大疫"的说法。因此，在震后救灾工作中，认真搞好卫生防疫非常重要。地震灾区的每一位公民应注意防寒保暖，预防感冒、气管炎、流行性感冒等呼吸道传染病。

心理危机干预即"心理救灾"，是灾后重建的一项重要内容。地震发生后，不少群众还摆脱不了心中的恐慌，飞来的天灾横祸，给人们留下的不只是痛苦的记忆。特别对那些经历了生离死别的人来说，哀莫大于心死，若没有外界细致入微的抚慰疏导和心理干预，他们很难在短时间内脱离梦魇，回归正常状态。特别是在灾难面前，人们应该寻求更人性化、更加有效的救助。群众需要消除恐慌心理，灾民尤其是儿童更需要心理治疗摆脱地震后遗症。卓有成效的心理干预，能帮助灾区群众的心灵伤口最大限度被爱心缝合，恐慌不安的公众情绪很快被舒解。灾难会在人身上造成严重心理创伤，如果不及时治疗，会折磨一生，改变病人的性格，甚至导致极端行为如自杀和暴力。精神上的帮扶与物质上救援同样重要。灾后重建不该缺失心理干预专家的身影。

3. 震后重建

震后重建是指在地震应急工作之后的全面救灾行动和恢复生产，重建家园。包括修复生命线工程和各类建筑物、恢复生产及社会正常生活，开展震害调查与损失评估，进行地震安全性评价，制定恢复重建计划，重建美好家园等。震后重建可以分为两个阶段：震后应急重建和震后长期重建。

(1) 震后应急重建。震后应急重建是指为救灾需要，保证灾区基本生活、生产活动的生命线工程和各类建筑物应急抢修、应急加固工程。

(2) 震后长期重建。震后长期重建工作是涉及震区地震安全性评价、重建选址、城镇规划、建筑设计、施工及资金筹措等多方面的一门综合科学，在科学规划的基础上，用系统、整体的思维加以统筹，拿出一个整体的长远的发展规划和目标显得尤其重要。

　　"地震监测预报、震灾预防、地震应急、地震救灾与重建"这四个环节彼此密切相关，互相补充，相辅相成，每个组成部分在减轻地震灾害中都起着重要作用，但各自又都有其阶段性。因此，四个环节必须有机结合，并构成整体，才能取得防御和减轻地震灾害的实效。很显然，地震灾害的综合防御是一项宏大的社会系统工程。

第 3 章 火灾与防火减灾

3.1 火灾及其分类与特征

3.1.1 概述

在人类出现之前，火就已经存在于自然界。在人类发展的历史长河中，火，燃尽了茹毛饮血的历史；火，点燃了现代社会的辉煌。在云南省元谋县发现"元谋人"的用火证据，更将人类用火的历史追溯到 170 万年以前。火给人类带来文明进步、光明和温暖。但是，失去控制的火，就会给人类造成灾难。

随着社会的不断发展，在社会财富日益增多的同时，导致发生火灾的危险性也在增多，火灾的危害性也越来越大。据统计，全世界每年火灾经济损失可达整个社会生产总值的 0.2%，我国的火灾次数和损失虽比发达国家要少，但损失也相当严重。我国火灾每年直接经济损失，20 世纪 50 年代平均 0.5 亿元；60 年代平均 1.5 亿元；70 年代平均 2.5 亿元；80 年代平均 3.2 亿元；到了 20 世纪 90 年代，经济社会快速发展，中国已处于工业化发展中期阶段，城市化水平已进入快速发展阶段，火灾损失也急速上升：20 世纪 90 年代火灾直接损失平均每年为 10.6 亿元；21 世纪 10 年间的年均火灾损失达 14.1 亿元。由此可见，火灾造成的损失是非常惊人的。

何谓火灾？国家标准《消防基本术语：第一部分》GB 5907—86 将火灾定义为：在时间或空间上失去控制的燃烧所造成的灾害。

3.1.2 燃烧

如果要准确认识火灾，必须了解燃烧，那么何谓燃烧？燃烧是可燃物与氧化剂作用发生的放热反应，通常伴有火焰、发光和发烟现象。

从本质上讲，燃烧是剧烈的氧化还原反应。任何物质的燃烧都有一个由未燃烧状态转向燃烧状态的过程，其发生和发展应具备三个必要条件：可燃物、氧化剂（助燃物）和温度（点火源），三者缺一不可。这三个条件只是燃烧的基本条件，如果可燃物的数量不够多，氧化剂不足或者温度不够高，也不能发生燃烧。因此，要发生燃烧，还必须具备以下的充分条件：

(1) 一定数量或浓度的可燃物：必须使可燃物质与助燃物有一定的数量或浓度才能发生燃烧，例如氢气在空气中的含量达到 4%～75% 才能着火或爆炸；

(2) 一定数量的助燃物：助燃物的数量必须足够，可燃物才能燃烧，否则燃烧就会减弱甚至熄灭。测试表明，大多数可燃物质在含氧量低于 16% 的条件下，就不能发生燃烧，因为助燃物浓度太低的缘故；

（3）一定能量的点火源：点火源必须有一定的温度和足够的热量，否则燃烧不能发生；

（4）可燃物、助燃物和点火源三者的相互作用：燃烧不仅必须具备可燃物、助燃物和点火源，而且必须满足彼此间的数量比例，同时还必须相互结合、相互作用，否则燃烧将不能发生。

3.1.3　火灾分类、成因及特征

1. 火灾分类

针对火灾研究目的不同，火灾可以按照不同标准进行分类，主要分类依据和分类结果有：

（1）根据火灾的发生地点分类

可以分为建筑火灾、露天生产装置火灾、可燃物料堆场火灾、森林火灾、交通工具火灾等。发生次数最多、损失最严重者，当属建筑火灾，其发生次数占总火灾的 75% 左右，直接经济损失占总火灾的 85% 左右。

（2）根据可燃物的形态分类

依据 2009 年 5 月 1 日实施的中国国家标准《火灾分类》GB/T 4968—2008，火灾根据可燃物的类型和燃烧特性，分为 A、B、C、D、E、F 六类。

A 类火灾：指固体物质火灾。这种物质通常具有有机物质性质，一般在燃烧时能产生灼热的余烬。如木材、煤、棉、毛、麻、纸张等火灾。

B 类火灾：指液体或可熔化的固体物质火灾。如煤油、柴油、原油，甲醇、乙醇、沥青、石蜡等火灾。

C 类火灾：指气体火灾。如煤气、天然气、甲烷、乙烷、丙烷、氢气等火灾。

D 类火灾：指金属火灾。如钾、钠、镁、铝镁合金等火灾。

E 类火灾：带电火灾。物体带电燃烧的火灾。

F 类火灾：烹饪器具内的烹饪物（如动植物油脂）火灾。

（3）根据火灾大小标准分类

2007 年 6 月 26 日，公安部下发了《关于调整火灾等级标准的通知》，新的火灾等级标准由原来的特大火灾、重大火灾、一般火灾三个等级调整为特别重大火灾、重大火灾、较大火灾和一般火灾四个等级。

① 特别重大火灾，指造成 30 人以上死亡，或者 100 人以上重伤，或者 1 亿元以上直接财产损失的火灾；

② 重大火灾，指造成 10 人以上 30 人以下死亡，或者 50 人以上 100 人以下重伤，或者 5000 万元以上 1 亿元以下直接财产损失的火灾；

③ 较大火灾，指造成 3 人以上 10 人以下死亡，或者 10 人以上 50 人以下重伤，或者 1000 万元以上 5000 万元以下直接财产损失的火灾；

④ 一般火灾，指造成 3 人以下死亡，或者 10 人以下重伤，或者 1000 万元以下直接财产损失的火灾。

2. 火灾原因

在火灾统计中，将火灾原因分为七类：①放火；②生活用火不慎；③玩火；④违反安

全操作规程；⑤违反电器安装使用规定；⑥设备不良；⑦自燃。各类火灾统计见图 3-1-1。在生产、生活活动中，大量的火灾是由于操作失误、设备缺陷、环境和物料的不安全状态、管理不善等引起的。为此我们要从人、设备、环境、物料和管理等方面提高防火意识，消除火灾隐患。

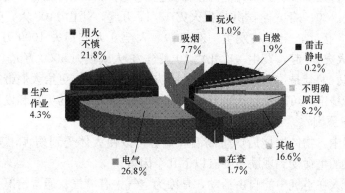

图 3-1-1　火灾原因统计

3. 火灾特征

火灾根据发生区域不同可以概括为两大类：室内火灾和室外火灾，特点也不尽相同，随着人类对火灾研究和认识的不断深入，掌握其发生、发展的规律和特点，采取更有效的方式与火灾进行斗争，最大限度地减轻火灾危害。

室内火灾一般都具有三个特点，即：突发性、多变性和瞬时性。

① 突发性。一般情况下火灾隐患都有较长时间的潜伏性，往往是小患不除，酿成大灾。火灾的发生大多是随机和难以预料的，造成的危害是突然袭击式的、多方面的。

② 多变性。火灾的多变性特点包含两个方面：一是指火灾之间的千差万别。引起火灾的原因多种多样，每次火灾的形成和发展过程都各不相同。二是指火灾在发展过程中瞬息万变，不易掌握。火灾的蔓延发展受到各种外界条件的影响和制约，与可燃物的种类、数量、起火单位的布局、通风状况、初期火灾的处置措施等有关。

③ 瞬时性。

室外火灾与室内火灾相比，主要有以下不同的特点：

① 室外火灾受空间的限制小，燃烧时处于完全敞露状态，供氧充分，空气对流快，火势蔓延速度快，燃烧面积大。

② 室外火灾受气温影响大。气温越高，可燃物的温度随之升高，与着火点的温差就越小，更容易被引燃，造成火势发展迅猛。气温越低，火源与环境温度的差异越大，火场周围可燃物质所蒸发出的气体相对较少，火势蔓延速度会相对较慢。但是，随着火场上空气对流速度加快，会使火场周围温度迅速升高，燃烧速度加快。

③ 风对室外火灾的发展起决定影响。风助火势是指风会给燃烧区带来大量新鲜空气，随着空气当中的氧气成分的不断增多，促使燃烧更加猛烈。火势蔓延方向随着风向改变而改变，在大风中发生火灾，会造成飞火随风飘扬，形成多处火场，致使燃烧范围迅速扩大。

由于室外火灾火势多变，经常出现不规则燃烧，火势难控制，用水量大，扑救难度大，一旦发展成室外火灾，往往形成立体、多层次燃烧，扑救更加困难，火灾危害和损失也更为严重。

3.1.4　火灾危害

火灾的危害首先表现在威胁人们的生命安全。火灾统计资料表明，我国每年有大量人员在火灾中死亡。2010年，全国共接报火灾13.17万起，死亡1108人，受伤573人，直接财产损失17.7亿元，全国共发生一次死亡3人至9人或损失1000万元至5000万元（不含）的较大火灾65起，发生一次死亡10人至29人或损失5000万元至1亿元（不含）的重大火灾4起。尤其是一些群死群伤恶性火灾事故的发生，更给人们带来巨大灾难，严重影响社会和谐稳定。可以说，火灾直接或间接地威胁着人类的生存和发展。

1. 火灾致灾原因

在火灾过程中，物体燃烧后产生高温和烟雾可以使人体受到伤害，甚至危及人的生命。火灾中，人的生命受到威胁主要有以下几个因素：

（1）缺氧。人在空气中能自由活动，是因为空气中有氧气。通常情况下，氧气占空气中所有气体成分的21%，如果氧气浓度过低，人体就会产生各种反应，包括肌肉功能会减退、神志不清，产生幻觉，直至窒息死亡。一般人存活的氧气浓度最低极限为10%。

（2）火焰。烧伤主要是因为人体与火焰直接接触或者热辐射引起。如果皮肤温度在66℃以上，仅持续1秒钟就可以造成烧伤。所以任何人在没有保护措施的情况下是绝不能在火焰中穿行的，尤其是火焰外围的外焰，其温度比焰心温度高出好几倍。所以，人在火场中千万不能靠近外焰。

热辐射也容易把人灼伤，人在火场周围经常感到一股热浪迎面而来，这股热浪就是热辐射。火场中热辐射往往非常强，即使与火焰相隔好几米远，人体也会被灼伤。

（3）高温。高温对火场中的人员也具有危险性。火焰产生的热空气，能引起人体烧伤、热虚脱、脱水、呼吸不畅。人的生存极限气温是130℃，超过这个温度，可以使血压下降，毛细血管破坏，以致血液不能循环，严重的会导致脑神经中枢破坏而死亡。另外，物体发热还使强度降低，建筑物受热作用后容易倒塌。

（4）毒气。火场中的有毒气体对人体呼吸器官或感觉器官产生刺激，使人窒息或昏迷。

火场中，一些材料燃烧后产生的气体种类很多，有时多达上百种，这个混合气体中包含着大量有毒气体，如一氧化碳、二氧化氮、硫化氢等。

大量火灾死亡统计资料显示，大部分人因为吸入一氧化碳等有毒气体后在火场遇难。一般情况下，空气中一氧化碳含量达到1%时，人吸气数次后就丧失知觉，经1～2分钟就可能中毒死亡。即使一氧化碳含量只有0.5%，人体吸入后20～30分钟亦有生命危险，甚至在火灾现场吸入一氧化碳而昏倒的人被救醒后，往往还会留下不同程度的后遗症。

（5）烟。很多人认为，火灾中人员死亡的主要原因是被火烧死，实际上，物体燃烧后产生的烟气，才是致死的主要原因。

烟是物体燃烧的产物，由微小的固体、气体颗粒组成。建筑物起火后，大多数受害者首先见到的是烟。烟的迅速蔓延会使受灾者呼吸困难，心率加快，判断力下降，造成恐慌心理。更加严重的是，烟降低了能见度，隐蔽了逃生线路，恶化人员疏散条件。在火灾现场，人们经常会见到既没有烧伤又无压伤的尸体。科学家对火灾中人的死亡原因进行统计分析，发现其中因缺氧窒息和中毒死亡的要占70%以上。因此可以说，火场上的浓烟比烈火更可怕，烟气是火场上的真正"杀手"。表3-1-1给出了美国1979～1990年火灾死亡统计结果，由表可见烟气致死比例约为2/3。

1979～1990年美国火灾死亡人数分布　　　　　　　表3-1-1

年份	总数	烟气致死	火烧致死	其他
1979	5998	3515(58.6%)	2262(37.7%)	221(3.7%)
1980	5822	3515(60.4%)	2079(35.7%)	228(3.9%)
1981	5697	3501(61.4%)	2048(35.9%)	148(2.6%)
1982	5210	3396(65.2%)	1683(32.3%)	130(2.5%)
1983	5039	3245(64.4%)	1654(32.8%)	140(2.8%)
1984	5022	3277(65.2%)	1625(32.4%)	121(2.4%)
1985	4952	3311(66.9%)	1498(30.3%)	143(2.9%)
1986	4835	3328(68.8%)	1415(29.3%)	92(1.9%)
1987	4710	3307(70.2%)	1301(27.6%)	102(2.2%)
1988	4965	3480(70.1%)	1378(27.8%)	106(2.1%)
1989	4723	3308(70.0%)	1311(27.8%)	103(2.2%)
1990	4181	2986(71.4%)	1138(27.2%)	57(1.4%)

2. 火灾危害主要表现

（1）毁坏物质财富

我国2000～2008年重特大火灾造成直接财产损失共计68076.91万元。

（2）残害生命

有关火灾统计资料表明，我国每年有大量人员在火灾中死亡。2000年3月29日凌晨3时许，河南省焦作市山阳区一个体私营影视厅，因观众在包房内使用石英管电热器烤着靠近的可燃物引起火灾，造成74人死亡。

（3）破坏生态平衡、污染环境

人类的生存，离不开森林、草原、江河湖海，它们对调节气候、净化空气、维持生态平衡、保护人类适宜的生存环境，都有着很大的作用和影响。而一场大火，尤其是森林、石油品仓库和重要工业基地火灾，往往对环境和人们健康造成一定影响。此外，火灾对环境所造成的污染，生态平衡的严重破坏，在短期内都是难以消除的。

（4）间接损失严重，造成不良的社会影响

火灾的破坏性不仅表现在造成人身死亡、财物毁坏的后果，还表现在造成严重的间接损失。一场火灾烧毁房屋、工厂，财产损失可以用金钱来计算，但是火灾造成工厂停业、工人失业、学校停课、学生失学等损失就无法用金钱来计算。现代社会的各行各业都密切相关，如果烧毁了文物、档案、科研成果、重要资料等，其损失更是难以用经济价值计算。1994年11月15日，吉林市银都夜总会发生火灾，烧毁建筑物6800m²，烧毁长11m、宽6m的7000多万年前的黑龙江恐龙化石，还有明代一批珍贵文物、文字资料及10万册图书，死亡2人，直接经济损失671万元。文物损失无法估算。

表3-1-2和表3-1-3给出了中国2001～2010年火灾统计及2010年重大火灾事件。

2001～2010 年中国火灾统计结果　　　　　　　　　表 3-1-2

时间	火灾事件(万起)	伤亡	损失(亿元)
2001	21.6	死 2334 人,伤 3781 人	14.0
2002	25.8	死 2393 人,伤 3414 人	15.4
2003	25.4	死 2482 人,伤 3087 人	12.9
2004	25.3	死 2563 人,伤 2969 人	6.7
2005	23.6	死 2496 人,伤 2506 人	13.6
2006	22.3	死 1517 人,伤 1418 人	7.8
2007	15.9	死 1418 人,伤 863 人	9.9
2008	13.3	死 1385 人,伤 684 人	15.0
2009	12.7	死 1076 人,伤 580 人	13.2
2010	13.2	死 1108 人,伤 573 人	17.7

2010 年中国重大火灾事故一览　　　　　　　　　表 3-1-3

时间	类型	伤亡与损失	事故原因
2010 年 12 月 5 日	四川道孚草原火灾	22 人遇难,蔓延 500 余亩	清理余火时突起大风
2010 年 11 月 15 日	上海教师公寓	58 人遇难,71 人受伤,直接损失 6 亿元	住宅脚手架起火
2010 年 11 月 13 日	清华学堂火灾	过火面积 800m² 左右	施工用火不慎
2010 年 11 月 5 日	吉林商业大厦	19 人死亡,1 人失踪,伤 28 人	电气线路短路
2010 年 8 月 28 日	沈阳市万达广场售楼处	11 人死亡、7 人受伤	易燃物品
2010 年 7 月 28 日	南京栖霞化工火灾爆炸	13 人死亡、120 人受伤	工人挖断丙烯管道引起泄漏
2010 年 7 月 19 日	乌鲁木齐居民房火灾	12 人死亡、17 人受伤	
2010 年 7 月 16 日	大连输油管道爆炸起火		原油泄漏,操作失误
2010 年 5 月 3 日	内蒙中铁十九局民工居住的工棚发生火灾	10 人死亡、14 人受伤	
2009 年 2 月 9 日	央视新址在建工地火灾	7 人受伤,经济损失 16383 万元	燃放烟花

3.2　建筑火灾

3.2.1　建筑火灾概述

建筑火灾是所有火灾灾害中最为常见一种,同时也是财产损失和人员伤亡最大的灾害之一。

建筑火灾是一种在有限空间里发生的燃烧,是指各类建筑中,由于人的不安全行为和物的不安全状态相互作用而引起,并危及人们生命和财产的失控燃烧。

建筑火灾的起因多种多样,归纳起来,大致可分为 6 类:①生活和生产用火不慎;

②违反生产安全制度；③电气设备设计、安装、使用或维护不当；④自燃、雷电、静电、地震等自然灾害引起；⑤人为纵火；⑥建筑布局不合理，建筑结构材料选用不当等因素促进火灾蔓延。

建筑火灾特点可以归纳为以下几个方面：

（1）易形成大面积燃烧。单层毗连式住宅或走廊式宿舍楼，以及棚户区居民住宅火灾，往往一家失火，殃及四邻，形成大面积燃烧。

（2）火灾蔓延迅速。高层住宅由于向空中发展，竖向空间、烟囱作用十分明显，竖向交通形成的电梯井、楼梯井，以及管道井、垃圾井等众多的"竖井"，在失火时会成为火势竖向蔓延的主要途径，而火灾竖向蔓延的速度比水平蔓延快4～5倍，因此，高层住宅发生火灾，如不及时控制，很容易蔓延发展成立体形大火。

（3）财物损失严重。居民住宅面积有限，在有限的空间内，集中着大量的家用电器、各种家具和衣物，还有许多易燃装饰材料，一旦发生火灾，物资不易疏散，财物损失严重。

（4）易造成人员伤亡。居民中的老、弱、病、残者及小孩常常是受害者。如果是住在高层住宅内，则人员更难以疏散。

（5）扑救困难。居民住宅内可燃物集中，通风条件差，发生火灾时产生大量的烟雾给扑救工作带来困难。如是住在高层，灭火设施及器材受楼高的限制，扑救工作将更为复杂。

3.2.2 火灾的发展过程

除地震起火是多处同时起火外，一般建筑内火灾往往是由一点引燃，并逐步扩大的过程，根据室内火灾温度随时间的变化特点，可以将其发展过程分为图3-2-1所示的四个阶段：

（1）火灾初起阶段（OA段）。室内发生火灾后，最初只是起火部位及其周围可燃物着火燃烧，这时火灾如同在敞开的空间里进行一样。

初起阶段的特点是：火灾燃烧范围不大，火灾仅限于初始起火点附近；室内温度差别大，在燃烧区域及其附近存在高温，室内平均温度低；火灾发展速度较慢，在发展过程中火势不稳定；火灾发展时间因受点火源、可燃物质性质和分布以及通风条件影响，其长短差别很大。

初起阶段一般持续在几分钟到十几分钟，初起阶段是灭火的最有利时机，也是人员安全疏散的最有利时段。因此，应设法尽早发现火灾，把火灾及时控制、消灭在起火点。许多建筑火灾案例说明，要达到此目的，在建筑物内除安装配备灭火设备外，设置及时发现火灾的报警装置是非常必要的。

（2）火灾发展阶段（AB段）。在火灾初起阶段后期，火灾范围迅速扩大，当火灾房间温度达到一定值时，聚积在房间内的可燃气体突然起火，整个房间都充满了火焰，房间内所有可燃物表面部分都卷入火灾之中，燃烧很猛烈，温度升高很快。房间内局部燃烧向全室性燃烧过渡的这种现象通常称为轰燃。轰燃是室内火灾最显著的特征之一，它标志着火灾全面发展阶段的开始。对于安全疏散而言，人们若在轰燃之前还没有从室内逃出，则很难幸存。

（3）火灾燃烧猛烈阶段（BC 段）。轰燃发生后，房间内所有可燃物都在猛烈燃烧，放热速度很快，因而房间内温度升高很快，并出现持续性高温，最高温度可达 1100℃左右。火焰、高温烟气从房间的开口部位大量喷出，把火灾蔓延到建筑物的其他部分。室内高温还对建筑构件产生热作用，使建筑构件的承载能力下降，甚至造成建筑物局部或整体倒塌破坏。

（4）火灾熄灭阶段（C 点以后）。在火灾猛烈燃烧后，随着室内可燃物的挥发物质不断减少以及可燃物数量的减少，火灾燃烧速度递减，温度逐渐下降。当室内平均温度降到温度最高值的 80％时，则一般认为火灾进入熄灭阶段。随后，房间温度明显下降，直到把房间内的全部可燃物烧尽，室内外温度趋于一致，宣告火灾结束。但是，火灾熄灭之前，温度还是很高，这一阶段应该注意防止结构长时间高温作用导致结构破坏。

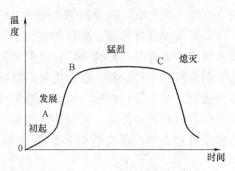

图 3-2-1　室内火灾特性曲线

上述四个阶段的持续时间，是由引起燃烧的多种因素和条件所决定的，火灾特性曲线也存在较大差异，完全相同的火灾是不存在的。

3.2.3　建筑材料耐火性能

1. 建筑材料的燃烧性

目前的建筑材料主要有金属、石材、木材、混凝土、含均匀散布胶合剂或聚合物的矿物棉等。根据我国现行国家标准《建筑材料及制品燃烧性能分级》GB 8624—2006，按燃烧性能将建筑材料分为 7 级：普通材料按 A1、A2、B、C、D、E、F，铺地材料按 $A1_{fl}$、$A2_{fl}$、B_{fl}、C_{fl}、D_{fl}、E_{fl}、F_{fl}，管状保温隔热材料按 $A1_L$、$A2_L$、B_L、C_L、D_L、E_L、F_L 各分为七个级别。

常见材料燃烧时温度见表 3-2-1。

常见材料的燃烧温度　　　　　　　　　　表 3-2-1

材料	温度(℃)	材料	温度(℃)	材料	温度(℃)
汽油	1200	氢气	2130	木材	1000～1700
煤油	700～1030	煤气	1600～1850	石蜡	1427
煤	1647	液化气	2100	橡胶	1600
乙醇	1180	一氧化碳	1580	石油气	2120
乙炔	2127	天然气	2020	石油	1100

2. 建筑材料的发烟浓度

（1）透过烟的能见距离

透过烟的能见距离是指普通人视力所能达到的距离。烟中含有大量碳的粒子，影响光线透过，烟的浓度高时，透过的距离短，也就阻挡了人的视线，视线能见距离的大小，对人员疏散安全具有重要意义。透过烟的能见距离过小时，疏散的人找不到疏散的方向，看不到封闭楼梯间的门或疏散的标志，影响疏散安全。根据实测：火烟中能见距离只有几十厘米。而确保人员安全疏散的最小能见距离是：对起火建筑熟悉者为 5m；对起火建筑陌生者为 30m。

（2）烟的毒性

① 建筑材料燃烧中毒的危险性。砖混结构建筑物比木屋火灾中毒的危险性大，因为，在砖混结构房屋中缺氧多，产生二氧化碳的数量也比较多。砖混结构建筑起火时，开窗中毒的危险性比关窗时中毒的危险性要大。这是因为开窗时，缺氧的程度比关窗时严重。各种有毒气体集中的部位，多数在顶部，而只有一氧化碳的最高浓度出现在中部，相当于人呼吸的部位。所以疏散和抢救时，人最好取较低位置吸气。

② 烟中的有毒气体对人体的危害。被火封锁在建筑物上层的人，吸收气体燃烧产物（其中包括一氧化碳和其他有毒气体如氰化氢，以及大量的二氧化碳），或者因为氧的浓度降低，造成缺氧，可导致人的死亡。

实验表明：一氧化碳为不完全燃烧产物，当空气中的含量为 0.1% 时，人一小时后便会感到头痛、作呕、不舒服；当含量达到 0.5% 时，20～30 分钟内人员会死亡；含量为 1% 时，人员吸气数次后失去知觉，1～2 分钟内会即刻死亡。羊毛丝织品及含氮的塑料制品燃烧时会产生有毒物质氰化氢气体。不同浓度的氰化氢对人体的影响为：当氰化氢浓度为 110ppm 时，大于 1 小时人即死亡；当浓度为 181ppm 时，10 分钟人即可死亡；当浓度为 280ppm 时，人会立即死亡（注：$ppm = 1 \times 10^{-6}$）。

（3）烟的温度

当空气适量，木材完全燃烧，烟的理论温度值为 1890℃。如果供燃烧的空气不足，燃烧不完全或混进的空气过多，产生的热量分散，烟的温度会降低。离开起火部位时，烟的温度很高，它带着大量的热离开起火点，沿走廊、楼梯进入其他房间，并沿途散热，使可燃物升温自行燃烧。因为木材的自燃点在 400～500℃ 之间，所以温度在 500℃ 以上的热烟所到之处，都有被引燃的危险。特别是在密闭的建筑物内发生火灾时，由起火房间流出的，具有 600～700℃ 以上高温的（含有大量一氧化碳）未完全燃烧的产物和走廊头上的窗口的新鲜空气相遇，还会产生爆燃。通过爆燃，会把在建筑物内接触到的可燃物全部点燃。实验表明，人对高温的暂时忍耐性最高为 65℃，而火烟温度常在 500℃ 以上，因此，火灾中常造成人员大面积烧伤现象。

3.2.4 常用建筑材料火灾性能

常用的建筑材料可以分成三大类：有机材料、无机材料和复合材料。有机材料包括：木材、塑料、装饰性材料、涂料等；无机材料包括：砖、石材、石膏及制品、玻璃、钢材、混凝土等。复合材料主要指各种功能性复合材料，如合成树脂、橡胶、碳纤维等。下面介绍几种主要建筑材料的火灾性能。

1. 木材

虽然树种很多，但木材的化学组成并没有多大的差别。主要成分有碳、氢、氧等。木材由常温受热后再慢慢蒸发水分，到 100℃ 左右呈干燥状态，继续加热便开始分解，并逐步炭化。木材在分解时，不仅分解可燃气体，同时也在放热。木材在常温下放热的现象是很不明显的，大约到 200℃ 以后方才突出。

木材燃烧的速度，是用木材变黑，即炭化扩展的深度来计算的。木材本色与炭化层黑色之间分界面处的温度，约等于 300℃。木材的密度大时，燃烧的速度缓慢；木材的湿度对木材燃烧的速度也有同样的影响。木材受热的温度高，而且通风供氧的条件良好时，木材的燃烧速度也会加快。

2. 塑料

塑料是以天然树脂或人工合成树脂为主要原料，加入填充剂、增塑剂、润滑剂和颜料等制成的一种高分子有机物。塑料具有可塑性。相对密度小、强度大、耐油浸、耐腐蚀、耐磨、隔声、绝缘、绝热、易切削及易于塑制成型等优越性能。

塑料燃烧的产物主要有：

（1）烟雾。大多数聚合物热分解出的烟雾是浓的或非常浓的，即便是完全燃烧也会有烟，只不过密度较小。氨基甲酸乙酯泡沫在阴燃和明火燃烧时都产生浓烟，而且在 1 分钟之内达到伸手不见五指的浓度。各类聚合物产生的烟雾取决于聚合物的性质、添加剂的种类、是明火或阴燃以及通风条件等因素。

（2）毒性。塑料的燃烧产物带来的危害与易燃液体燃烧产物的危害基本相同。然而有些性质和特点在类似用途的天然材料中是找不到的。塑料燃烧产生的一氧化碳同样是致命的可燃气体，二氧化碳也是提高产物毒性的重要组成部分，高聚物中的碳、氢、氧以及硫等元素都可以产生这样或那样的毒气。

（3）腐蚀性。聚氯乙烯热分解产生的大量氯化氢会腐蚀金属，破坏金属结构和生产设备。

3. 黏土砖

建筑用的人造小型块材，分烧结砖（主要指黏土砖）和非烧结砖（灰砂砖、粉煤灰砖等），俗称砖头。黏土砖以黏土（包括页岩、煤矸石等粉料）为主要原料，经泥料处理、成型、干燥和焙烧而成。目前，黏土砖由于环境保护的压力在城市使用越来越少，但在农村或不发达地区，仍然是构成墙体的主要建筑材料之一。

由于黏土砖是经过高温煅烧而成的，因而再次受到高温作用时性能保持基本稳定，在800～900℃时无明显破坏，耐火性能较好。普通黏土砖墙耐火时间与厚度有关，参见表3-2-2。

黏土砖墙厚度与耐火时间

表 3-2-2

厚度(mm)	120	180	240	370
耐火极限(h)	2.5	3.5	5.5	10.5

4. 石材

目前，常用的石材种类分为两大类：天然石材和人造石材。

天然石材的耐热性与其化学成分及矿物组成有关。石材经高温后，由于热胀冷缩、体积变化而产生内应力或因组成矿物发生分解和变异等导致结构破坏。如含有石膏的石材，在 107℃ 以上时就开始分解破坏；含有碳酸镁的石材，温度高于 725℃ 会发生破坏；含有碳酸钙的石材，温度达 827℃ 时开始破坏。由石英与其他矿物所组成的结晶石材，如花岗岩等，当温度达到 600℃ 以上时，由于石英受热发生膨胀，强度迅速下降。

人造石材是以不饱和聚酯树脂为胶粘剂，配以天然大理石或方解石、白云石、硅砂、玻璃粉等无机物粉料，以及适量的阻燃剂、颜色等，经配料混合、浇铸、振动压缩、挤压等方法成型固化制成的一种人造石材。人造石大体分为人造亚克力石和人造石英石，复合亚克力石耐高温到 90℃ 左右，纯亚克力耐高温为 120℃，但不可长时间接触过热物体。

5. 石膏及石膏制品

生产石膏的原料主要为含硫酸钙的天然石膏（又称生石膏）或含硫酸钙的化工副产品和磷石膏、氟石膏、硼石膏等废渣，其化学式为 $CaSO_4 \cdot 2H_2O$，也称二水石膏。将天然二水石膏在不同的温度下煅烧可得到不同的石膏品种。如将天然二水石膏在 107~1700℃ 的干燥条件下加热可得建筑石膏。

建筑石膏及制品具有优异的防火性能，由于石膏受热时吸收大量热量发生脱水，要释放化合水，其耐火极限可达 2h 以上，此外，石膏制品为多孔结构，其导热系数为 0.30，与砖（0.43）和混凝土（1.63）相比，隔热性能优良。但是，由于石膏受热会产生一定的收缩变形，导致石膏制品高温时容易开裂，失去隔火性能。

6. 玻璃

玻璃是以石英砂、纯碱、长石和石灰石等为原料，在 1550~1600℃ 烧至熔融，再经急冷而得的一种无定形硅酸盐物质，是一种非晶材料。玻璃的高硬度主要是由于结构的非晶态引起的，如果是发生了有序转变，力学性能会发生很大的下降，这就是俗称的玻璃临界温度。非晶态材料的临界转变温度与其结构有关。常见的玻璃成分主要为二氧化硅，单纯的二氧化硅转变温度是很低的。所以，现在很多玻璃都是通过掺杂其他成分来提高玻璃的耐高温性能。现在很多玻璃，如钢化玻璃等都是通过掺杂适当的成分来实现的。

（1）普通平板玻璃。常用于建筑的门窗。普通玻璃火灾条件下 250℃ 左右 1 分钟左右因变形自行破裂。

（2）防火玻璃。按照耐火性能分为：A、B、C 三类；A 类要同时满足耐火完整性隔热性要求；B 类同时满足耐火完整性、热辐射强度要求；C 类需满足耐火完整性要求。按照耐火等级分为四级：一级（≥90min）、二级（≥60min）、三级（≥45min）、四级（≥30min）。

目前，随着技术的发展，耐高温玻璃种类越来越多，耐温最高可达 2000℃ 以上。

7. 高温下钢材的物理、力学性质

（1）钢材在高温下的热物理性质

在常温下，常见金属材料的主要物理参数见表 3-2-3。

常温部分金属材料的物理参数　　　　　　　　　　表 3-2-3

钢材名称	密度 (kg/m^3)	热膨胀系数 $[\times 10^{-5}/(m \cdot ℃)]$	热传导系数 $[W/(m \cdot ℃)]$	比热容 $[J/(kg \cdot ℃)]$	弹性模量 $E(GPa)$	切变模量 $G(GPa)$	泊松比 μ
镍铬钢、合金钢	7850	13~15			206	79.38	0.25~0.3
碳钢	7850	10~13			196~206	79	0.24~0.28
铸钢	7850	10~12	45	600	172~202	—	0.3
球墨铸铁	7000~7400	9.9~12			140~154	73~76	—
灰铸铁、白口铸铁	7000~7400	9.9~12			113~157	44	0.23~0.27

火灾发生时，钢材的密度、热传导率、比热容、导热系数和热膨胀系数，是决定火灾

条件下钢材温度上升速度和钢结构热应力的重要参数。钢材的导热系数大、比热容小是被火烧以后迅速升高温度的根本原因。

钢材的弹性模量是应力与应力引起变形的比率。它是度量钢材抵抗变形能力的。在给定应力的条件下，钢材的弹性模量越大，变形就越小。钢材的弹性模量，一般是随着温度的增加而迅速减小。

在高温下，普通钢材的弹性模量应按下式计算：

$$E_T = \chi_T E \tag{3-2-1}$$

$$\chi_T = \begin{cases} \dfrac{7T_s - 4780}{6T_s - 4760} & 20℃ \leqslant T_s < 600℃ \\[2mm] \dfrac{1000 - T_s}{6T_s - 2800} & 600℃ \leqslant T_s \leqslant 1000℃ \end{cases} \tag{3-2-2}$$

式中　T_s——温度（℃）；

E_T——温度为 T_s 时钢材的初始弹性模量（N/mm²）；

E——常温下钢材的弹性模量（N/mm²），按现行《钢结构设计规范》GB 50017 确定；

χ_T——高温下钢材的弹性模量折减系数，见表 3-2-4。

高温下普通钢材的弹性模量折减系数 χ_T　　　　　　表 3-2-4

T_s(℃)	100	200	300	400	500	600	700	800
χ_T	0.978	0.949	0.905	0.838	0.726	0.498	0.214	0.100

钢材的弹性模量随温度升高而减小，当温度≤200℃时，弹性模量下降有限，温度在300～700℃间迅速下降，温度等于800℃时弹性模量很低，不超过常温下模量的10％。

在高温下，耐火钢（掺加微量合金元素耐火温度达到 600℃以上，600℃屈服强度大于 2/3 常温屈服强度的特种建筑钢）的弹性模量可按式（3-2-1）确定。其中，弹性模量折减系数 χ_T 应按式（3-2-3）确定。

$$\chi_T = \begin{cases} 1 - \dfrac{T_s - 20}{2520} & 20℃ \leqslant T_s < 650℃ \\[2mm] 0.75 - \dfrac{7(T_s - 650)}{2500} & 650℃ \leqslant T_s < 900℃ \\[2mm] 0.5 - 0.0005T_s & 900℃ \leqslant T_s \leqslant 1000℃ \end{cases} \tag{3-2-3}$$

钢材的线胀系数是表示钢材由于加热而产生的膨胀或收缩的特性。温度升高，钢材的长度伸长，其线胀系数是正的；缩短时，其线胀系数是负的。各种钢材的线胀系数，不取决于钢的含碳量。钢随温度增加而产生的膨胀，只有在约 700℃以下时才有一定规律，而在 700℃以上时钢材实际上已失去了它的所有强度。

钢材的泊松比是横向应变与纵向应变之比值，也叫横向变形系数，它是反映材料横向变形的弹性常数。它是以法国数学家 Simeom Denis Poisson 命名的。钢的泊松比在室温时约为 0.3，一般认为，钢的泊松比在 750℃以下时变化不大，在进行火灾性能分析时可不考虑泊松比的变化。

（2）钢在高温下的力学特性

当发生火灾后，由于热空气对流和辐射作用导致构件或材料环境温度升高，其温度变化采用标准升温曲线 ISO-834 给定的公式进行计算，表达式如下：

$$T - T_0 = 345 \lg(8t - 1) \tag{3-2-4}$$

式中　T——t 时刻的火焰温度（℃）；

　　　T_0——试验开始时的环境温度（℃）；

　　　t——试验经历的时间（min）。

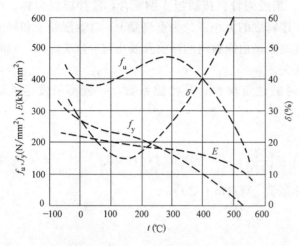

图 3-2-2　温度对钢材力学性能的影响

钢材的力学性能对温度变化很敏感，其力学性质变化的大小取决于温度的高低和钢材的种类。由图 3-2-2 可见，当温度升高时，钢材的屈服强度 f_y、抗拉强度 f_u 和弹性模量 E 的总趋势是降低的，但在 200℃以下时变化不大。当温度在 250℃左右时，钢材的抗拉强度 f_u 反而有较大提高，而塑性和冲击韧性下降，此现象称为"蓝脆现象"。当温度超过 300℃时，钢材的 f_y、f_u 和 E 开始显著下降，而变形 δ 显著增大，钢材产生徐变；当温度超过 400℃时，强度和弹性模量都急剧降低；当温度达 600℃时，f_y、f_u 和 E 均接近于零，其承载力几乎完全丧失。因此，我们说钢材耐热不耐火。

在高温下，普通钢材的屈服强度应按下式计算：

$$f_{yT} = \eta_T f_y \tag{3-2-5}$$

$$f_y = \gamma_R f \tag{3-2-6}$$

$$\eta_T = \begin{cases} 1.0 & 20℃ \leqslant T_s \leqslant 300℃ \\ 1.24 \times 10^{-8} T_s^3 - 2.096 \times 10^{-5} T_s^2 \\ \quad + 9.228 \times 10^{-3} T_s - 0.2168 & 300℃ < T_s < 800℃ \\ 0.5 - T_s/2000 & 800℃ \leqslant T_s \leqslant 1000℃ \end{cases} \tag{3-2-7}$$

式中　f_{yT}——温度为 T_s 时钢材的屈服强度（N/mm²）；

　　　f_y——常温下钢材的屈服强度（N/mm²）；

　　　f——常温下钢材的强度设计值（N/mm²），按现行《钢结构设计规范》GB 50017 确定；

　　　γ_R——钢构件抗力分项系数，近似取 $\gamma_R = 1.1$；

　　　η_T——高温下钢材强度折减系数，见表 3-2-5。

高温下普通钢材的强度折减系数 η_T　　　　　　　　　　　　　　表 3-2-5

T_s（℃）	310	400	500	600	700	800
η_T	0.999	0.914	0.707	0.453	0.225	0.100

在高温下，耐火钢的屈服强度可按式（3-2-5）确定。其中，屈服强度折减系数 η_T 应分别按式（3-2-8）确定。

$$\eta_T = \begin{cases} \dfrac{6(T_s - 768)}{5(T_s - 918)} & 20\text{℃} \leqslant T_s < 700\text{℃} \\[3mm] \dfrac{1000 - T_s}{8(T_s - 600)} & 700\text{℃} \leqslant T_s \leqslant 1000\text{℃} \end{cases} \tag{3-2-8}$$

8. 高温下混凝土热学性能

混凝土是由胶凝材料（水泥）、水、粗或细骨料按适当比例配合，搅拌成混合物，经一定时间硬化而成的人造石材。混凝土按密度的大小可分为重混凝土、普通混凝土和轻混凝土三种。混凝土的技术性质在很大程度上是由原材料的性质及其相对含量决定的，同时也与施工工艺（搅拌、成型、养护）有关。

（1）传热系数。混凝土是一种普通的建筑材料，其传热系数，一般不易发生大的变动。

① 硅质骨料混凝土：

$$\lambda_c = 2 - 0.24\frac{T}{120} + 0.012\left(\frac{T}{120}\right)^2 \qquad 20\text{℃} \leqslant T \leqslant 1200\text{℃} \tag{3-2-9}$$

式中　λ_c——温度为 T 时混凝土的传热系数 [W/(m·℃)]；

　　　T——混凝土的温度（℃）。

② 钙质骨料混凝土：

$$\lambda_c = 1.6 - 0.16\frac{T}{120} + 0.008\left(\frac{T}{120}\right)^2 \qquad 20\text{℃} \leqslant T \leqslant 1200\text{℃} \tag{3-2-10}$$

（2）比热容。混凝土比热容随温度的变化很少是有规律的，但用 1.17kJ/(kg·℃) 的概数来代表混凝土的比热容，仍偏于安全。

$$c_c = 900 + 80\frac{T}{120} - 4\left(\frac{T}{120}\right)^2 \qquad 20\text{℃} \leqslant T \leqslant 1200\text{℃} \tag{3-2-11}$$

式中　c_c——温度为 T 时混凝土的比热容 [J/(kg·℃)]。

（3）强度。一般混凝土的抗压强度随温度的变化而变化，但大量的因素影响混凝土的强度随温度变化。此外，骨料的品种、大小，水泥粘结剂和骨料的配合比，水灰比对混凝土的强度，就是在常温条件下也有影响。

在高温下，混凝土的抗压强度应按下式计算：

$$f_{cT} = \eta_{cT} f_c \tag{3-2-12}$$

式中　f_{cT}——高温下混凝土的抗压强度；

　　　f_c——常温下混凝土的抗压强度，按现行《混凝土结构设计规范》GB 50010 确定；

　　　η_{cT}——普通混凝土的抗压强度折减系数，按表 3-2-6 确定。

立方体抗压强度：

$T = 100\text{℃}$——抗压强度下降；

$T = 200 \sim 300\text{℃}$——强度比 100℃时有提高，甚至可能超过常温强度；

$T > 400\text{℃}$以后——强度急剧下降；

$T > 600\text{℃}$后——强度持续下降；

$T > 800\text{℃}$后——强度值所剩无几，且难有保证。

高温下混凝土强度折减系数 η_{cT} 表 3-2-6

$T(℃)$	普通混凝土	轻骨料混凝土
20	1.00	1.00
100	0.95	1.00
200	0.90	1.00
300	0.85	1.00
400	0.75	0.88
500	0.60	0.76
600	0.45	0.64
700	0.30	0.52
800	0.15	0.40
900	0.08	0.28
1000	0.04	0.16
1100	0.01	0.04

高温作用造成混凝土的强度损失和变形性能恶化的主要原因是：①水分蒸发后形成的内部空隙和裂缝；②粗骨料和其周围水泥砂浆体的热工性能不协调，产生变形差和内应力；③骨料本身的受热膨胀破裂等，这些内部损伤的发展和积累随温度升高而更趋严重。

（4）弹性模量。

在高温下，普通混凝土的初始弹性模量应按下式计算：

$$E_{cT}=(0.83-0.0011T)E_c \qquad 60℃\leqslant T\leqslant700℃ \qquad (3-2-13)$$

式中 E_{cT}——温度为 T 时混凝土的初始弹性模量（N/mm²）；

$\qquad$ E_c——常温下混凝土的初始弹性模量（N/mm²），按现行《混凝土结构设计规范》GB 50010 确定。

（5）线胀系数。混凝土随着温度变化的膨胀，完全取决于骨料。混凝土的骨料越软，对混凝土膨胀的影响越小。相反，骨料越硬，对混凝土随温度变化的影响就越强。有些骨料在升高温度时，由于它的结构发生变化，也会明显地影响混凝土的膨胀，导致混凝土脱落（图 3-2-3），钢筋暴露在空气中（图 3-2-4）。

（6）蠕变性质。钢筋混凝土梁一般是允许有较大蠕变的，一般在 500℃ 以上，虽然试

图 3-2-3 火灾后的立柱

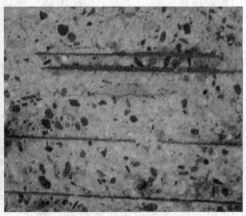

图 3-2-4 火灾后的楼板

件已经产生了很大挠度，但因蠕变而倒塌的还没有。混凝土的蠕变率与预应力钢筋混凝土相比，对温度是不敏感的。当温度低于 300℃时，蠕变比钢材高，但到 325℃以上时，则又明显地低于钢材的蠕变率。

3.2.5　火灾在建筑物内蔓延规律

建筑物内某一房间发生火灾，当发展到轰燃之后，火势就会突破该房间的限制向其他空间蔓延。建筑物平面布置和结构的不同，火灾时蔓延的途径也有区别。常见的蔓延途径是：

（1）火灾在水平方向的蔓延

① 未设防火分区。对于主体为耐火结构的建筑来说，造成水平蔓延的主要原因之一是建筑物内未设水平防火分区，没有防火墙及相应的防火门等形成控制火灾的区域空间。例如，美国内华达州拉斯维加斯市的米高梅旅馆发生火灾，由于未采取严格的防火分隔措施，甚至对 4600m² 的大赌场也没有采取任何防火分隔措施和挡烟措施，大火燃毁了大赌场及许多公共用房，造成 84 人死亡、679 人受伤的严重后果。

② 洞口分隔不完善。对于耐火建筑来说，火灾横向蔓延的另一途径是洞口处的分隔处理不完善。例如，户门为可燃的木质门，火灾时被烧穿；普通防火卷帘无水幕保护，导致卷帘失去隔火作用；管道穿孔处未用不燃材料密封等。

此外，防火卷帘和防火门受热后变形很大，一般凸向加热一侧。普通防火卷帘在火焰的作用下，其背火面的温度很高，如果无水幕保护，其背火面将会产生强烈辐射，在背火面堆放的可燃物或卷帘与可燃构件、可燃装修材料接触时，就会导致火灾蔓延。

③ 火灾在吊顶内部空间蔓延。装设吊顶的建筑，房间与房间、房间与走廊之间的分隔墙只做到吊顶底皮，吊顶上部仍为连通空间，一旦起火极易在吊顶内部蔓延，且难以及时发现，导致灾情扩大；就是没有设吊顶，隔墙如不砌到结构底部，留有孔洞或连通空间，也会成为火灾蔓延和烟气扩散的途径。

④ 火灾通过可燃的隔墙、吊顶、地毯等蔓延。可燃构件与装饰物在火灾时直接成为火灾荷载，由于它们的燃烧因而导致火灾扩大。

（2）火灾通过竖井蔓延

在现代建筑物内，有大量的电梯、楼梯、设备、垃圾等竖井，这些竖井往往贯穿整个建筑，若未作完善的防火分隔，一旦发生火灾，就可以蔓延到建筑的其他楼层。

此外，建筑中一些不引人注意的孔洞，有时也会造成整座大楼的恶性火灾。例如在现代建筑中，吊顶与楼板之间、幕墙与分隔构件之间的空隙，保温夹层、通风管道等都有可能因施工质量等留下孔洞，而且有的孔洞水平方向与竖直方向互相穿通，用户往往不知道这些孔洞隐患的存在，更不会采取什么防火措施，所以发生火灾时往往会因此导致生命财产的更大损失。

① 火灾通过楼梯间蔓延。建筑的楼梯间，若未按防火、防烟要求进行分隔处理，则在火灾时犹如烟囱一般，烟火很快会由此向上蔓延。

② 火灾通过电梯井蔓延。电梯间未设防烟前室及防火门分隔，则其井道形成一座座竖向"烟囱"，发生火灾时则会抽拔烟火，导致火灾沿电梯井迅速向上蔓延。如美国米高梅旅馆，1980 年 11 月 21 日其"戴丽"餐厅失火，由于大楼的电梯井、楼梯间没有设置

防烟前室，各种竖向管井和缝隙没有采取分隔措施，使烟火通过电梯井等竖向管井迅速向上蔓延，在很短时间内，浓烟笼罩了整个大楼，并窜出大楼高达150m。

在现代商业大厦及交通枢纽、航空港等人流集散量大的建筑物内，一般以自动扶梯代替了电梯，自动扶梯所形成的竖向连通空间也是火灾蔓延的主要途径，设计时必须予以高度重视。

③ 火灾通过其他竖井蔓延。建筑中的通风竖井、管道井、电缆井、垃圾井也是建筑火灾蔓延的主要途径。此外，垃圾道是容易着火的部位，也是火灾中火势蔓延的主要通道。

（3）火灾通过空调系统管道蔓延

建筑空调系统未按规定设防火阀、采用可燃材料风管、采用可燃材料做保温层都容易造成火灾蔓延。通风管道使火灾蔓延一般有两种方式，第一种方式为通风管道本身起火并向连通的水平和竖向空间（房间、吊顶内部、机房等）蔓延；第二种方式为通风管道吸进火灾房间的烟气，并在远离火场的其他空间再喷冒出来。后一种方式更加危险。因此，在通风管道穿越防火分区之处，一定要设置具有自动关闭功能的防火阀门。如杭州某宾馆，空调管道采用可燃保温材料，在送、回风总管与垂直风管与每层水平风管交接处的水平支管上均未设置防火阀，因气焊燃着风管可燃保温层而引起火灾，烟火顺着风管和竖向孔隙迅速蔓延，从底层烧到顶层，整个大楼成了烟火柱，楼内装修、空调设备和家具等统统化为灰烬，造成巨大损失。

（4）火灾由窗口向上层蔓延

在现代建筑中，从起火房间窗口喷出的烟气和火焰，往往会沿窗间墙经窗口向上逐层蔓延。若建筑物采用带形窗，火灾房间喷出的火焰被吸附在建筑物表面，有时甚至会卷入上层窗户内部。

3.3 结构防火设计

建筑物按结构大体分为五类：（1）易燃结构建筑。主要建筑构件以竹、木、草、油毡为主。（2）砖木结构建筑。以砖木为主要建筑构件的房屋，它在整个建筑中占有很大比例。（3）砖混结构建筑。竖向承重构件采用砖墙或砖柱，水平承重构件采用钢筋混凝土楼板、屋面板。（4）钢结构建筑。以各种型钢为主要承重构件的房屋，使用于大跨度厂房、库房和高层建筑。（5）钢筋混凝土结构建筑。以钢筋混凝土为主要承重构件的房屋，钢筋混凝土作柱、梁、楼板及屋顶等承重构件，砖或其他轻质材料做墙体等围护构件，使用范围很广，在各类建筑中，占有很大比例。

3.3.1 易燃结构建筑防火

易燃结构建筑是指以木、竹等易燃材料为主要承重构件的建筑。我国北方的木屋，南方的竹楼，以及未改造的城市老城区住宅和部分乡镇的老街等均属于易燃结构建筑。这类建筑在我国一定范围内还普遍存在，其火灾危害仍然比较严重。

易燃结构建筑大多是单层或两层建筑。其结构除部分外墙采用砖、石和土坯外，其他承重构件和围护部分都采用可燃材料建造。

1. 易燃结构建筑的火灾特点

易燃结构建筑的结构形式、所处地理位置、使用性质等，对其火灾时的火势发展蔓延有着直接的影响。

（1）受风的因素影响大

易燃结构建筑火灾易受风的因素影响，包括风向和风速等。

风向对易燃结构建筑火灾的影响。火势主要向下风方向蔓延；在热辐射作用下，也向上风、侧风方向蔓延。假设城市的某棚户区着火，风速为 3～5m/s，若以火势向下风方向蔓延的速度为 1 时，则向侧风方向蔓延的速度为 0.66，向上风方向蔓延的速度为 0.48。火场形状呈卵形。

火势蔓延速度与风速有直接关系。据测试，易燃结构建筑区初起火灾的火势蔓延速度约为风速的 (0.3～0.5)/60 倍。当风速为 10m/s 时，卵形火场在不同时间内向各个方向蔓延的距离见表 3-3-1。

（2）易形成大面积火灾

易燃结构建筑形成大面积火灾的主要影响因素有延烧、热辐射、火焰流、空气流以及飞火等。

风速 10m/s 时火势蔓延距离　　　　　　　表 3-3-1

着火后的时间	蔓延距离(m)		
(min)	下风向	侧风向	上风向
10	20	15	10
20	75	35	25
30	130	50	35
40	180	70	45
50	235	95	55

①　易燃结构建筑着火后，一般 8～10min，火势就会突破门窗向外延烧，引起毗连建筑着火。

②　火场产生的强辐射热，会使燃烧部位周围的空气温度和地表温度大幅升高，会引起毗邻建筑着火。

③　在风与火的作用下，火场会形成火焰流，风力越强，火焰流达到的距离就越远，会造成火势大面积发展蔓延。

④　火场形成的局部空气对流，会形成火场"旋风"，使火势发生无规则蔓延。

⑤　火场中心产生的强大热气流，在风力和环境条件的共同作用下，常常将大量燃烧着的木板、油毡、苇片等碎片卷入空中，形成飞火。据有关易燃结构建筑火灾资料统计，在 6 级风的情况下，火场最大飞火飘落距离达到 2750m。

例如，1985 年 5 月 23 日 14 时 40 分，黑龙江省伊春市建设街木屋区发生火灾，当天风力为 6～7 级。消防队到场时，燃烧面积已达 300 多平方米。由于风力过大，燃烧的木板、油毡等随风飞落，形成许多新的火点，导致燃烧范围迅速扩大至 20 余万 m²。后又调集了增援力量，并使用 14 台推土机配合开辟防火隔离带，才最终控制了火势。这起火灾波及7条街道，燃烧面积达28.6万m²，有1687户、6824人受灾，直接经济损失2097万余元。

（3）易造成人员伤亡

易燃结构建筑，特别是棚户区，不仅耐火等级低，而且居住人口较多。火灾时火势会迅速发展，造成重大人员伤亡。

2. 易燃结构防火设计

易燃结构建筑防火技术应是一个完整的体系，把整个建筑防火安全按一个系统考虑，在系统中各个部分或子系统消防安全水平应该做到协调一致。分析易燃结构消防安全应达到的整体防火技术要求，主要考虑以下几个方面：

（1）木结构建筑主要适用于3层及3层以下的低层住宅建筑、公寓或适用于3层及3层以下的部分使用功能的公共建筑以及单层中、小型大型公共建筑。

（2）木结构建筑的允许建筑高度。重型木结构建筑的建筑层数不应超过2层，建筑高度不应超过10m；轻型木结构建筑高度不应超过15m。

（3）木结构建筑中燃烧性能和耐火极限应符合《建筑设计防火规范》GB 50016—2006的规定，见表3-3-2。

易燃结构构件的燃烧性能和耐火极限   表3-3-2

构件名称	燃烧性能和耐火极限(h)
防火墙	不燃烧 3.00
承重墙、住宅单元之间的墙、住宅分户墙、楼梯间和电梯井墙体	难燃烧 1.00
非承重外墙、疏散走道两侧的隔墙	难燃烧 0.50
房间隔墙	难燃烧 1.00
多层承重柱	难燃烧 1.00
单层承重柱	难燃烧 1.00
梁	难燃烧 1.00
楼板	难燃烧 1.00
屋顶承重构件	难燃烧 1.00
疏散楼梯	难燃烧 0.50
室内吊顶	难燃烧 0.25

（4）木结构建筑物发生火灾后，在水平方向的蔓延情况由建筑物之间的防火间距、建筑物水平方向的防火分隔措施决定。如不能在水平方向控制建筑火灾的蔓延，则一座建筑物越长、建筑面积越大，其火灾损失与危害也越大。因此，建筑物的长度越长对火灾扑救也就越难。考虑我国的建设规划要求，一座建筑物的长度一般不应超过150m。木结构建筑物的允许建筑长度和一个防火分区的最大允许建筑面积应符合《建筑设计防火规范》GB 50016—2006的规定。

（5）防火间距。木结构建筑之间与其他耐火等级的民用建筑之间的防火间距需满足（不小于）：一二级8m、三级9m、四级11m，两座木结构建筑之间及其与相邻其他结构民用建筑之间的外墙均无任何门窗洞口时，其防火间距不应小于4m。

3.3.2　砖木结构防火

砖木结构居住建筑是指以砖、木为主要承重构件的建筑。其承重构件有砖墙、木楼板、木屋架等。这类建筑在我国农村或不发达地区应用比较广泛，在各类建筑火灾中，砖木结构建筑火灾目前仍占较大比例。

1. 砖木结构建筑的火灾特点

砖木结构建筑的建筑结构、平面布局以及使用功能各异，火灾的发展蔓延及危害特点也各不相同。这里仅介绍砖木结构居住建筑的火灾特点。

（1）火灾蔓延特征明显

砖木结构住宅，不同的部位着火，火灾蔓延有着不同的特征。

1）房间起火的蔓延方向

① 火势先沿着房间内的可燃构件和物品逐步发展扩大，产生大量的高温烟气。若门窗处于关闭状态，着火初期的高温烟气将在室内积聚；若门窗处于开启状态，高温烟气和火焰将很快向室外发展。

② 门窗处于关闭状态的房间，火势发展到一定阶段后，将会把木质的门窗烧穿，室外新鲜空气的补入，进一步加速火势的发展。

③ 从外窗喷出的火焰和高温烟气翻卷上升，将引起上层房间着火，造成垂直延烧。

④ 房门被烧穿后窜出的高温烟气，很快会充满走廊，并沿楼梯间向顶层垂直抽拔；火焰、高温烟气和辐射热将引燃走廊、楼梯间内的可燃物，导致火势扩大，威胁其他房间。

⑤ 火势在通过门窗向室外发展的同时，将烧穿木质隔墙或楼板向相邻房间和上层蔓延。楼板烧穿后，若有燃烧的物件落下，又会引起下层燃烧。如是空心隔墙或空心楼板，火势还会沿着空心部分向水平或垂直方向蔓延，对相邻房间或上层房间构成威胁。

2）走廊、楼梯间着火的蔓延方向

① 走廊火势主要沿走廊放置的可燃物品或吊顶向水平方向发展，火焰和高温烟气直接威胁走廊两侧的房间。另外，一部分高温烟气将通过楼梯间拔向上层，直至顶层，引发火势垂直蔓延。

② 楼梯间着火，火势主要是沿楼梯间垂直发展。若木质的楼梯被引燃或烧断，则楼上人员将无法从楼梯逃生，消防人员也难以利用内楼梯向上进攻。

3）顶层着火的蔓延特点

顶层的房间、走廊或楼梯间着火，除具有其他楼层的蔓延特点外，还会通过下列途径向闷顶蔓延，引起闷顶燃烧。

① 火焰直接烧穿吊顶，进入闷顶。

② 外窗喷出的火焰引起屋檐燃烧，进而导致闷顶燃烧。

③ 火势沿空心隔墙垂直延烧，进入闷顶，引起闷顶燃烧。

（2）易发生结构倒塌

砖木结构住宅的主要承重木构件，其可燃性决定了火灾情况下的易倒塌性。当梁或楼板被烧损时，房间会发生局部倒塌；屋顶承重屋架被烧损时，屋顶会发生局部倒塌；主要承重的柱或梁被烧毁时，房屋会发生整体倒塌。这些情况都对遇险人员和消防人员的作战行动构成重大威胁。

（3）易造成人员伤亡

砖木结构住宅，一般居住人员较多，而且通道狭小。火灾时，人员疏散非常困难，特别是发生在深夜的火灾，迅速发展蔓延的火势与人员允许疏散时间的矛盾十分突出，极易造成较多人员伤亡。如1996年11月27日零时左右，上海市黄浦区一幢4层的老式砖木结构住宅因一精神病患者放火，引发火灾，造成房屋倒塌，导致36人死亡。

2. 砖木结构防火

（1）砖木结构房屋，按照《建筑设计防火规范》的规定，其耐火等级为四级。根据《高层民用建筑设计防火规范》第4.2.1条的规定，低层建筑与四级耐火等级建筑的防火间距应不小于9m；

（2）防火材料，用不燃材料或防火板材、不燃涂料装修改造；

（3）注意用电安全，忌家用电器"带病工作"，乱接、乱拉的电线；

（4）清理走道，不得在走廊、楼梯口、消防车道等处堆杂物；

（5）备相应的消防器材，如灭火器，"灭火散"或沙包、水缸等。

3.3.3 混凝土结构防火

建筑物的承重构件是维系建筑结构安全的关键，现代建筑，大多采用不燃材料：混凝土结构、砖混结构和钢结构，特别是混凝土结构应用越来越多。实际火灾和试验研究表明，混凝土结构在火场持续700℃以上高温时会出现脱水，在射水的作用下，体积膨胀，水泥保护层酥松剥落，对钢筋失去保护作用，强度几乎消失；钢材的耐火极限很低，当钢材自身温度达到临界温度（540℃）时，其支撑强度会下降40%。构造柱等受压承重构件由于水泥的炸裂，抗压强度大大降低，在重压下会导致自身解体。梁、楼板等受弯承重构件的迎火面主筋一旦暴露在火焰中失去保护，挠曲速率会发生突变，抗弯、抗拉强度急剧下降，容易造成建筑物坍塌。火灾坍塌事故不多，但是建筑火灾坍塌的危害性却是巨大的，不仅直接导致了物质财产的巨大损失，更重要的是给建筑物内未来得及疏散的人群及内攻灭火的消防队员造成了灭顶之灾。2003年11月3日湖南衡阳衡州大厦特大火灾，燃烧了近3h，突然整体坍塌，造成正在灭火战斗的20名消防官兵阵亡，15人受伤，举国震惊。

1. 高温对钢筋与混凝土粘结性能的影响

混凝土结构主要由钢筋和混凝土构成，钢筋与混凝土之间的粘结力反映钢筋与混凝土界面相互作用的能力，通过粘结作用来传递两者的应力和协调变形。钢筋与混凝土之间的粘结力主要组成部分为：钢筋与水泥胶体的吸附和粘着力，约占总粘结力的10%；混凝土在钢筋环向方向的收缩、钢筋微弯或直径不均匀所产生的摩阻力，约占总粘结力的15%～20%；混凝土与钢筋接触表面上凹凸不平的机械咬合力，约占总粘结力的75%。

在高温作用下，由于钢筋和混凝土之间的差异变形增大，接触面上的剪应力随之增大，加上混凝土抗压强度降低和混凝土内部产生裂缝等原因，从而使钢筋与混凝土的粘结力逐渐降低，直至完全破坏。钢筋与混凝土粘结性能随温度的变化关系如图3-3-1所示。

2. 混凝土结构的高温损伤问题

对混凝土结构而言，火灾将产生一个复杂的、不均匀的温度升高与下降过程。火灾的

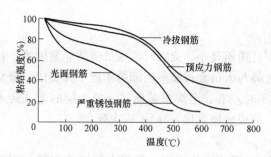

图 3-3-1　高温下钢筋与混凝土的粘结强度

高温作用对混凝土结构造成的损伤，可以从温变引起的应变场、高温引起材性退化以及体变形作用受到约束造成附加应力等几方面进行分析。这些因素的存在改变了混凝土结构内部的应力状态与抗力机理，因而会出现与常温结构不同的破坏模式。

（1）内部不均匀温度场

由于混凝土的热传导系数很小，受火后，结构的迎火表面温度迅速升高，而内部的温度增长缓慢，因此形成了不均匀的温度场，其中表面的温度变化梯度较大。随着火灾时间的延续，构件的这种温度场也在不断变化，它取决于火灾的温度-时间过程、构件的形状与尺寸以及混凝土材料的热工性能等。研究发现，结构的初始内力状态、变形和细微裂缝等对其温度场的影响极小。但是，结构的温度场由于改变混凝土内部应力状态，它对结构的内力、变形、裂缝扩展和承载力等产生很大的影响。

（2）材料性能的严重恶化

经历火灾后，在高温时以及降温后，混凝土和钢筋各自的强度、弹性模量以及混凝土与钢筋之间的粘结力锐减，在同样的荷载作用下结构变形猛增。在高温作用下，混凝土还出现开裂、酥松和边角崩裂等外观损伤现象，且随温度的升高这种截面削弱渐趋严重。这是混凝土构件和结构的高温承载力与耐火极限严重下降的主要原因。

（3）构件截面应力和结构内力的重分布

发生火灾后的任意时刻，构件截面会存在不均匀的温度场，它将产生不均匀的温度变形。截面的高温区受到相邻的非高温构件的约束，将引起截面的应力重分布。对大多数混凝土结构，由于结构呈现超静定性，温度变形还将受到支座和节点的约束，继而会产生剧烈的内力重分布。随着温度的变化和时间的延续，混凝土结构将形成一个连续变化的内力重分布过程，并最终导致出现与常温结构不同的破坏机构和形态，影响结构的高温极限承载力。

3. 建筑物耐火等级

（1）建筑构件的耐火类别

建筑构件的耐火极限是指对任一建筑构件按标准温度-时间曲线（图 3-3-2）进行耐火试验，从受到火作用时起，到失去稳定性或完整性被破坏或失去隔火作用时为止的这段时间，以小时（h）表示。失去稳定性是指建筑构件在火作用过程中失去了承载能力或抗变形能力，此条件主要针对承重构件；完整性被破坏是指分隔构件（如楼板、门窗、隔墙等）当其一面受火作用时出现穿透裂缝或穿火孔隙，火焰穿过构件使其背火面可燃物起火，从而失去了阻止火焰和高温气体穿透或阻止其背火面出现火焰的性能；失去隔火作用是指分隔构件失去隔绝过热热传导的性能，使得构件背火面后的平均温度超过初始温度140℃或背火面上任一测点温度超过初始温度180℃而使邻近可燃材料被燎烤炭化起火。

混凝土结构主要材料是钢筋和混凝土，这两种材料属于不燃烧体，因此，混凝土结构主要考虑耐火极限。混凝土构件多种多样，但从其耐火性来分，主要包括分隔构件、承重构件以及具有承重和分隔双重作用的承重分隔构件。对分隔构件，如隔墙、吊顶、门窗等，当构件失去完整性或绝热性时，构件达到其耐火极限，即此类构件的耐火极限由完整性和绝热性两个条件共同控制。对承重构件，如梁、柱、屋架等，此类构件不具备隔断火焰和过量热传导功能，所以由失去稳定性单一条件来控制承重构件是否达到其耐火极限。对承重分隔构件，如承重墙、楼板、屋面板等，此类构件具有承重兼分隔的功能，所以当构件在试验中失去稳定性或完整性或绝热性任何一条时，构件即达到其耐火极限。可见，它的耐火极限由三个条件共同控制。

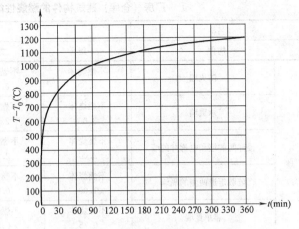

图 3-3-2 标准的火灾温度-时间曲线

(2) 耐火等级

建筑物的耐火等级是衡量建筑物耐火程度的标准，它是由组成建筑物的构件的燃烧性能和耐火极限的最低值决定的。耐火等级越高，建筑物对火灾的忍耐程度越强。建筑物耐火等级是由建筑构件的耐火极限决定的，耐火极限的延长，能够提高建筑物抵抗火灾的能力，但必然会加大建筑成本。因此，选择适当的建筑物耐火等级，使其与建筑物的使用功能和重要度相适应，是建筑防火设计应首先确定的防火指标。

划分建筑物耐火等级的目的在于根据建筑物的用途不同提出不同的耐火等级要求，做到既有利于安全，又有利于节约基本建设投资。现行《建筑设计防火规范》将建筑物的耐火等级按建筑构件的耐火极限和燃烧性能划分为四级：一级、二级、三级和四级。建筑物所要求的耐火等级确定之后，其各种建筑构件的燃烧性能和耐火极限均不应低于相应耐火等级的规定。对于各类建筑构件的燃烧性能和耐火极限，可查阅《建筑设计防火规范》GB 50016—2006。现就构件的耐火极限和燃烧性能作如下说明：

① 构件的耐火极限。构件的耐火极限是指构件在标准耐火试验中，从受到火的作用时起，到失去稳定性或完整性或绝热性止，这段抵抗火作用的时间，一般以小时计。

② 构件的燃烧性能。构件的燃烧性能分为三类，即不燃烧体、难燃烧体和燃烧体。不燃烧体是指用非燃烧材料做成的构件，如天然石材、人工石材、金属材料等。难燃烧体是指用不易燃烧的材料做成的构件，或者用燃烧材料做成，但用非燃烧材料作为保护层的构件，例如沥青混凝土构件、木板条抹灰的构件均属于难燃烧体。燃烧体是指用容易燃烧的材料做成的构件，如木材等。

根据各级耐火等级中建筑构件的燃烧性能和耐火极限特点，可大致判定不同结构类型建筑物的耐火等级。一般来说，钢筋混凝土结构、钢筋混凝土砖石结构建筑可基本定为一、二级耐火等级；砖木结构建筑可基本定为三级耐火等级；以木柱、木屋架承重及以砖石等不燃烧或难燃烧材料为墙的建筑可定为四级耐火等级。

我国现行防火规范对厂房（仓库）建筑各耐火等级相应的建筑构件，要求其燃烧性能、耐火极限分别不应低于表 3-3-3 所列出的规定。

厂房（仓库）建筑构件的燃烧性能和耐火极限（h）　　　　表 3-3-3

名称	耐火等级			
构件	一级	二级	三级	四级
墙　防火墙	不燃烧体 3.00	不燃烧体 3.00	不燃烧体 3.00	不燃烧体 3.00
承重墙	不燃烧体 3.00	不燃烧体 2.50	不燃烧体 2.00	难燃烧体 0.50
楼梯间的墙和电梯井的墙	不燃烧体 2.00	不燃烧体 2.00	不燃烧体 1.50	难燃烧体 0.50
疏散走道两侧的隔墙	不燃烧体 1.00	不燃烧体 0.50	不燃烧体 0.50	难燃烧体 0.25
非承重墙	不燃烧体 0.75	不燃烧体 0.50	不燃烧体 0.50	难燃烧体 0.25
房屋隔墙	不燃烧体 0.75	不燃烧体 0.50	不燃烧体 0.50	难燃烧体 0.25
柱	不燃烧体 3.00	不燃烧体 2.50	不燃烧体 2.00	难燃烧体 0.50
梁	不燃烧体 2.00	不燃烧体 1.50	不燃烧体 1.00	难燃烧体 0.50
楼板	不燃烧体 1.50	不燃烧体 1.00	不燃烧体 0.75	难燃烧体 0.50
屋顶承重构件	不燃烧体 1.50	不燃烧体 1.00	难燃烧体 0.50	燃烧体
疏散楼梯	不燃烧体 1.50	不燃烧体 1.00	不燃烧体 0.75	燃烧体
吊顶（包括吊顶搁栅）	不燃烧体 0.25	难燃烧体 0.25	难燃烧体 0.15	燃烧体

目前我国民用建筑结构构件耐火极限见表 3-3-4。

4. 建筑物结构防火

在建筑设计中应采取防火措施，以防火灾发生和减少火灾对生命财产的危害。建筑防火包括火灾前的预防和火灾时的措施两个方面，前者主要为确定耐火等级和耐火构造，控制可燃物数量及分隔易起火部位等；后者主要为进行防火分区，设置疏散设施及排烟、灭火设备等。

（1）防火分区

防火分区是根据建筑物的特点，采用相应耐火性能的建筑构件或防火分隔物，将其人为划分为能在一定时间内防止火灾向同一建筑物内其他部分蔓延的局部空间。建筑中为阻止烟火蔓延必须进行防火分区。防火分区的主要作用：一是在一定时间内把建筑物内火势控制在限定的区域内；二是阻止火势在建筑物内水平和竖直方向蔓延；三是着火区域以外的防火分区作为人员疏散的安全区。

建筑结构构件的燃烧性能和耐火极限
表 3-3-4

名称		耐火等级			
构件		一级	二级	三级	四级
墙	防火墙	不燃烧体 3.00	不燃烧体 3.00	不燃烧体 3.00	不燃烧体 3.00
	承重墙	不燃烧体 3.00	不燃烧体 2.50	不燃烧体 2.00	难燃烧体 0.50
	非承重外墙	不燃烧体 1.00	不燃烧体 1.00	不燃烧体 0.50	燃烧体
	楼梯间的墙 电梯井的墙 住宅单元之间的墙 住宅分户墙	不燃烧体 2.00	不燃烧体 2.00	不燃烧体 1.50	难燃烧体 0.50
	疏散走道两侧的隔墙	不燃烧体 1.00	不燃烧体 1.00	不燃烧体 0.50	难燃烧体 0.25
	房屋隔墙	不燃烧体 0.75	不燃烧体 0.50	难燃烧体 0.50	难燃烧体 0.25
柱		不燃烧体 3.00	不燃烧体 2.50	不燃烧体 2.00	难燃烧体 0.50
梁		不燃烧体 2.00	不燃烧体 1.50	不燃烧体 1.00	难燃烧体 0.50
楼板		不燃烧体 1.50	不燃烧体 1.00	不燃烧体 0.50	燃烧体
屋顶承重构件		不燃烧体 1.50	不燃烧体 1.00	燃烧体	燃烧体
疏散楼梯		不燃烧体 1.50	不燃烧体 1.00	不燃烧体 0.50	燃烧体
吊顶(包括吊顶搁栅)		不燃烧体 0.25	不燃烧体 0.25	难燃烧体 0.15	燃烧体

构件按照防火分区分为两类：①水平防火分区构件：防火墙、防火门、防火卷帘、防火水幕带等；②竖向防火分区构件：耐火楼板、窗间墙、封闭楼梯间、防烟楼梯间等。

民用建筑的防火分区与耐火等级、最多允许层数关系见表 3-3-5。

（2）防火距离

防火间距是防止着火建筑的辐射热在一定时间内引燃相邻建筑，且便于消防扑救的间隔距离。

建筑耐火等级越低越易遭受火灾的蔓延，其防火间距应加大。一、二级耐火等级民用建筑物之间的防火间距不得小于 6m，它们同三、四级耐火等级民用建筑物的防火距离分别为 7m 和 9m。高层建筑因火灾时疏散困难，云梯车需要较大工作半径，所以高层主体同一、二级耐火等级建筑物的防火距离不得小于 13m，同三、四级耐火等级建筑物的防火距离不得小于 15m 和 18m。厂房内易燃物较多，防火间距应加大，如一、二级耐火等级厂房之间或它们和民用建筑物之间的防火距离不得小于 10m，三、四级耐火等级厂房和其他建筑物的防火距离不得小于 12m 和 14m。生产或贮存易燃易爆物品的厂房或库房，应远离建筑物。

民用建筑的耐火等级、最多允许层数和防火分区最大允许建筑面积　　　表 3-3-5

耐火等级	最多允许层数	防火分区的最大允许建筑面积(m²)	备　注
一、二级	9 层	2500	1. 体育馆、剧院的观众厅，展览建筑的展厅，其防火分区最大允许建筑面积可适当放宽。 2. 托儿所、幼儿园的儿童用房和儿童游乐厅等儿童活动场所不应超过 3 层或设置在四层及四层以上楼层、半地下建筑(室)内
三级	5 层	1200	1. 托儿所、幼儿园的儿童用房和儿童游乐厅等儿童活动场所、老年人建筑和医院、疗养院的住院部分不应超过 2 层或设置在三层及以上楼层或地下、半地下建筑(室)内。 2. 商店、学校、电影院、剧院、礼堂、食堂、菜市场不应超过 2 层或设置在三层及三层以上楼层
四级	2 层	600	学校、食堂、菜市场、托儿所、幼儿园、老年人建筑、医院等不应设置在二层

（3）防烟分区

防烟分区是指以屋顶挡烟隔板、挡烟垂壁或从顶棚下突出不小于 50cm 的梁为界，从地板到屋顶或吊顶之间的空间。建筑物内发生火灾时，通过设置防烟分区，把高温烟气控制在一定的区域内，能够有效地为防排烟、人员疏散及火灾扑救创造有利条件。

（4）安全疏散

安全疏散是指发生火灾时，被困人员通过建筑物中合理设置的疏散走道、楼梯、楼梯间、疏散门、疏散指示标志及其他安全出口，迅速而有秩序地疏散到安全地点的行动。

① 安全疏散时间

一般民用建筑，一、二级耐火等级建筑为 6min，三、四级耐火等级建筑为 2～4min。

人员密集的公共建筑，一、二级耐火等级建筑为 5min；三级耐火等级建筑不应超过 3min；一、二级耐火等级的影剧院、礼堂、体育馆观众厅不应超过 3min。

高层建筑可按 5～7min 考虑。

② 安全疏散距离。安全疏散距离包括房间内最远点到房间门或住宅门的距离和从房间门到疏散楼梯间或外部出口的距离。

③ 安全疏散线路。室内、房间门口、走道、楼梯、安全出口、室外安全区域。

3.3.4　钢结构防火

钢结构结构形式一般有框架、排架、门式刚架等，是比较新兴且具有发展前景的建筑结构。钢结构的特点是柔性设计，利用变形消耗地震作用，具有优秀的抗震性能。由于钢结构自重轻，可塑性强，适宜建造超大跨度、超高高度以及特殊形状的建筑。钢结构作为一种蓬勃发展的结构体系，优点有目共睹，但缺点也不容忽视，除耐腐蚀性差外，耐火性差是钢结构的又一大缺点。因此一旦发生火灾，钢结构很容易遭受破坏而倒塌。另外，钢结构造价昂贵。

我国也有许多因火灾而造成的钢结构事故（表 3-3-6）。

钢结构火灾倒塌实例　　　　　　　　　　　　　　　　表 3-3-6

序号	建筑名称	结构类型	火灾日期	破坏情况
1	重庆天原化工厂	钢屋架	1960.2.18	20min 倒塌
2	上海文化广场	钢屋架	1969.12	倒塌
3	天津市体育馆	钢屋架	1973.5.5	19min 倒塌
4	长春卷烟厂	钢木屋架	1981.4.5	倒塌
5	北京友谊宾馆剧场	钢木屋架	1983.12	20min 倒塌
6	唐山市棉纺织厂	钢梁	1986.2.8	20min 倒塌
7	北京高压气瓶厂	钢屋架	1986.4.8	倒塌
8	江油电厂俱乐部	钢屋架	1987.4.21	20min 倒塌
9	青岛格尔木炼油厂	炉体支柱	1993.11	炉体倾倒
10	江苏省昆山市	钢结构厂房	1996	4320 m² 烧塌
11	北京玉泉营	钢屋架	1998.5.5	1.3 万 m² 倒塌

国外也有许多这方面的实例，1967 年美国蒙哥马利市的一个饭店发生火灾，钢结构屋顶被烧塌；1970 年美国 50 层的纽约第一贸易办公大楼发生火灾，楼盖钢梁被烧扭曲 10cm 左右。1990 年英国一幢多层钢结构建筑在施工阶段发生火灾，造成钢梁、钢柱和楼盖钢桁架的严重破坏。尤其值得一提的是，2001 年 9 月 11 日，震惊世界的"911 事件"中被飞机撞毁的纽约世界贸易大楼姊妹楼，事后专家分析认为，其实飞机并没有将大楼撞倒，而是由于飞机在撞到大楼的同时破坏了大楼钢结构上的防火涂层，并爆炸起火，使得钢结构暴露在熊熊烈火中，在一个多小时后，结构软化，强度丧失，终于不能承载如此沉重的负担，轰然倒下，造成几千人命丧废墟，损失多达几百亿美元，给周边地区的经济以沉重的打击。

钢结构火灾特点可以概括为两点：第一，钢结构在火灾情况下强度变化较大，温度超过 200℃时强度开始减弱，温度 350℃时，钢结构强度下降三分之一，温度达到 500℃时，钢结构强度下降一半，温度达到 600℃时，钢结构强度下降三分之二，当温度超过 700℃时，钢结构强度则几乎丧失殆尽。火灾下钢结构的最终失效是由于构件屈服或屈曲造成的。据统计，火灾中钢结构建筑在燃烧 15～20min 左右，就有可能发生倒塌。第二，钢结构是典型的热胀冷缩特性，高温受热后急剧变形，很短的时间内承载能力和支撑力都将下降，但当遇到水流冲击，如灭火或是防御冷却时，钢结构会急剧收缩，转瞬间即形成收缩拉力，继而使建筑结构的整体稳定性破坏，造成坍塌。

钢结构在火灾中失效受到各种因素的影响，例如钢材的种类、规格、荷载水平、温度高低、升温速率、高温蠕变等。对于已建成的承重结构来说，火灾时钢结构的损伤程度还取决于室内温度和火灾持续时间，而火灾温度和作用时间又与此时室内可燃性材料的种类及数量、可燃性材料燃烧的特性、室内的通风情况、墙体及吊顶等的传热特性以及当时气候情况（季节、风的强度、风向等）等因素有关。火灾一般属意外性的突发事件，一旦发生，现场较为混乱，扑救时间的长短也直接影响到钢结构的破坏程度。

1. 钢构件的耐火极限与临界温度

钢结构由于耐火性能差，因此为了确保钢结构达到规定的耐火极限要求，必须采取防火保护措施。通常不加保护的钢构件的耐火极限仅为 10～20min。

钢结构的临界温度确定：

(1) 钢梁的临界温度。一般来说，大的荷载可使工型钢梁的耐火极限降低。钢梁的破坏则必须等到整个截面全面到达屈服点，这需要较高的温度，而且还取决于其截面的形状。相对来说，超静定梁比静定梁的临界温度要高，而且梁底的温度一般都高于梁顶的温度。下缘和上缘的温度差可达 100～200℃。当有温度梯度时，梁的承载能力将低于温度均布（上下缘平均温度）时的承载能力。

(2) 钢柱的临界温度。它除了取决于荷载和钢的性质以外，绝大部分还取决于柱子的细长比（以符号"λ"表示）。长柱在弹性变形的条件下就被压弯了。所以，在实际应用时，长柱子（λ≥100）的临界温度采用 520℃，短柱（λ<100）的临界温度采用 420℃。

2. 钢结构的防火方法

要使钢结构材料在实际应用中克服防火方面的不足，必须进行防火处理，其目的就是将钢结构的耐火极限提高到设计规范规定的极限范围。防止钢结构在火灾中迅速升温发生形变塌落，其措施是多种多样的，关键是要根据不同情况采取不同方法，如采用绝热、耐火材料阻隔火焰直接灼烧钢结构，降低热量传递的速度推迟钢结构温升、强度衰减的时间等。但无论采取何种方法，其原理是一致的。下面介绍几种主要的钢结构防火保护措施。

(1) 外包层。就是在钢结构外表添加外包层，可以现浇成型，也可以采用喷涂法。现浇成型的实体混凝土外包层通常用钢丝网或钢筋来加强，以限制收缩裂缝，并保证外壳的强度。喷涂法可以在施工现场对钢结构表面涂抹砂浆以形成保护层，砂浆可以是石灰水泥或是石膏砂浆，也可以掺入珍珠岩或石棉。同时外包层也可以用珍珠岩、石棉、石膏或石棉水泥、轻混凝土做成预制板，采用胶粘剂、钉子、螺栓固定在钢结构上。

(2) 充水（水套）。空心型钢结构内充水是抵御火灾最有效的防护措施，这种方法能使钢结构在火灾中保持较低的温度、水在钢结构内循环、吸收材料本身受热的热量。受热的水经冷却后可以进行再循环，或由管道引入凉水来取代受热的水。

(3) 屏蔽。钢结构设置在耐火材料组成的墙体或顶棚内，或将构件包藏在两片墙之间的空隙里，只要增加少许耐火材料或不增加即能达到防火的目的。这是一种最为经济的防火方法。

(4) 膨胀材料。采用钢结构防火涂料保护构件，这种方法具有防火隔热性能好、施工不受钢结构几何形体限制等优点，一般不需要添加辅助设施，且涂层质量轻，还有一定的美观装饰作用，属于现代的先进防火技术措施。

3. 钢结构防火涂料

建筑防火是消防科学技术的一个重要领域，而防火涂料又是防火建筑材料中的重要组成部分。防火涂料在工程中主要用来阻止火焰传播、保护承载构件和减少火灾损失，是建筑防火的重要材料。它主要有以下两个作用：当涂覆于可燃基材上时，除起到与普通装饰涂料相同的装饰、防腐及延长被保护材料的使用寿命外，遇到火焰或热辐射时，防火涂料迅速发生物理、化学变化隔绝热量，阻止火焰传播蔓延，起到阻燃作用；当涂覆于构件表面时，除具有防锈、耐酸碱、烟雾作用外，遇火时隔绝热量，降低构件表面温度，起到耐火作用。

钢结构防火涂料刷涂或喷涂在钢结构表面，起防火隔热作用，防止钢材在火灾中迅速升温而降低强度，避免钢结构失去支撑能力而导致建筑物垮塌。早在20世纪70年代，国外对钢结构防火涂料的研究和应用就展开了积极的工作并取得了较好的成就，至今仍是方兴未艾。我国防火涂料的发展，较国外工业发达国家晚15～20年，虽然起步晚，但发展速度较快。从80年代初，我国也开始研制钢结构防火涂料，至今已有许多优良品种广泛应用于各行各业。

钢结构防火涂料主要施用于建筑中承载的钢梁、钢柱、球形网架和其他构件的防火保护，使其达到《建筑设计防火规范》GB 50016—2006和《高层民用建筑设计防火规范》GB 50045—1995（2005年版）规定的耐火极限。

3.3.5 超高层建筑防火

1972年8月在美国宾夕法尼亚州的伯利恒市召开的国际高层建筑会议上，将40层以上，高度100m以上的建筑物，定义为超高层建筑。2005年，我国规定超高层建筑是指建筑高度大于100m的民用建筑。目前，世界上最高的建筑是阿联酋迪拜塔，高700m。我国高层建筑有10万多栋，目前最高的建筑是上海环球金融中心，高632m。香港特区的最高建筑为中银大厦，高370m，有75层。北京最高的建筑是国贸三期，高330m。北京现有高层建筑8000余栋，其中高度超过100m的多达60余栋。

最近几年，高层和超高层建筑火灾在世界各地屡见不鲜。尽管这些建筑一般都配备了较先进的消防设施，可一旦起火，人们往往还是措手不及。

国外超高层建筑发展较早，距今已有60多年的历史，其中以美国为最早，建成的超高层建筑也最多，相应的，美国的超高层建筑火灾也较多。

由于超高层建筑能够展示城市经济社会的繁荣与发展程度，体现城市的实力和形象，因此这些年我国很多城市都掀起建设超高层建筑的热潮。一座座高楼不断拔地而起，给这些超高层建筑的防火和消防带来巨大考验。因为超高层建筑灭火本身就是世界级难题，一旦发生火灾，情况错综复杂，扑救难度大，极易引发群死群伤。

1. 超高层建筑的火灾特点

超高层建筑由于其特殊的构造和功能要求，致使其内部火灾荷载大、火势蔓延快，人员疏散困难，救援难度大，易形成重大火灾隐患。

（1）火灾荷载大

火灾荷载是衡量建筑区域内可燃物多少的参数，可燃物完全燃烧时产生的热量与建筑面积之比，称为火灾荷载的密度。其来源主要包括：建筑装饰材料、电气设备、办公与生活用品。火灾荷载大的潜在的危险因素：一方面会增加火灾时的最高温度，另一方面会产生大量浓烟与有毒气体。火灾荷载越大，建筑物内发生火灾后参与燃烧的可燃物就越多，燃烧释放的热量就越多，环境温度就越高，发生轰燃的时间就越短，对人类生命的安全威胁就越大。

（2）火灾蔓延快

我国气象专业中，有"高楼风"一词，意思是说，在高楼林立的街道上，因受高大建筑物的阻碍，风速和风向能够发生改变，有时还会形成旋风或强风，危及行人安全。

在自然界，也有一个尽人皆知的现象，叫"风助火势"，意思是空气流动会助长火势。在高层建筑面前，风速会随着建筑物高度的增加而相应加大。据测定，如果在建筑物 10m 高处的风速为 5m/s；那么在 30m 高处的风速为 8.7m/s；在 60m 高处的风速为 12.3m/s；在 90m 高处的风速为 15m/s。也就是说，楼越高，风速越大，火灾发生时火势扩大蔓延也会越快。

央视新址在建配楼起火初期，地面风速为 0.9m/s，估计其顶层 159.68m 的高度，风速不低于 20m/s。这场火灾蔓延如此之快，与建筑材料、建筑物高度都有直接关系，30 层的高楼，楼顶上的风力很大，对火势蔓延产生了直接影响。

另外，由于超高层建筑的结构特点，其内部形成各种纵横交错的管道样连通空间，如横向的吊顶、空调风管、排烟管道，纵向的各类管道井、电梯井、电缆井、通风井、楼梯井。这些内部通道会在火灾发生时变为若干个竖向火洞，使得烟气通过这些管道向上升腾，最终在建筑里形成烟囱效应，助长了火势蔓延，所以高层建筑中，竖向火的蔓延一定比横向火蔓延的速度快。这也是为什么超高层建筑失火时，就怕垂直方向上烟雾毒气的扩散。

据测算，高楼失火时，烟雾毒气垂直扩散的速度是 3～4m/s，只需 1min 左右，烟雾就可以扩散到几十层高的大楼。因此，在超高层建筑火灾中，70%～80% 的死者是由于烟雾毒气致命的。上海市消防局曾在金茂大厦做过一次特殊的测试，让数名消防队员从 85 层（250m）高处，轻装快步跑下去，终点是首层的安全出口处。当时的最快纪录为 35min。这意味着，火灾发生时，人的行进速度远比烟雾的扩散速度慢得多。此时，除非身着防毒面具和耐火服装，否则，常人是很难在火灾发生时从 100 层之上的超高层建筑中逃生的。

为避免烟囱效应，尽量少用可燃材料和燃烧时能产生大量烟雾毒气的建材非常重要，而且在设计阶段就应当限制建筑内的大面积空间，尽量周密考虑防火防毒分隔和排烟设施。

（3）管理难度大

超高层建筑的功能趋于多样化，人员流动大，人员的消防安全意识、技能、素质参差不齐，擅自使用或扩大使用生活用热源、火源，违章使用电气的现象屡禁不止，消防安全责任制、动态管理、教育培训落实不力，总之，超高层建筑管理难度非常大。

（4）救援难度大

由于超高层建筑疏散的途径有限，步行楼梯往往是人员自救逃生、安全疏散的唯一安全通道，安全疏散难度大。同时，疏散的有效时间长。国外资料统计，火灾环境中人员密集度 1～5 人/m² 时，水平行走速度为 1.35～0.6m/s，在楼梯上垂直行走速度为 3.6～1.5m/s，比烟火蔓延速度慢。如果通过速度按 75m/min、通过能力 75 人/min 计算，一栋超高层建筑办公楼有 3000 人办公，10min 只能疏散 750 人，在疏散秩序良好的前提下，也需要 40～60min 才能疏散结束，而最佳安全疏散有效时间是 5～15min，由于疏散过程中的人员惊慌与火灾中的烟雾导致疏散速度慢、人员拥挤、疏散秩序不良，疏散时间会更长，从安全疏散的最佳有效时间来衡量，这给生命安全带来了很大的危险性。

目前，超高层建筑的扑救存在困难。从目前的消防能力来看，如果发生火灾，从大楼外面施救的话，云梯车一般只能到达 50 多米的高度，消防水枪所能射到的高度一般只有

200m。而在更高的高度上，除非让消防人员冒险进入火点，人工启动大楼内部的消火栓，否则只能让大火自生自灭。以 2009 年 2 月 9 日，央视火灾为例，着火建筑高约 150m，东、南两面着火，火势有 80m 到 100m 高。在持续 6 个小时的救援中，火势无法完全控制的主要原因是灭火的水上不去，消防车上的水枪只能射到 60m 高度。

2. 超高层建筑防火

超高层建筑的防火，不仅需要对前期防火系统进行科学、合理、可靠、全面的设计，对后期实施科学有效地管理，还取决于超高层建筑自身消防设施的完善和有效地运行。针对高层建筑火灾特点以及目前我国超高层建筑防火安全现状，提出以下几点防火措施：

（1）合理规划超高层建筑的总平面布置和平面布置。一是合理选择位置。根据火灾时辐射热对相邻建筑的影响，易燃易爆场所火灾时对高层建筑的影响，以及消防灭火救援和节约用地等综合因素保持必要的防火间距。二是合理规划消防车道和消防扑救面。由于超高层建筑体量大，高度高，必须设置环形消防车道，主体建筑应满足消防车扑救的需要，尽管目前登高消防车举高能力有限，但在其有限操作范围内还是为消防部门灭火救助提供有效外围途径。三是合理布置燃油、燃气锅炉、油性变压器、柴油发电机、燃油燃气以及人员密集场所等用房的位置。采用控制和分隔办法把可燃物控制在局部范围。

（2）提高超高层建筑构件的耐火等级。超高层建筑不论采用哪种结构体系，其耐火等级不应低于一级的要求，从消防角度看，钢筋混凝土结构应是最理想的，但由于钢结构施工方便、施工速度快等特点，目前不少超高层建筑采用钢结构，但从防火角度看，钢结构虽然是不燃烧体，但很不耐火，无数火灾案例和科学试验所证明，无防火保护的钢结构在火灾的作用下，15min 左右就会烧损或破坏。因此，对超高层钢结构建筑防火处理尤为重要，对梁、柱、楼板、屋顶承重构件等各种构件应满足一级耐火等级的要求。

（3）处理好平面和竖向防火分隔。一是合理划分防火分区。利用防火墙或防火卷帘等防火分隔物将建筑平面划分为若干水平防火分区，通过楼板等构件将上、下楼层划分为若干竖向防火分区，即使发生火灾，也不至于蔓延到其他区域，把火灾控制在较小的范围。二是处理好管井分隔处理。

（4）保证控火设施。一是指把火灾控制在初起阶段，包括安装火灾自动报警、自动灭火系统。进行早期探测和初期扑救。二是把火灾控制在较小范围。在建筑物平面划分防火、防烟分区，在建筑物之间留有防火安全距离，切断火灾蔓延途径，既可减小成灾面积又有利于救援。

（5）加强日常管理。在日常防灾管理中，防灾建立逐级防火责任制，完善各岗位的规章制度，责成专人定期对建筑内消防设施进行维护检查，保障消防设施功能的完整性、有效性。严禁随意拆改建筑构件、消防设施。

此外，火灾中最佳安全疏散时间只有 90s（即从工作区域内最不得力点到达安全疏散楼梯内的时间），保障安全疏散设施（安全出口、疏散走道、疏散楼梯、疏散指示标志、避难层）的完好、畅通无阻，才能保障在应急情况下，组织火场人员有秩序地沿着疏散走道、疏散楼梯、安全出口的方向疏散到安全区域。

3.3.6 古建筑防火

古建筑是某一地区、某一时代文化发展的标志，代表了当地特有的奇迹。古建筑及其独特的几何形体，具有一种整体的美感，有人把它喻为"凝固的音乐"。古建筑起火，造成的火灾损失是无法以金钱来计算的。除建筑物本身的价值以外，在建筑物内一般都藏有大量文物和珍贵的艺术品。这些文物和艺术品对研究历史、宗教、天文、星算、医学、文化、艺术等，都具有重要的意义。近 10 年来，全国曾多次发生古建筑火灾。如 2002 年 11 月 21 日山西省宁武县小石门悬空寺火灾，及 2010 年 11 月 13 日清华学堂火灾，这些火灾均造成了难以弥补的损失和影响。

1. 古建筑的火灾特点

（1）火灾荷载大，耐火等级低

我国古建筑绝大多数以木材为主要材料，以木构架为主要结构形式，其耐火等级低。古建筑中的各种木材构件，具有特别良好的燃烧和传播火焰的条件。古建筑起火后，犹如架满了干柴的炉膛，而屋顶严实紧密，在发生火灾时，屋顶内部的烟热不易散发，温度容易积聚，迅速导致"轰燃"。古建筑的梁、柱、椽等构件，表面积大，木材的裂缝和拼接的缝隙多，再加上大多数通风条件比较好，有的古建筑更是建在高山之巅，发生火灾后火势蔓延快，燃烧猛烈，极易形成立体燃烧。如 2003 年 1 月 19 日 18 时 40 分许，世界文化遗产武当山古建筑群中重要宫庙的主殿（遇真宫）在大火中全部烧毁。

（2）无防火间距，容易出现"火烧连营"

我国的古建筑多数是以各式各样的单体建筑为基础，组成各种庭院。在庭院布局中，基本采用"四合院"和"廊院"的形式。这两种布局形式都缺少防火分隔和安全空间，如果其中一处起火，一时得不到有效控制，毗连的木结构建筑很快就会出现大面积燃烧，形成火烧连营的局面。

（3）火灾扑救难度大

我国的古建筑分布在全国各地，且大多数远离城镇，建于环境幽静的高山深谷之中。这些古建筑普遍缺乏自防自救能力，既没有足够的训练有素的专职消防队员，也没有配备安装有效的消防设施，一旦发生火灾，位于城镇的消防队鞭长莫及。只有任其燃烧，直至烧完为止。大多数古建筑都缺乏消防水源，而对于一些高大的古建筑更是有水难攻，再加上古建筑周围的道路大多狭窄，有的还设有门槛、台阶，消防车根本无法通行，这些都给火灾扑救工作带来很大的困难。

2. 古建筑火灾危害

古建筑的最大特点是不可再生，每次火灾之后，有许多珍贵的历史文物被化为灰烬，让世人痛心不已。据统计，20 世纪 50 年代以来古建筑火灾案例的分析，其中人为因素占 76.8%；其中，因管理原因导致的火灾占 31.7%，因使用问题导致的火灾占 45.1%。导致古建筑损毁的火灾案例不胜枚举。

表 3-3-7 列举了 1995～2010 年部分重大的古建筑火灾事件。

1995～2010 年因火灾损毁的古建筑　　　　　　　　　　　　表 3-3-7

时间	地点	古建筑	起火原因	因灾损失
2010 年 11 月 13 日	北京	清华学堂	施工用火不慎	过火面积 800m²
2009 年 12 月 12 日	北京	拈花寺	电线短路	整座西配殿烧毁
2008 年 10 月 5 日	浙江	金华太平天国侍王府	人为纵火	损失惨重
2007 年 3 月 7 日	贵州铜仁	川主宫	电器短路	建筑烧毁

时间	地点	古建筑	起火原因	因灾损失
2006 年 6 月 27 日	福建屏南	木拱廊桥-百祥桥		烧毁
2005 年 1 月 24 日	扬州	重宁寺藏经阁		藏经阁几被烧毁
2004 年 6 月 20 日	北京	护国寺	人为失火	烧毁
2004 年 5 月 5 日	建瓯市	崇仁寺	香烛复燃引发火灾	烧毁
2004 年 5 月 11 日	山西稷山县	大佛寺	雷击	大殿烧塌
2003 年 1 月 19 日	武当山	遇真宫	人为失火	烧毁
2002 年 12 月 2 日	山西	悬空寺		损失惨重
1999 年 5 月 2 日	青海	杂多县日历寺	油灯引燃	烧毁大经堂一座 220m², 唐卡 252 幅, 直接损失 117 万元
1999 年 2 月 16 日	浙江温州市	永中镇姜氏祠堂	香烛引燃	10 人死亡, 6 人受伤
1998 年 4 月 4 日	山西	尧庙宫广运殿	犯罪分子纵火	烧毁殿宇 1276m²
1995 年 8 月 5 日	河南	少林寺大雄宝殿	人为纵火	局部建筑被毁

在国外,古建筑火灾事例损失也十分严重。如 2008 年 2 月 10 日,发生在韩国首都首尔市中心、拥有 600 多年历史的崇礼门整座木制城楼被大火烧毁,造成无法挽回的损失,更是震惊了世界!

3. 古建筑火灾预防

针对古建筑发生火灾的多种成因,必须坚持"防消结合,预防为主"的原则,有针对性地做好文物古建筑的防火安全工作,做到组织落实,制度严密,措施得法,施救有效。

首先,解决古建筑在消防管理方面的问题。

(1) 应提高认识,切实加强组织领导。各级政府、文物主管部门和宗教事务管理部门应该高度重视消防安全工作,认识到古建筑的火灾危险性和其诸多消防安全隐患问题,切实加强古建筑消防安全管理工作。

(2) 加强措施,严格落实各项制度。建立一些行之有效的规章制度,使消防安全管理有章可循,有令可遵,尽量做到自防自救等。

(3) 加强火源管理,从根本上切断古建筑火灾之源。

其次解决古建筑在防火设计和功用性质等自身方面的因素。可以从以下几个方面来预防古建筑火灾的发生。

(1) 对古建筑进行防火技术处理,降低发生火灾概率。对已建的柱、梁、枋、檩、椽和楼板等主要木质构件,在木材的表面涂刷或喷涂防火涂料,造成一层保护性的阻火膜,以降低木材表面燃烧性能,阻滞火灾迅速蔓延。尽可能地解决防火间距和分隔。扩建、改建、维修的古建筑,设计时要注意防火间距。原有的古建筑周围乱搭乱建的建筑物必须拆除,对确实无法解决的防火间距,可按具体情况建立防火墙,实行防火分隔。同时,在不影响古建筑整体景观的条件下,尽可能地修缮消防车道,以利于火灾扑救。

(2) 改善古建筑的消防安全环境,做到有备无患。开辟消防通道、搞好消防水源建设。

(3) 增加消防设备,把火灾扑灭在初起阶段。设置火灾报警、自动喷水灭火系统,完善防雷避雷措施。中国古建筑中遭雷击起火的案例已屡见不鲜。

3.3.7 地下建筑防火

地下建筑（Underground Structure）一般是指建造在岩石和土层中的比附近地面标高低 2m 以上的建筑。就其建筑形式而言，可分为附建式和单建式两大类。目前，我国对地下建筑还没有一个统一的分类方法和标准。但习惯上按其施工方法、存在条件和使用功能三种情况，可大体进行以下分类：按施工方法，可分为明挖式和暗挖式地下建筑；按存在条件，可分为建造在岩石中的和建造在土层中的地下建筑；按功能分类，有军用建筑（如射击工事、观察工事、掩蔽工事等）、民用建筑（包括居住建筑、公共建筑）、各种民用防空工程、工业建筑、交通和通信建筑、仓库建筑、地铁隧道等，以及各种地下公用设施（如地下自来水厂、固体或液体废物处理厂、管线廊道等）。兼具几种功能的大型地下建筑称为地下综合体。

从 20 世纪 60 年代开始，我国就大规模兴建地下工程，建成了大量的人民防空工程。70 年代开始，我国又将这些人民防空工程逐渐转化为平时可以利用的地下建筑。改革开放以来，随着我国经济的发展，我国地下建筑的发展更加迅速，建筑层数越来越多，规模越来越大，从最初的几百平方米，发展到现在的几万平方米，甚至十几万平方米。用途也越来越多，功能越来越复杂，如地下街、地下商场、医院、旅馆、餐厅、展览厅、电影院、游艺场、礼堂、舞厅、停车库和仓库等。此外，地下交通工程也呈快速发展势态，截至 2010 年底，全国拥有地铁运营线路 42 条，运营线路总长度达到 1217km，今后每年平均将建成的线路为 180km。

进入 21 世纪以后，中国城市地下空间的开发数量快速增长，体系不断完善，特大城市地下空间开发利用的总体规模和发展速度已居世界同类城市的先进前列。中国已经成为世界城市地下空间开发利用的大国。表 3-3-8 为国内部分城市地下空间规模。

国内部分城市地下空间规模与规划预测量　　　　表 3-3-8

城市	规划范围(km²)	现有开发量(万 m²)	统计年份(年)
北京	1085	3000	2006
上海	600	1600	2006
南京	258	280	2005
深圳	2000	1900	2005
青岛	250	200	2004
无锡	1662	200	2005

1. 地下建筑火灾危害

随着经济的发展，城市规模的扩大和功能的完善，处于地面以下的建筑日益增多，地下车库、地铁隧道、人防工程的兴起，虽然节约了用地，扩大了城市空间，增强现代城市的立体感，但是地下建筑内部结构复杂，地下建筑主要由出入口、通道和洞室三部分组成。不像地面建筑有外门、窗与大气相通，只有与地面连接的通道才有出入口。通道弯曲一旦发生火灾，扑救困难、疏散困难，会造成重大的人员伤亡和财产损失。

地下建筑火灾烟气的主要危害性：

（1）地下空间的狭小与封闭性加大了火灾时的发烟量，加快了烟气充满地下空间的时间。在地下建筑火灾中，物质燃烧生成的热量和烟气由于地下空间封闭的影响而滞留在工程内部得不到有效的排除；同时，也由于空间封闭，火灾时的新鲜空气得不到及时补充，形成不完全的燃烧，从而比完全燃烧产生更大量的烟气。由于空间封闭体积相对又小，烟气很快可以充斥整个地下空间，比地面建筑大大加剧了烟气的危害。日本曾经做过建筑物火灾发烟量的试验，在约 $25m^2$ 的房间，以其内部装修材料燃烧来测定发烟量，从发烟开始到 10min，以烟的浓度 $C_s = 0.1m^{-1}$ 计（相当于疏散视距界限为 10m），其发生烟气的体积为 $2.14 \times 10^5 m^3$ 空间，相当于每层 $3500m^2$、3m 层高、共 23 层的高楼大厦的整个空间，可见其发烟量是相当惊人的。

（2）地下空间的狭小与封闭性使得建筑内部温度提升迅速。高温烟气难以排出，易造成热量集聚，空间的温度提高很快，很容易进入全面燃烧阶段。发生火灾后，地下建筑室内温度会很快上升至 800～900℃，烟气的温度可达 600～700℃，火源处温度可达 1000℃以上。而火灾后，产生的火风压随着烟气温度的升高而加大，反过来火风压又会推动烟气流动，造成火灾危害区域的扩大，导致火势加剧。研究表明，地下建筑比地上建筑较易出现"轰然"现象，且出现时间较早。

（3）地下建筑火灾的烟气扩散对人员疏散存在危险。发生火灾时，地下建筑出入口既是人员疏散口又是烟气扩散通道，高温毒烟的扩散方向与人员流动方向相同，而烟气的流通速度远大于人员的移动速度，加之，地下建筑采光性差，火灾发生时往往伴随着停电现象，人员辨别方向的能力减弱，导致逃生几率降低。

据统计，2000 年我国地下建筑火灾一共发生 2439 起，死 480 人，伤 294 人，直接损失 1224.3 万元；重大火灾 31 起，死 66 人，伤 19 人，直接损失 1071.6 万元；2001 年，发生地下建筑火灾 1993 起，死亡 174 人，直接经济损失 4663 万元；2002 年，发生地下建筑火灾 2029 起，死亡 158 人，直接经济损失 4034 万元。随着地下空间的开发利用，地下建筑的火灾呈逐渐增多趋势，人员伤亡和经济损失扩大。

近年来，铁路、公路隧道等交通工程的不断修建，大大缓解了地面交通的压力，但随之而来的，地下交通的安全问题日趋严重，特别是火灾事故不断发生。

表 3-3-9 列出了我国铁路隧道发生重大火灾统计情况。

我国铁路隧道火灾重大事故 表 3-3-9

时间	地点	隧道编号	事故原因	隧道损失	中断行车时间
1976 年 3 月 23 日	丰沙线旧庄窝东	46 号	罐车脱轨	隧道严重烧损线路损坏 220m，修复费 40 万元	
1987 年 8 月 23 日	陇海兰州十里山	2 号	货物列车火灾	直接经济损失 240 万元	201h 56min
1990 年 7 月 3 日	襄渝线梨子园隧道		爆炸火灾	隧道损失 150m，洞内上部建筑全部烧坏	550h 54min
1992 年 9 月 15 日	青藏线岳家村隧道	18 号	货物列车脱线起火	直接损失 132.6 万元	82h 19min
1993 年 6 月 12 日	西延线蔺家川隧道		货物列车火灾	严重破坏隧道 280m，烧损 31.1m 钢筋混凝土曲线桥梁 1 孔	

表 3-3-10 列出了世界上典型的公路隧道火灾事故。1972 年 11 月 6 日，日本北陆隧道内列车餐车起火，引起火灾，这次火灾死亡 30 人，轻重伤 715 人。2001 年 10 月 24 日，两辆载重卡车在瑞士圣哥达隧道南端一公里处相撞并起火。车祸引发的大火使部分隧道的温度达到了 1000℃，造成出事地段顶部塌陷。大火造成的死亡人数上升到 11 人，多达 128 人失踪。

世界公路隧道火灾　　　　　　　　　　　　　　　　　　　　　　表 3-3-10

时间	隧道名称	长度(m)	国家地区	火灾持续时间	隧道结构破坏程度
1949	Holland	2250	美国纽约	4h	隧道严重损坏 200m
1974	Mont Blanc	11600	法国—意大利	15min	
1976	Crossing BP-A6	430	法国巴黎	1h	隧道严重损坏 150m
1979	Nihonzaka	2045	日本	159h	隧道严重损坏 1100m
1980	Kajiwara	740	日本		隧道严重损坏 280m
1982	Caldecott	1028	美国	2h40min	隧道严重损坏 580m
1986	L'Arme	1105	法国		隧道设备严重损坏
1987	Gumefens	343	瑞士伯尔尼	2h	损坏较轻
1990	Røldal	4656	挪威	50min	略微损坏
1993	Hovden	1290	挪威	1h	111m 隔热材料被毁
1994	Huguenot	3914	南非	1h	严重损坏
1995.10	Pfander	6719	澳大利亚	1h	严重损坏
1996.3.18	Isola delle Femmine	148m	意大利		严重损坏，被迫关闭 2.5 天
1999.3.24	Mont Blanc	11600	法国—意大利		严重损坏
1999.5.29	Tauern	6401	奥地利		严重损坏
2001.5.28	Prapontin	4409	意大利		关闭 7 天
2001.10.24	St. Gotthard	16918	瑞士	3d	严重受损，关闭 2 个月

表 3-3-11 给出了 1970～1987 年间地铁火灾事故统计数据。

1970～1987 年重大地铁火灾　　　　　　　　　　　　　　　　表 3-3-11

地点	时间	原因及损失
加拿大的蒙特利尔	1971.12.12	火车与隧道端头相撞引起电路短路，引起座椅起火，36 辆车被毁，司机死亡
巴黎	1973.3.27	第 7 节车厢人为纵火，车辆被毁，2 名乘客死亡
旧金山	1979.1.17	一名收藏家的过失电路短路引发大火，1 名乘客死亡，56 人受伤
伦敦	1980.6.21	丢弃的未熄烟头引发大火，1 人死亡
莫斯科	1981.6.10	电路引起火灾，7 名乘客死亡
纽约	1982.3.16	传动装置故障引发火灾，86 人受伤，1 辆车报废
伦敦	1982.8.11	电路短路中引起火灾，15 人受伤，1 辆车被毁
伦敦	1984.11.23	车站月台引发大火，车站损失巨大
巴黎	1985.4.12	垃圾引发大火，1 名官员和 5 名乘客受影响
英国伦敦国王十字地铁站	1986.11.18	32 人死亡，100 多人受伤
伦敦	1987.11.18	售票处大火，死亡 31 人

此外，地下交通工程火灾后恢复运营也要花很长的时间。比如奥地利 Tauern 隧道的火灾修复花了三个月，意大利和法国的 Mont Blanc 隧道用了三年半的时间才恢复运营，瑞士的 St. Gotthard 隧道用了一年半的时间。所以，隧道内一旦发生火灾，不仅其经济损失是不可估量的，而且还会带来重大的社会影响。

2. 地下建筑火灾蔓延规律

地下建筑中的烟气蔓延因其建筑特点而呈现不同于地上建筑火灾的烟气流动规律。在地下建筑火灾发生时，烟气与周围墙面接触而冷却，加上冷空气的混入，促成烟气温度下降，浓度降低，同时向水平方向移动（图 3-3-3）。烟气温度越高，烟气流动速度越快，和周围空气的混合作用就越弱。反之，烟气温度越低，烟气流动速度越慢，和周围空气混合就会加强。火灾试验表明，烟气从洞室进入通道后，是以层流状态沿拱顶流动的，烟气下降后，受通道内的空气流影响，而形成紊流状态。从烟气在通道内的流动状态（图 3-3-4）可知，在发烟地点附近排烟最好，其次是在烟气的层流区排出。烟气一旦进入出入口，大量烟气便会从出入口喷出，同时还会有部分烟被空气流重新卷回地下。

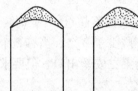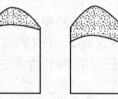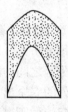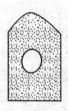

图 3-3-3　烟气在洞室内横向流动规律

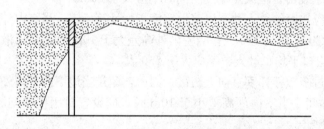

图 3-3-4　烟气沿通道纵向的流动规律

地下建筑火灾进一步发展后，内部空气的成分发生了变化，地下的有限空间压力随着温度的升高而加大，当火势发展到一定程度，会形成一种附加的巨大自然热风压，称为火风压。火风压的出现会使地下建筑原有的通风系统遭到破坏，使地下原有空气流改变方向而逆流，加剧火势蔓延，使那些原来属于安全的区域突然出现烟气，远离火源的人们也遭受到火灾烟气的危害，使灌入地下灭火的高倍泡沫灭火剂无法向巷道内流淌，从而影响泡沫远距离灭火的目的。

3. 地下建筑结构防火

（1）一般要求

① 地下建筑用于经营商业或公共娱乐行业者，不宜设置在地下三层及三层以下，且不应经营和储存火灾危险性为甲、乙类储存物品属性的商品。

② 地下建筑可燃物存放量平均值超过 $30kg/m^2$ 火灾荷载的房间，应采用耐火极限不低于 2h 的墙和楼板与其他部位隔开。隔墙上的门应采用常闭的甲级防火门。

③ 地下建筑的内装修材料应全部采用非燃烧材料。

（2）防火、防烟分区

为了防止火灾的扩大和蔓延，使火灾控制在一定的范围内，减少火灾造成的人员和财产损失，地下建筑必须严格划分防火及防烟分区。

① 地下建筑划分防火分区，应比地面建筑要求严些，并根据使用性质不同加以区别对待。对于商店、医院、餐厅等，每个防火分区的最大允许使用面积不超过 400m²；对于电影院、礼堂、体育馆、展览厅、舞厅、电子游艺场等，每个防火分区最大允许使用面积不超过 1000m²。但商店、医院、餐厅设有自动喷水灭火设备时，防火分区面积可适当放宽，但不能超过一倍。

② 当地下建筑内设置火灾自动报警系统和自动喷水灭火系统，且建筑内部装修符合《建筑内部装修设计防火规范》GB 50222—95 的规定时，每个防火分区的最大允许建筑面积可增加到 2000m²。当地下建筑总建筑面积大于 2000m² 时，应采用防火墙分隔，且防火墙上不应开设门窗洞口。

③ 需设置排烟设施的地下建筑，应划分防烟分区，每个防烟分区的建筑面积不应大于 500m²，防烟分区不得跨越防火分区。

（3）安全疏散

除使用面积不超过 50m² 的地下建筑，且经常停留的人数不超过 10 人时，可设一个直通地上的安全出口外，每个防火分区的安全出口数量不应少于 2 个；当有 2 个或 2 个以上防火分区时，相邻防火分区之间的防火墙上的门可作为第二安全出口，但要求每个防火分区必须设置一个直通室外的安全出口。

房间内最远点至该房间门的距离不应大于 15m，房间门至最近安全出口或防火墙上防火门的最大距离不应大于 40m，位于袋形走道或尽端的房间时不应大于 20m。

地下建筑安全出口疏散总宽度应按容纳总人数乘以疏散宽度指标计算确定。当室内外高差小于 10m 时，其疏散宽度指标为 0.75m/100 人；当室内外高差大于 10m 时，其疏散宽度指标为 1m/100 人；每个安全出口平均疏散人数不应大于 250 人。

地下建筑发生火灾时，只能通过疏散楼梯垂直向上疏散。因此，建筑当地下或室内外高差大于 10m 时，应设置防烟楼梯间，当室内外高差小于 10m 时，应设置封闭楼梯间。疏散楼梯不宜采用螺旋楼梯和扇形踏步。

（4）防、排烟。地下建筑发生火灾时，产生大量的烟气和热量，如不能及时排除，就不能保证人员的安全撤离和消防人员扑救工作的进行，故需设置防、排烟设施，将烟气和热量及时排除。

4. 地铁工程防火

近年来地铁工程大量修建，减少地铁火灾的主要措施有：

（1）内部建设与装修选用不燃材料及新型防火材料

由于火灾的蔓延速度、爆燃出现的时间及所产生的烟气种类与装修材料的类型有很大的关系，因此地铁隧道建设时，应尽量采用不燃材料，以防止火灾的发生和蔓延。即使发生了火灾，在火灾初期阶段也能起到延缓燃烧、阻止火势扩大的作用，从而可以缩小火灾范围，减少火灾损失。在采购车辆时，车厢、座椅、扶手等采用非燃防火材料，车站站台、墙壁、天花板均用不燃或阻燃材料，电气设备、电线、电缆采用低烟、低毒的标准。在列车底板上加装防火和隔热层，防止列车底部电气设备起火对人员逃生造成影响，也可延缓车厢内火灾对列车底部电气设备的破坏作用，为救援和逃生创造条件。

（2）设置防火防烟分区及防火隔断装置

在地铁隧道里设置相应的防火分区及防烟分区，以便在火灾发生时，把火灾控制在一定范围内，以阻止火势的迅速扩大。实践证明，长期作为防火分割而设置的防火卷帘，在实际使用中存在很多隐患，如产品质量不过关、安装质量差或保养维护不当等，都会使其在关键时刻起不到作用。而且防火卷帘本身也存在切断疏散通道及救援通道的问题。近年来，防火隔烟设施也不断完善，出现了地铁隔断门及新型箱形水幕系统作为防火隔断。同时，在隧道中应设置自动机械排烟系统，以便迅速及时地排出烟雾，为人员的安全疏散和火灾扑救工作的展开提供有利条件。

（3）设置火灾自动报警和自动喷水灭火系统等建筑消防设施

（4）保证人员安全疏散

应设置列车紧急情况通报按钮与手动开车门装置，断电时，车门能自动打开，以及司机室与车厢之间的紧急疏散门、列车前部的逃生门等装置。列车上还应设置足够的滚动显示条、液晶显示屏，以及广播系统，以备火灾时引导乘客疏散。

（5）设置足够的应急照明装置和疏散指示标志

（6）提高相关人员的消防素质

5. 地下公路隧道防火设计

地下公路隧道区别于地铁工程，公路隧道净空面比地铁大得多，且公路隧道的车辆类型比地铁复杂，既有小客车，也有大客车、货车，据研究资料显示，隧道中货车引起的火灾占总比例的30%，因此，公路隧道的火灾形势更加复杂。

公路隧道火灾安全等级，是指根据隧道在区域交通网中的重要性和火灾对隧道的危害程度，将公路隧道按一定的安全标准进行划分的等级。不同安全等级的公路隧道，其防火救灾对策和防火设施也不同。目前，根据我国公路隧道建设的实际状况和技术水平，将我国公路隧道防火安全等级从高到低分为Ⅰ、Ⅱ、Ⅲ、Ⅳ、Ⅴ五个等级；依据我国的公路隧道长度分类，确定隧道防火等级的最低长度为0.5km，不同等级划分的特征长度为1.0km、3.0km、5.0km、10.0km；断面交通量按照高速公路的最低要求为10000辆/天。

隧道建筑材料的防火，主要包括防水材料的耐高温性能和衬砌混凝土材料耐火性能，以及其他一些阻燃衬砌材料，例如防火涂漆层等。

公路隧道防火主要设施：

（1）通风设施。通风控制在公路隧道的灭火救灾过程中尤为重要。

（2）监控系统。公路隧道监控系统设置的目的是为了充分发挥隧道的通行能力，保证隧道运营安全，满足隧道运营环境要求，减少灾难发生。

（3）公路隧道火灾警系统

① 火灾的警系统。公路隧道警设施有三种，即紧急电话、手动警器和火灾检测器。

② 紧急警装置。紧急警设施是安设在隧道洞口外一定距离的、通知隧道外车辆"隧道内发生事故不能进入"的一种装置。通常有三种，即警显示板、闪光灯和警灯、音响信号发生器。

（4）隧道消防设施。隧道内的消防设施有：①灭火器；②消火栓；③给水栓；④喷淋设施。

（5）其他设施。在隧道火灾或事故状态下，为隧道内车辆和人员提供安全保障的其他设施，应该包括：①专用火灾排烟辅助设施；②避难场所和转移通道；③灾难时的停车场所；④在灾难状态下避难和疏散的导向设施；⑤电视监视系统；⑥紧急照明设施；⑦紧急电源设施。

隧道一旦发生火灾，应尽量在火灾初期灭火，防止隧道内布满烟雾而使救援环境恶化。同时要及时提供确切情况，防止车辆驶向火灾现场，并对驶向隧道出口的车辆给予正确的引导，使其安全撤离失火隧道。

3.4　森林火灾

3.4.1　概述

森林火灾广义上讲：凡是失去人为控制，在林地内自由蔓延和扩展，对森林、森林生态系统和人类带来一定危害和损失的林火行为都称为森林火灾。狭义讲：森林火灾是一种突发性强、破坏性大、处置救助较为困难的自然灾害。

我国《森林防火条例》中规定，森林火灾分为 4 个等级。①森林火警：受害森林面积不足 1 公顷。②一般森林火灾：受害森林面积在 1 公顷以上不足 100 公顷。③重大森林火灾：受害森林面积在 100 公顷以上不足 1000 公顷。④特大森林火灾：受害森林面积在 1000 公顷以上。

世界上 95% 的森林火灾属于中度和弱度，较易控制和扑救，约有 5% 的森林大火和特大火灾很难控制和扑救，为世界各国森林经营中急待解决的重大课题。

3.4.2　森林火灾危害

众所周知，森林在国民经济中占有重要地位，它不仅能提供国家建设和人民生活所需的木材及林副产品，而且还肩负着释放氧气、调节气候、涵养水源、保持水土、防风固沙、美化环境、净化空气、减少噪声及旅游保健等多种使命。同时，森林还是农牧业稳产高产的重要条件。然而，森林火灾会给森林带来严重危害。自地球出现森林以来，森林火灾就伴随发生。全世界每年平均发生森林火灾 20 多万次，烧毁森林面积约占全世界森林总面积的 1‰以上。中国现在每年平均发生森林火灾约 1 万多次，烧毁森林几十万至上百万公顷，约占全国森林面积的 5‰～8‰。森林火灾位居破坏森林的三大自然灾害（病害、虫害、火灾）之首。它不仅给人类的经济建设造成巨大损失，破坏生态环境，而且还会威胁到人民生命财产安全，具体表现在如下的几个方面：

（1）烧毁林木。森林一旦遭受火灾，最直观的危害是烧死或烧伤林木。一方面使森林蓄积下降，另一方面也使森林生长受到严重影响。森林是生长周期较长的再生资源，遭受火灾后，其恢复需要很长的时间。特别是高强度大面积森林火灾之后，森林很难恢复原貌，常常被低价林或灌丛取而代之。如果反复多次遭到火灾危害，还会成为荒草地，甚至变成裸地。例如，1987 年"5·6"大兴安岭特大森林火灾之后，分布在坡度较陡地段的森林严重火烧之后基本变成了荒草坡，生态环境严重破坏，再要恢复森林几乎是不可能的。

（2）烧毁林下植物资源。森林除了可以提供木材以外，林下还蕴藏着丰富的野生植物资源。森林火灾能烧毁这些珍贵的野生植物，或者由于火干扰后，改变其生存环境，使其数量显著减少，甚至使某些种类灭绝。

（3）危害野生动物。森林是各种珍禽异兽的家园，森林遭受火灾后，会破坏野生动物赖以生存的环境，有时甚至直接烧死、烧伤野生动物。

（4）引起水土流失。森林具有涵养水源，保持水土的作用。然而，当森林火灾过后，森林的这种功能会显著减弱，严重时甚至会消失。

（5）使下游河流水质下降。

（6）引起空气污染。森林燃烧会产生大量的烟雾，其主要成分为二氧化碳和水蒸气，约占所有烟雾成分的 90％～95％。另外，森林燃烧还会产生一氧化碳、碳氢化合物、碳化物、氮氧化物及微粒物质，约占 10％～5％。除了水蒸气以外，所有其他物质的含量超过某一限度时都会造成空气污染，危害人类身体健康及野生动物的生存。1997 年发生在印度尼西亚的森林大火，燃烧了近一年，森林燃烧所产生的烟雾不仅给其本国造成严重的空气污染，而且还影响了新加坡、马来西亚、文莱等邻国，许多新加坡市民不得不配戴防毒面具来防止烟雾的危害。

（7）威胁人民生命财产安全。全世界每年由于森林火灾导致千余人死亡。

表 3-4-1 列出了全球范围内百万公顷以上的森林火灾事件。

全球百万公顷以上森林火灾统计　　　　　　　　　　　　　　表 3-4-1

序号	发生时间	发生地	过火森林面积（万公顷）
1	1825	美国缅因州和加拿大新不伦瑞克省	120
2	1871	美国威斯康星州和密歇根州	152
3	1915	前苏联西伯利亚	1200
4	1976	澳大利亚	11700
5	1983	印度尼西亚加里曼丹	350
6	1987	前苏联贝加尔湖地区	200
7	1987	中国大兴安岭	133
8	1998	澳大利亚	150
9	2010	俄罗斯大火	100

我国也是森林火灾严重的国家，据统计，新中国成立以来，全国共发生森林火灾 70.5 万次，受害森林面积 3874 万公顷，烧死烧伤 3.3 万人，直接经济损失数千亿元。其中 1988 年以前，全国年均发生森林火灾 15932 起，受害森林面积 947238 公顷，因灾受伤 678 人，死亡 110。1988 年以后，全国年均发生森林火灾 7623 起，受害森林面积 94002 公顷，因灾伤亡 196 人（其中受伤 142 人，死亡 54 人），分别下降 52.2％、90.1％和 75.3％。

2010 年 2 月 8 日上午，贵州六盘水市境内的国家级森林公园——玉舍公园发生森林大火，这场大火持续燃烧了 30 多个小时，造成了近 5000 亩森林被毁。另外，为了拍电视剧《夜郎王》而修建的夜郎王宫也在大火中化为灰烬，大火造成直接经济损失 1000 多万元。最让人们心痛的是夜郎王宫的消失，夜郎王宫是玉舍国家级森林公园最富有文化底蕴的一座木质结构的宫殿，建筑群占地 2 万多平方米，造价 130 多万元（图 3-4-1）。

图 3-4-1 森林大火毁坏古迹

3.4.3 森林防火

森林防火工作是我国防灾减灾工作的重要组成部分，是国家公共应急体系建设的重要内容，是社会稳定和人民安居乐业的重要保障，是加快林业发展，加强生态建设的基础和前提，事关森林资源和生态安全，事关人民群众生命财产安全，事关改革发展稳定的大局。简单地说，森林防火就是防止森林火灾的发生和蔓延，即对森林火灾进行预防和扑救。预防森林火灾的发生，就要了解森林火灾发生的规律，采取行政、法律、经济相结合的办法，运用科学技术手段，最大限度地减少火灾发生次数。扑救森林火灾，就是要了解森林火灾燃烧的规律，建立严密的应急机制和强有力的指挥系统，组织训练有素的扑火队伍，运用有效、科学的方法和先进的扑火设备及时进行扑救，最大限度地减少火灾损失。

森林扑火要坚持"打早、打小、打了"的基本原则。1988 年 1 月 16 日国务院发布的《森林防火条例》规定：森林防火工作实行"预防为主，积极消灭"的方针。

森林火灾的预防要从引起火灾的源头上入手，其中人为因素是森林火灾发生的主要原因，由于野外用火不当导致森林大火的发生，进而导致环境灾难或经济损失。例如，1987 年 5 月大兴安岭森林火灾事后查明，最初的五个起火点中，有四处是人为引起，其中两处起火点是三名烟民烟头引燃的。

3.5 防火减灾措施与对策

3.5.1 火灾的消防

我国消防安全工作的方针是"预防为主，防消结合"。所谓预防为主，就是不论在指导思想上还是在具体行动上，都要把火灾的预防工作放在首位，贯彻落实各项防火行政措施、技术措施和组织措施，切实有效地防止火灾的发生。所谓防消结合，是指同火灾作斗争的两个基本手段——预防和扑救两者必须有机地结合起来。也就是在做好防火工作的同时，要积极做好各项灭火准备工作，以便在一旦发生火灾时能够迅速有效地予以扑救，最大限度地减少火灾损失，减少人员伤亡，有效地保护公民生命、国家和公民财产的安全。防与消相辅相成，互相促进，二者不可割裂。

1. 防火方法

（1）增强人的消防意识，通过防火宣传、教育，使人的因素充分发挥。

（2）提高防灾、救灾自卫能力。

（3）对燃烧三要素加以处理，如对可燃物、助燃物、着火源加以控制、隔离、冷却、降温降压、泄压等。

（4）在生产、储运、使用等方面，使可燃物的不安全状态与助燃剂和着火源三要素不同时居于燃烧三角形之中，建筑火灾就不会发生。

2. 火灾报警

在火灾酝酿期和发展期常伴有臭气、烟、热流、火光、辐射热等，这都是火灾探测仪器的探测对象。火灾探测器根据监测的火灾特性不同，可分为感烟、感温、感光、复合和可燃气体五种类型。此外，火灾报警方式也可采用以下几种：

（1）手动报警：在装有手动报警装置的地方，发生火灾时，只需打碎玻璃、按动按钮即可发出警报信号。

（2）电话报警：失火时迅速拨打电话 119。

（3）直接报警：大声呼喊或直接到就近消防队报警。

3. 灭火方法

按照燃烧原理，一切灭火方法的原理是将灭火剂直接喷射到燃烧的物体上，或者将灭火剂喷洒在火源附近的物质上，使其不因火焰热辐射作用而形成新的火点。

（1）冷却灭火法。这种灭火法的原理是将灭火剂直接喷射到燃烧的物体上，以降低燃烧的温度到燃点之下，使燃烧停止。或者将灭火剂喷洒在火源附近的物质上，使其不因火焰热辐射作用而形成新的火点。

（2）隔离灭火法。是将正在燃烧的物质和周围未燃烧的可燃物质隔离或移开，中断可燃物质的供给，使燃烧因缺少可燃物而停止。

（3）窒息灭火法。是阻止空气流入燃烧区或用不燃烧区或用不燃物质冲淡空气，使燃烧物得不到足够的氧气而熄灭的灭火方法。具体方法是：

① 用沙土、水泥、湿麻袋、湿棉被等不燃或难燃物质覆盖燃烧物；

② 喷洒雾状水、干粉、泡沫等灭火剂覆盖燃烧物；

③ 用水蒸气或氮气、二氧化碳等惰性气体灌注发生火灾的容器、设备；

④ 密闭起火建筑、设备和孔洞；

⑤ 把不燃的气体或不燃液体（如二氧化碳、氮气、四氯化碳等）喷洒到燃烧物区域内或燃烧物上。

4. 灭火器的使用

灭火器的种类很多，按其移动方式可分为：手提式和推车式；按驱动灭火剂的动力来源可分为：储气瓶式、储压式、化学反应式；按所充装的灭火剂则又可分为：泡沫、干粉、卤代烷、二氧化碳、酸碱、清水等。常用灭火器的性能见表 3-5-1。

3.5.2 各类火灾的扑救

1. 多层建筑初起火灾时的扑救

我国《民用建筑设计通则》GB 50352—2005 将住宅建筑依层数划分为：一层至三层为低层住宅，四层至六层为多层住宅，七层至九层为中高层住宅，十层及十层以上为高层住宅。除住宅建筑之外的民用建筑高度不大于 24m 者为单层和多层建筑，从建筑专业角度讲，多层建筑是指建筑高度大于 10m，小于 24m，且建筑层数大于 3 层，小于 7 层的建筑。但人们通常将 2 层以上的建筑都笼统地概括为多层建筑。多层建筑火灾在建筑火灾中占有较大的比例。主要扑救措施：

灭火器的主要性能　　　　　　　　　　　　　　　　　　表 3-5-1

灭火器种类	二氧化碳灭火器	四氯化碳灭火器	干粉灭火器	"1211"灭火器	泡沫灭火器
药剂	液态二氧化碳	加压的四氯化碳液体	氯化钾或钠盐干粉	碳酸氢钠、发沫剂和硫酸铝溶液	
用途及性能	①不导电。②可扑救电气、精密仪器、油类和酸类火灾。③不能扑救钾、钠、镁铝等物质火灾	①不导电。②可扑救电气设备火灾。③不能扑救钾、钠、镁铝、乙炔、二硫化碳等火灾	①不导电。②可扑救电气设备火灾。③不宜扑救旋转电机火灾。可扑救石油、石油产品、有机溶剂、天然气和天然气设备火灾	①不导电。②可扑救油类、电气设备、化工化纤等初起火灾	①有一定导电性。②可扑救油类或其他易燃粮食体火灾。③不能扑救忌水带电物体火灾

一是抢救被困人员。抢救人员要尽量利用走廊和楼梯。当烟火封锁疏散通道时，可利用室外疏散楼梯、外部架设的消防梯或其他救助设施尽快抢救被困人员。

二是内攻为主，辅以外攻。扑救多层火灾，要深入内部，打近战。灭火人员可以通过建筑物内部的楼梯、走廊，也可由外部从窗户、阳台或临时架设的消防梯、举高消防车进入楼内，进行射水和必要的破拆。在火焰突破出门窗，向外部燃烧时，可以直接从外部向里面射水，为深入楼内消灭火源创造条件。

三是上堵下防、分层灭火。为了防止火势向水平或垂直方向蔓延，在起火楼层部署灭火力量的同时，要在受火势威胁较大的上一层楼面部署力量堵截火势；在起火层的下层也要部署一定的力量，防止蔓延。在各楼层灭火时都要先控制火势蔓延，再围攻火点，从而迅速将火扑灭。并注意防止火势沿各种孔洞、管道蔓延。

四是扑救隐蔽部位火势。必须在迅速查清着火位置、范围、火势蔓延的方向和途径，对上下楼层的威胁等情况后，正确选择堵截与扑救的路线。

2. 高层建筑初起火灾时的扑救

高层建筑指十层及十层以上的建筑（包括首层设置商业服务网点的住宅）和建筑高度超过 24m 的公共建筑。

高层建筑的建筑构件虽然采用非燃烧建筑材料，但由于建筑高、楼层多、各种竖向管道井多，室内装饰材料和家具等使用大量的可燃材料，因而比多层建筑具有更大的火灾危险性，增大了火灾扑救的难度。

扑救高层建筑火灾比扑救一般多层建筑火灾难度大得多。

一是立即发出火警信号，控制火势。

二是采取可行措施，减缓火势的蔓延。如果一开始就发现火势较大，首先应拨打"119"电话向消防部门报警，然后，再取灭火器进行扑救。扑救中还要注意疏散火焰周围的可燃物，以减缓火焰的蔓延。

3. 超高层建筑火灾的扑救

扑救超高层建筑火灾的措施：

（1）成立火场组织指挥机构。超高层建筑一旦发生火灾，实施扑救难度较大，投入的灭火力量多且持续时间长，为了使火场指挥有效统一，应立即成立火场指挥部，迅速明确各参战力量和社会联动单位的职责分工，确保各个指挥环节高效畅通。

（2）贯彻救人第一的指导思想。

（3）组织不间断的火场供水。超高层建筑发生火灾，应主要依靠建筑内给水管网以及各种固定灭火设施，立足于利用室内消防灭火设施自救为主，各种移动式消防装备为辅。扑救超高层建筑火灾，能否及时和不间断地供水，以满足需要的水量、水压，直接关系到灭火战斗的成败。

（4）火场排烟。超高层建筑一旦发生火灾，烟雾向上蔓延速度极快，一座100m高的建筑物在30s左右烟即可窜到顶部，600～700℃高温热烟可点燃一般可燃物，使整幢建筑物着火。因此，如何处理烟雾危害是扑救高层建筑火灾的关键之一。可以采用：封闭防烟、自然排烟、破拆排烟等方式防止高温烟雾蔓延。

（5）做好火场安全防范工作。高层建筑火灾蔓延速度快，烟气毒气重，建筑外部飞溅火灾残留物及飞火威胁严重，人员逃生困难，救生装备展开困难，这些都导致了扑救高层建筑火灾的危险性，美国"9·11"事件中牺牲大量消防队员就是前车之鉴，所以做好火场的安全防范工作是扑救当中的重要环节。

此外，超高层建筑的防火和火灾扑救中，配备先进的灭火救援设备和建设专业的消防队伍是十分关键的。目前，我国大型、特大型城市已经着手建设应对超高层建筑火灾的必要能力。如央视大火发生后，北京消防便购买了90多米、101m的云梯车。这类设备的费用是非常昂贵的，据资料显示，超过68m的举高车，费用就达到1000多万元；100m左右的，费用达到2000多万元。但应该注意到，这类车辆由于自身过重、过长、过高，在高楼林立的城市，常常无法拐弯、无法停车，甚至不能进入小区。即使此类车辆能够到达救援地点，所需的时间也是非常漫长的。例如，某地进行一场消防演习，进口举高车经过在市区路面的两个半小时折腾，才到达火灾现场。大型举高车出动，甚至需要一辆车先跑一趟侦查路线，才能动身。因为出动不便，不少城市的举高车甚至从未参加实战。

3.5.3 自救、互救与逃生

如果说在碰到小火时，人们还能保持头脑冷静的话，一旦遇到火势难以控制的局面时，不管在任何场合，普通人难免都会手忙脚乱。临险人员保持清醒头脑是非常重要的，在时间允许情况下首先拨打火灾消防电话"119"，告知发生火灾的地点、可燃物种类等，并采取有效的自救互救措施增大逃生几率。在这种情况下，现场人员所要做到的无非是三个方面，即堵截蔓延、抢救或保护重点和开展自防自救。

可采用以下方法逃生：

（1）毛巾、手帕捂鼻护嘴法。因火场烟气具有温度高、毒性大、氧气少、一氧化碳多的特点，人吸入后容易引起呼吸系统烫伤或神经中枢中毒，因此在疏散过程中，应采用湿毛巾或手帕捂住嘴和鼻（但毛巾与手帕不要超过六层厚）。注意不要顺风疏散，应迅速逃到上风处躲避烟火的侵害。逃生时，不要直立行走，应弯腰或匍匐前进，但石油液化气或城市煤气火灾时，不应采用匍匐前进方式。

（2）遮盖护身法。将浸湿的棉大衣、棉被、门帘子、毛毯、麻袋等遮盖在身上，确定逃生路线后，以最快的速度直接冲出火场，到达安全地点，但注意，捂鼻护口，防止一氧化碳中毒。

（3）封隔法。如果走廊或对门、隔壁的火势比较大，无法疏散，可退入一个房间内，可将门缝用毛巾、毛毯、棉被、褥子或其他织物封死，防止受热，可不断往上浇水进行冷却。防止外部火焰及烟气侵入，从而达到抑制火势蔓延速度、延长时间的目的。

（4）卫生间避难法。发生火灾时，实在无路可逃时，可利用卫生间进行避难。因为卫生间湿度大，温度低，可用水泼在门上、地上，进行降温，水也可从门缝处向门外喷射，达到降温或控制火势蔓延的目的。

（5）多层楼着火逃生法。如果多层楼着火，因楼梯的烟气火势特别猛烈时，可利用房屋的阳台、水溜子、雨篷逃生，也可采用绳索、消防水带，也可用床单撕成条连接代替，使一端紧拴在牢固采暖系统的管道或散热气片的钩子上（暖气片的钩子）及门窗或其他重物上，再顺着绳索滑下。

（6）被迫跳楼逃生法。如无条件采取上述自救办法，而时间又十分紧迫，烟火威胁严重，被迫跳楼时，低层楼可采用此方法逃生，但首先向地面上抛下一些厚棉被、沙发垫子，以增加缓冲，然后手扶窗台往下滑，以缩小跳楼高度，并保证双脚首先落地。

第4章 风灾与结构防风设计

4.1 风灾类型及危害

4.1.1 概述

1. 风及风灾

风是指从气压高的地方向气压低的地方流动的空气。风力等级简称风级，是风强度（风力）的一种表示方法。

在我国唐朝初期，李淳风（公元618～906年）在《现象玩占》《乙已占》里把风分为八级：一级，动叶；二级，鸣条；三级，摇树；四级，坠叶；五级，折小技；六级，折大技；七级，折木、飞沙石；八级，拔起大树，再加上"无风"、"和风"（风来时清凉，温和，尘埃不起，叫和风）两个级，可合十级。这可以说是世界上最早的风力等级。

目前，国际通用的风力等级是由英国人蒲福（Beaufort）于1805年拟定的，故又称"蒲福风力等级（Beaufort scale）"，它最初是根据风对炊烟、沙尘、地物、渔船、渔浪等的影响大小分为0～12级，共13个等级。后来，又在原分级的基础上，增加了相应的风速界限。自1946年以来，风力等级又作了扩充，增加到18个等级（0～17级），见表4-1-1。

蒲福风力等级划分   表 4-1-1

风级	名称	平地上离地10m处的风速			陆地地面物象	海面波浪	平均浪高（m）	最高浪高（m）
		海里/小时	m/s	km/h				
0	无风	<1	0～0.2	<1	静，烟直上	平静	0.0	0.0
1	软风	1～3	0.3～1.5	1～5	烟示风向	微波峰无飞沫	0.1	0.1
2	轻风	4～6	1.6～3.3	6～11	感觉有风	小波峰未破碎	0.2	0.3
3	微风	7～10	3.4～5.4	12～19	旌旗展开	小波峰顶破裂	0.6	1.0
4	和风	11～16	5.5～7.9	20～28	吹起尘土	小浪白沫波峰	1.0	1.5
5	劲风	17～21	8.0～10.7	29～38	小树摇摆	中浪折沫峰群	2.0	2.5
6	强风	22～27	10.8～13.8	39～49	电线有声	大浪白沫离峰	3.0	4.0
7	疾风	28～33	13.9～17.1	50～61	步行困难	破峰白沫成条	4.0	5.5
8	大风	34～40	17.2～20.7	62～74	折毁树枝	浪长高有浪花	5.5	7.5
9	烈风	41～47	20.8～24.4	75～88	小损房屋	浪峰倒卷	7.0	10.0
10	狂风	48～55	24.5～28.4	89～102	拔起树木	海浪翻滚咆哮	9.0	12.5
11	暴风	56～63	28.5～32.6	103～117	损毁重大	波峰全呈飞沫	11.5	16.0
12	飓风	64～71	32.7～36.9	118～133	摧毁极大	海浪滔天	14.0	—
13	—	72～80	37.0～41.4	134～149	—	—	—	—
14	—	81～89	41.5～46.1	150～166	—	—	—	—
15	—	90～99	46.2～50.9	167～183	—	—	—	—
16	—	100～108	51.0～56.0	184～201	—	—	—	—
17	—	109～118	56.1～61.2	202～220	—	—	—	—

在我国，风依据距地 10m 高处风速分为 13 个等级：无风，软风，轻风，微风，和风，清风，强风，疾风，大风，烈风，狂风，暴风，台风。为何选择距地 10m 作为划分标准，是因为目前大部分房屋在 10m 高左右，因此我国规定以 10m 为标准高度。目前世界上以 10m 作为标准高度占大多数，如美国、俄罗斯、加拿大等，日本则以 15m 为标准高度，挪威和丹麦标准高度为 20m。实际上，不同高度的规定在技术上影响不大，可以根据风速在高度上的变化规律进行换算。

平均风力达 6 级或以上（风速 10.8m/s 以上），瞬时风力达 8 级或以上（风速大于 17.8m/s），以及对生活、生产产生严重影响的风称为大风。

大风除有时会造成少量人口伤亡、失踪外，主要破坏房屋、车辆、船舶、树木、农作物以及通信设施、电力设施等，由此造成的灾害为风灾（Wind disaster）。

风灾害等级一般可划分为 3 级：

① 一般大风：相当 6～8 级大风，主要破坏农作物，对工程设施一般不会造成破坏。

② 较强大风：相当 9～11 级大风，除破坏农作物、林木外，对工程设施可造成不同程度的破坏。

③ 特强大风：相当于 12 级和以上大风，除破坏农作物、林木外，对工程设施和船舶、车辆等可造成严重破坏，并严重威胁人员生命安全。

风灾大小与风的特性参数有密切关系，与风有关的参数有风向、风力和风速等。

2. 热带气旋

热带气旋（Tropical Cyclone）是发生在热带或副热带洋面上的低压涡旋，是一种强大而深厚的热带天气系统。热带气旋通常在热带地区离赤道平均 3～5 个纬度外的海面（如西北太平洋，北大西洋，印度洋）上形成，其移动主要受到科氏力及其他大尺度天气系统所影响，最终在海上消散，或者变性为温带气旋，或在登陆陆地后消散。登陆陆地的热带气旋会带来严重的财产和人员伤亡，是自然灾害的一种。不过热带气旋也是大气循环其中一个组成部分，能够将热能及地球自转的角动量由赤道地区带往较高纬度；另外，也可为长时间干旱的沿海地区带来丰沛的雨水

热带气旋的最大特点是它的能量来自水蒸气冷却凝固时放出的潜热。热带气旋的气流受地转偏向力的影响而围绕着中心旋转。

目前，对热带气旋分级还不统一，不同的国家或组织制定了不同的分类标准。

（1）世界气象组织（WMO）标准（采用 10min 平均风速）：①热带低气压 22～33 节；②热带风暴 34～47 节；③强烈热带风暴 48～63 节；④台风＞63 节。

（2）中国气象局（CMA）（采用 2min 平均风速）：

① 热带低压，底层中心附近最大平均风速 10.8～17.1m/s，即风力为 6～7 级；

② 热带风暴，底层中心附近最大平均风速 17.2～24.4m/s，即风力 8～9 级；

③ 强热带风暴，底层中心附近最大平均风速 24.5～32.6m/s，即风力 10～11 级；

④ 台风，底层中心附近最大平均风速 32.7～41.4m/s，即 12～13 级；

⑤ 强台风，底层中心附近最大平均风速 41.5～50.9m/s，即 14～15 级；

⑥ 超强台风，底层中心附近最大平均风速≥51.0m/s，即 16 级或以上。

4.1.2　龙卷风

龙卷风是在极不稳定天气下由空气强烈对流运动而产生的一种伴随着高速旋转的漏斗

状云柱的强风涡旋。其中心附近风速可达 $100\sim200m/s$，最大 $300m/s$，比台风（产生于海上）近中心最大风速大好几倍。

龙卷风外貌奇特，它上部是一块乌黑或浓灰的积雨云，下部是下垂着的形如大象鼻子的漏斗状云柱，在发展的后期因上下层风速相差较大可成倾斜状或弯曲状。其下部直径最小的只有几米，一般为数百米，最大可达千米以上，上部直径一般为数千米，最大可达 $10km$。

风速一般 $50\sim100m/s$，有时可达 $300m/s$。由于龙卷风内部空气极为稀薄，导致温度急剧降低，促使水汽迅速凝结，这也是形成漏斗云柱的重要原因。

由雷暴云底伸展至地面的漏斗状云（龙卷）产生的强烈的旋风，其风力可达 12 级以上，最大可达 $100m/s$ 以上，一般伴有雷雨，有时也伴有冰雹。

龙卷风的尺度很小，空气绕龙卷的轴快速旋转，受龙卷中心气压极度减小的吸引，近地面几十米厚的一薄层空气内，气流被从四面八方吸入涡旋的底部，并随即变为绕轴心向上的涡流。龙卷中的风总是气旋性的，其中心的气压可以比周围气压低 10%，一般可低至 $400hPa$，最低可达 $200hPa$。在陆地上，能把大树连根拔起来，毁坏各种建筑物和农作物，甚至把人畜一并升起；在海洋上，龙卷风强大的吸吮作用可把海（湖）水吸离海（湖）面，可以把海水吸到空中，形成水柱，然后同云相接，俗称"龙取水"，如图 4-1-1 所示。

图 4-1-1　海上龙卷风形成的"龙吸水"

1. 成因及特点

龙卷风这种自然现象是云层中雷暴的产物。具体地说，龙卷风就是雷暴巨大能量中的一小部分在很小的区域内集中释放的一种形式。龙卷风的形成可以分为四个阶段：

（1）大气的不稳定性产生强烈的上升气流，由于急流中的最大过境气流的影响，它被进一步加强。

（2）由于与在垂直方向上速度和方向均有切变的风相互作用，上升气流在对流层的中部开始旋转，形成中尺度气旋。

（3）随着中尺度气旋向地面发展和向上伸展，它本身变细并增强。同时，一个小面积的增强辅合，即初生的龙卷在气旋内部形成，产生气旋的同样过程，形成龙卷核心。

（4）龙卷核心中的旋转与气旋中的不同，它的强度足以使龙卷一直伸展到地面。当发展的涡旋到达地面高度时，地面气压急剧下降，地面风速急剧上升，形成龙卷。

龙卷风具有两个明显特征：

（1）影响范围小但破坏力强。龙卷风是大气中最强烈的涡旋现象，影响范围虽小，但破坏力极大。它往往使成片庄稼、成万株果木瞬间被毁，令交通中断，房屋倒塌，人畜生命遭受损失。龙卷风的水平范围很小，直径从几米到几百米，平均为 $250m$ 左右，最大为 $1km$ 左右。在空中直径可有几千米，最大有 $10km$。极大风速可达 $150\sim450km/h$，龙卷风持续时间，一般仅几分钟，最长不过几十分钟，但造成的灾害很严重。

（2）季节性。龙卷风常发生于夏季的雷雨天气时，尤以下午至傍晚最为多见。

2. 类型

（1）多旋涡龙卷风指带有两股以上围绕同一个中心旋转的旋涡的龙卷风。多旋涡结构经常出现在剧烈的龙卷风上，并且这些小旋涡在主龙卷风经过的地区上往往会造成更大的破坏。

（2）水龙卷（或称海龙卷 waterspout）。可以简单地定义为水上的龙卷风，通常意思是在水上的非超级单体龙卷风。世界各地的海洋和湖泊等都可能出现水龙卷。在美国，水龙卷通常发生在美国东南部海岸，尤其在佛罗里达南部和墨西哥湾。水龙卷虽在定义上是龙卷风的一种，不过其破坏性要比最强大的大草原龙卷风小，但是它们仍然是相当危险的。水龙卷能吹翻小船，毁坏船只，当吹袭陆地时就有更大的破坏，并夺去生命。当水龙卷很可能产生或在海岸水域上已经看得见的时候，美国国家气象局经常发出特殊的海上警告，或者当水龙卷会向陆地移动时发出龙卷风警告。

（3）陆龙卷（landspout），用以描述一种和中尺度气旋没有关联的龙卷风。陆龙卷和水龙卷有一些相同的特点，例如，强度相对较弱、持续时间短、冷凝形成的漏斗云较小且经常不接触地面等。虽然强度相对较弱，但陆龙卷依然会带来强风和严重破坏。

（4）火龙卷，非常罕见的龙卷风形态，由陆龙卷与火焰的结合。

2010 年 8 月 24 日，巴西圣保罗市一处火点刮起了龙卷风，形成了罕见的火焰龙卷风景观。龙卷风夹起火焰高达数米，像一条巨大的火龙旋转前进。"火龙"在燃烧的田野上飞舞数米高，阻断了一条公路。为了熄灭这条"火龙"，当地出动了直升机，出现"火龙风"的地区已经有 3 个月没有下雨，异常干旱的天气和强劲的风势助长了此处的火势。

3. 分级

龙卷风的分级是由藤田级数划分，由芝加哥大学的美籍日裔气象学家藤田哲也于1971 年所提出。共分为 6 级，见表 4-1-2。

龙卷风分级　　　　　　　　　　　　　　　　　　表 4-1-2

等级	风速(m/s)	出现几率	灾害状况	危　害
F0	<32	29%	程度轻微	烟囱，树枝折断，根系浅的树木倾斜，路标损坏等
F1	33~49	40%	程度中等	房顶被掀走，可移动式车房被掀翻，行驶中的汽车刮出路面等
F2	50~69	24%	程度较大	木板房的房顶墙壁被吹跑，可移动式车房被破坏，货车脱轨或掀翻，大树拦腰折断或整棵吹倒。轻的物体刮起来后像导弹一般，汽车翻滚
F3	70~92	6%	程度严重	较结实的房屋的房顶墙壁刮跑，列车脱轨或掀翻，森林中大半的树木连根拔起。重型汽车刮离地面或刮跑
F4	93~116	2%	破坏性灾害	结实的房屋如果地基不十分坚固将刮出一定距离，汽车像导弹一般刮飞
F5	117~141	<1%	毁灭性灾难	坚固的建筑物也能刮起，大型汽车如导弹喷射般掀出超过百米。树木刮飞。是让人难以想象的大灾难

4.1.3　台风（飓风）

台风（或飓风）只是因为发生的地域不同，才有了不同的名称。生成于西北太平洋和我国南部的强烈热带气旋被称为"台风"；生成于大西洋、加勒比海以及北太平洋东部的则称"飓风"；而生成于印度洋、阿拉伯海、孟加拉湾的则称为"旋风"。在亚洲东部的中国和日本，叫做台风；菲宾律叫它碧瑶风；北美洲叫做飓风；印度半岛叫它热带气旋。我国规定台风中心附近地面最大风力为 8～11 级时称台风或热带风暴，12 级以上时称为强台风或强热带风暴。但是，不管何种称呼，本质上都是风暴，这是不容置疑的。

台风（Typhoon）或飓风（Hurricane）都是指风速达到 32.7m/s 以上的热带气旋（热带风暴），实际上是海面上形成的一股强大的空气旋涡。它一面旋转，一面迅速移动，是一种破坏力极强的自然现象。

1. 台风分类

台风按照强度不同可以分为五级：

1 级台风：风速在 119～153km/h 之间，例如，2011 年 8 月 27 日袭击美国东海岸的"艾琳"飓风，登陆时强度减弱为 1 级飓风；

2 级台风：风速在 154～177km/h 之间；

3 级台风：风速在 178～209km/h 之间；

4 级台风：风速在 210～249km/h 之间，如 2005 年 8 月 25 日袭击美国佛罗里达州的"卡特里娜"飓风强度达到 4 级；

5 级台风：风速大于 249km/h。

2. 台风形成条件及过程

其产生必须具备特有的条件：一是要有广阔的高温、高湿的大气，热带洋面上的底层大气的温度和湿度主要决定于海面水温，台风只能形成于海温高于 26～27℃ 的暖洋面上，而且在 60m 深度内的海水水温都要高于 26～27℃；二是要有低层大气向中心辐合、高层向外扩散的初始扰动，而且高层辐散必须超过低层辐合，才能维持足够的上升气流，低层扰动才能不断加强；三是垂直方向风速不能相差太大，上下层空气相对运动很小，才能使初始扰动中水汽凝结所释放的潜热能集中保存在台风眼区的空气柱中，形成并加强台风暖中心结构；四是要有足够大的地转偏向力作用，地球自转作用有利于气旋性涡旋的生成，地转偏向力在赤道附近接近于零，向南北两极逐渐增大，台风发生在大约离赤道 5 个纬度以上的洋面上。

台风的形成过程是：在低纬度地带高温、高湿洋面的低空，有一个很弱的热带气旋性涡旋产生，在合适的环境下，因摩擦作用产生的辐合气流把低层大量暖湿空气带到涡旋内部，并产生上升和对流运动，释放潜热以加热涡旋中心上层的空气柱，形成暖心。由于涡旋中心空气柱增暖变轻，空气浮力增大，产生向上加速度，使涡旋中心地面气压下降，低压环流得到加强。而低压的增强，又反过来使低空暖湿空气向内辐合加强，更多的水汽向中心汇集，对流更旺盛，中心变得更暖，涡旋中心的地面气压更为下降，产生很强的气压梯度，绕中心旋转的空气速度也加大了。如此循环，直到发展为台风。台风的发展，一般可分为扰动、增暖、加深和成熟四个阶段。台风有产生也必然会消亡，当台风在热带海区生成后，移动到亚热带和温带地区，有冷空气进入台风内，则台风要减弱，甚至转变为温带气旋；或者台风在大陆登陆后，由于台风运动所依赖的能源（水汽）供应已切断及受地形摩擦等影响，逐渐消亡。

台风的形成具有一定条件。因此，它的发源也在特定的地区。台风是热带洋面上的"特产"。在经度 90～140°E 及 40～105°W、纬度 5～10° 的热带海洋特别有利于台风产生。全球每年发生 80～100 次台风。

影响中国的台风，大多发生在西北太平洋，这里发生的台风占全球台风的 1/3，其发源地有：菲律宾以东海面、加罗林群岛附近海面和南海。

3. 台风结构

台风的范围很大，它的直径常从几百千米到上千千米，垂直厚度为十余千米，垂直与水平范围之比约 1∶50。

台风在水平方向上一般可分为台风外围、台风本体和台风中心三部分（图 4-1-2）。台

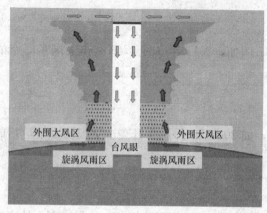

风外围是螺旋云带，直径通常为 400～600km，有时可达 800～1000km；台风本体是旋涡区，也叫云墙区，它由一些高大的对流云组成，其直径一般为 200km，有时可达 400km；台风中心是台风眼区，其直径一般为 10～60km，大的超过 100km，小的不到 10km，绝大多数呈圆形，也有椭圆形或不规则的。

台风在垂直方向上分为流入层、中间层和流出层三部分。从海面到 3km 高度为流入层，3～8km 高度左右为中间层，从 8km 高度左右到台风顶是流出层。在

图 4-1-2　台风结构示意图

流入层，四周的空气作逆时针（在北半球）方向向内流入，愈近中心风速愈大，把大量水汽自台风外输入台风内部；中间层气流主要是围绕中心运动，底层流入现象到达云墙区基本停止，尔后气流环绕眼壁作螺旋式上升运动；中间层上升气流到达流出层时便向外扩散，流出的空气一部分与四周空气混合后下沉到底层，一部分在眼区下沉，组成了台风的垂直环流区。台风气温愈到中心愈高，气压愈到中心愈低。

因为地球自转的关系，在北半球的台风，其近地面的风，以台风眼为中心作逆时针方向转动，在南半球作顺时针方向转动。

另外，由于台风前进方向右侧多与副热带高压相邻，等压线密集，气压梯度大。同时多数台风从低纬度移向高纬度，台风右半圆内，风向与台风整体移动的方向基本一致，因此，通常在台风右半圆内风大浪高，而左半圆风力较弱浪较低。所以，台风前进方向的右半圆又称"危险半圆"，而左半圆又称"可航半圆"。

4. 台风的命名

每次台风都有一个名称，这个名称是根据世界气象组织中的台风委员会确定的"西北太平洋和南海热带气旋命名表"上的名称依次循环使用的。台风委员会的成员大部分来自受台风影响的国家及地区。1998 年底召开的第 31 届台风委员会通过的西北太平洋和南海热带气旋命名表中共有 140 个名字，分别由柬埔寨、中国、朝鲜、中国香港、中国澳门、日本等 14 个成员提供，每个成员提供 10 名字。这 140 个名字分成 10 组，每组 14 个名字，每个成员提供 1 个名字，按每个成员的字母顺序依次排列。命名表自 2000 年 1 月 1日起按顺序循环使用。具体而言，每个名字不超过 9 个字母、容易发音、在各成员语言中没有不好的意义、不会给各成员带来任何困难、不是商业机构的名字、选取的名字应得到全体成员的认可，如有任何一成员反对，这个名称就不能用作台风命名。目前，我国为台

风委员会命名表提供了 10 个名字，分别是：龙王、悟空、玉兔、海燕、风神、海神、杜鹃、电母、海马、海棠。

根据台风委员会命名规则，如果某个台风给台风委员会成员造成了特别严重的损失，该成员可申请将该台风使用的名字从命名表中删去，即将该台风使用的名字永远命名给该台风，其他台风不再使用该名字。这样的话，就要重新起一个名字加入命名表。自 2000 年 1 月 1 日台风委员会热带气旋命名系统生效后，台风委员会热带气旋命名表经过了 4 次更新。主要是一些成员，也包括非台风委员会成员对个别台风名字提出了修改意见，台风委员会经过讨论，对这些名字进行了调整。另外，一些成员申请对某些台风名字永久命名（表 4-1-3）。由我国代表提出并获批准永久命名的台风有 3 个：云娜、麦莎、龙王。

被永久命名的台风　　　　表 4-1-3

时间	台风名称	发生地区	造成损失
2006	台风"珍珠"	菲律宾、中国东南部、台湾	104 人死亡以及 12 亿美元的损失
2006	热带风暴"碧利斯"	菲律宾、台湾、中国东南部	672 人死亡以及 44 亿美元的损失
2006	台风"桑美"	马利安那群岛、菲律宾、中国东南沿海以及台湾省	458 人死亡以及 25 亿美元的经济损失
2006	台风"象神"	菲律宾、海南、越南、柬埔寨、泰国	279 人死亡以及 7.47 亿美元的经济损失
2006	台风"榴莲"	菲律宾、越南、泰国	819 人死亡，经济损失无法估计
2005	台风"麦莎"	我国华东地区	40 万人被撤离，直接经济损失达 77 亿元
2005	台风"彩蝶"	日本	21 人死亡
2005	台风"龙王"	台湾、福建、广东、江西等	大风大雨，并造成一定人员伤亡
2004	台风"苏特"	密克罗尼西亚联邦、关岛、北马里亚纳群岛、帕劳、中国台湾、日本等	带来一定自然灾害和经济损失
2004	台风"婷婷"	日本南鸟岛	4 人死亡，多人受伤
2004	台风"云娜"	中国东南沿海	164 人死亡，24 人失踪，直接经济损失达 181.28 亿元
2003	台风"欣欣"	密克罗尼西亚联邦	
2003	台风"伊布都"	菲律宾、我国华南地区	仅在中国广西就造成 12 人死亡，损失超过 5 亿元
2003	台风"鸣蝉"	韩国	150 多人丧生，损失无法计算
2002	台风"查特安"	日本关东平原	造成多人丧生和严重的财产损失
2002	台风"鹿莎"	韩国西部	210 人死亡或失踪，3100 亿韩元直接经济损失
2002	台风"凤仙"	关岛	大量人员伤亡、财产损失
2001	热带风暴"画眉"	在北纬 1.5 度形成，距离赤道仅 156 公里	最靠近赤道而被永久命名

4.1.4 焚风

焚风是出现在山脉背面，由山地引发的一种局部范围内的空气运动形式——过山气流在背风坡下沉而变得干热的一种地方性风。焚风往往以阵风形式出现，从山上沿山坡向下吹。

焚风这个名称来自拉丁语中的 favonius（温暖的西风），最早主要用来指越过阿尔卑斯山后在德国、奥地利谷地变得干热的气流。在世界各地山脉几乎都有类似的风，对类似的现象还有类似的地区性的称呼，比如在我国的四川泸州地区称这样的风为火风，智利的安第斯山脉这样的焚风被称为帕尔希风（Puelche），在阿根廷同样的焚风被称为 Zonda，美国落基山脉东侧的焚风叫钦诺克风（Chinook），在加利福尼亚州南部被称为圣安娜风（Santa Ana），在墨西哥被称为仓裘风（Chanduy）。此外在其他许多地区还有许多不同的称呼。

1. 焚风成因

焚风是山区特有的天气现象。它是由于气流越过高山后下沉造成的。当一团空气从高空下沉到地面时，每下降 1000m，温度平均升高 6.5℃。这就是说，当空气从海拔 4000～5000m 的高山下降至地面时，温度会升高 20℃ 以上，使凉爽的气候顿时热起来，这就是"焚风"产生的原因（图 4-1-3）。

图 4-1-3　焚风效应

2. 焚风危害

"焚风"在世界很多山区都能见到，但以欧洲的阿尔卑斯山，美洲的落基山，前苏联的高加索最为有名。阿尔卑斯山脉在刮焚风的日子里，白天温度可突然升高 20℃ 以上，初春的天气会变得像盛夏一样，不仅热，而且十分干燥，经常发生火灾。强烈的焚风吹起来，能使树木的叶片焦枯，土地龟裂，造成严重旱灾。在中国，焚风地区也到处可见，但不如上述地区明显。如天山南北、秦岭脚下、川南丘陵、金沙江河谷、大小兴安岭、太行山下、皖南山区都能见到其踪迹。

焚风的害处很多。它常常使果木和农作物干枯，降低产量，使森林和村镇的火灾蔓延并造成损失。19 世纪，阿尔卑斯山北坡几场著名的大火灾，都是发生在焚风盛行时期的。焚风在高山地区可大量融雪，造成上游河谷洪水泛滥；有时能引起雪崩。如果地形适宜，强劲的焚风又可造成局部风灾，刮走山间农舍屋顶，吹倒庄稼，拔起树木，也易引起森林火灾、干旱等自然灾害，甚至使湖泊水面上的船只发生事故。

此外，焚风天气出现时，许多人会出现不适症状，如疲倦、抑郁、头痛、脾气暴躁、心悸和浮肿等。医学气象学家认为，这是由焚风的干热特性以及大气电特性的变化对人体影响引起的。

4.1.5　风灾危害

风对人类的生活具有很大影响，它可以用来发电，帮助致冷和传授植物花粉。但是，当风速和风力超过一定限度时，它也可以给人类带来巨大灾害。一般情况下，平均风力达到 6 级以上，瞬时风力达 8 级或以上的大风，对生活、生产会产生较严重的影响，引起风灾害的主要的风类型有：热带气旋、台风、风暴潮、雷暴大风、龙卷风等。其中台风（飓风）和龙卷风的破坏作用最为常见，这是因为台风、龙卷风对土木工程结构施加的荷载比结构设计中通常假设的风荷载要高出数倍，对人类生命及财产造成巨大危险。国内外统计资料表明，在所有自然灾害中，风灾造成的损失为各种灾害之首。例如1999年，全球发生严重自然灾害共造成800亿美元的经济损失，其中，在被保险的损失中，飓风造成的损失占70%。

1. 大风灾害分类

风造成的灾害通常包括直接灾害与次生灾害两种。

（1）直接灾害，即因大风而直接造成的灾害。如毁坏建筑物和农作物，卷走人员、车辆、牲畜，折损电线杆致使断电，倾侧行船等。

（2）次生灾害，即因风而造成的间接灾害。由于风灾造成农作物绝收导致饥荒，病虫害等。

2. 龙卷风灾害

美国是龙卷风灾害最频繁的国家之一，世界有一半的龙卷风发生在美国。

美国国家海洋和大气管理局的统计数据显示，2011年4～5月间，美国南部和中西部地区发生了数百场龙卷风，其频率之高、强度之大及造成的人员伤亡均为数十年罕见。4月的最后一周，美国南部地区共经历了362场龙卷风，其中4月27日8时至28日8时，龙卷风数量达到创纪录的312场，24小时龙卷风数量创下历史新纪录。如2011年4月27日，美国南部地区7个州遭到龙卷风与强风暴袭击。这次美国几十年来最严重的龙卷风灾害，死亡人数至少350人，同时造成大量房屋破坏（图4-1-4）。

图 4-1-4 龙卷风过后的村镇

3. 全球及我国台风灾害

台风是一种破坏力很强的灾害性天气系统，但有时也能起到消除干旱的有益作用。其危害性主要有三个方面：

① 大风。台风中心附近最大风力一般为8级以上。

② 暴雨。台风是最强的暴雨天气系统之一，在台风经过的地区，一般能产生150～300mm降雨，少数台风能产生1000mm以上的特大暴雨。1975年第3号台风在淮河上游产生的特大暴雨，创造了中国大陆地区暴雨极值，形成了河南"75.8"大洪水。

③ 风暴潮。一般台风能使沿岸海水产生增水，江苏省沿海最大增水可达3m。"9608"

和"9711"号台风增水，使江苏省沿江沿海出现超历史的高潮位。

台风由于挟有狂风和暴雨，可能直接造成严重灾害，风速愈大，所产生的压力亦愈大，台风所挟狂风之强大压力可以吹倒房屋、拔起大树、飞沙走石、伤害人畜等。降雨过急，相关排水系统排水不及，将造成山洪暴发，河水高涨，致低洼地区淹水、房屋、道路、桥梁遭冲毁等。以上都是由于台风的风和雨直接造成灾害的现象，同时，因风雨的结果，也可以间接引起诸多灾害，如洪灾和海啸，对人民生命财产造成重大损失（图 4-1-5）。

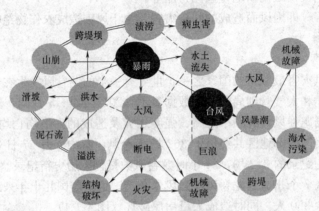

图 4-1-5　台风引起的灾害链

（1）全球台风灾害

随着全球经济发展，台风或飓风灾害呈逐渐增大的趋势。表 4-1-4 列出了全球 20 世纪以来主要台风（飓风）灾害情况。

全球特大台风（飓风）灾害　　　　　　　　　　　　　　　　　　表 4-1-4

时间	风灾类型	地　点	受 灾 情 况
2008	台风"黑格比"	菲律宾、华南、越南	死亡 127 人
2007	超级气旋"锡德"	孟加拉国沿岸	800 多万人受灾，4000 多人死亡或失踪，损失 23 亿多美元
2006	台风"桑美"	马利安那群岛、菲律宾、中国东南沿海以及台湾省	死亡 458 人，25 亿美元的经济损失
2006	热带风暴"碧利斯"	菲律宾、台湾、中国东南部	死亡 672 人，44 亿美元的损失
2005	热带风暴"斯坦"	墨西哥南部、危地马拉、萨尔瓦多、尼加拉瓜和洪都拉斯	死亡 2000 人
2005	热带风暴"纳尔吉斯"	缅甸	84537 人死亡，53836 人失踪，19359 人受伤。受灾人口为 735 万，经济损失 40 多亿美元
2005	飓风"卡特里娜"	美国南部沿海地区	1300 多人死亡，100 多万人无家可归，上千亿美元的财产损失
2004	热带风暴"珍妮"	海地	3000 多人死亡
1998	飓风"米奇"	中美洲	9000 多人死亡
1992	飓风	美国佛罗里达	经济损失 300 亿美元
1991	热带风暴	孟加拉国	约 13.8 万人死亡

时间	风灾类型	地 点	受 灾 情 况
1991	热带风暴	菲律宾	死亡 6000 多人
1988	吉尔伯特飓风	加勒比海地区	损失约 80 多亿美元,死亡逾千人
1970	飓风"波罗"	孟加拉	造成 30 万人死亡
1963	飓风	加勒比海	5000 人死亡,10 万人无家可归
1959	台风	日本名古屋	2000 人失踪,20 亿美元经济损失
1918	台风	日本东京	死亡 13.9 万人,20 万间房屋倒塌

(2) 中国台风灾害

我国地处亚洲大陆东南部、太平洋西岸,大陆海岸线长 18000 多公里,特殊的地理位置决定了我国台风灾害频繁而严重。我国台风灾害主要特点:

① 登陆频繁。西北太平洋平均每年生成热带气旋 27 个,有 7 个登陆我国,最多年份高达 12 个。每年 4～12 月都有热带气旋登陆,7～9 月登陆最多。

② 影响范围广。我国台风登陆直接影响范围北起辽宁,南至两广和海南的广大沿海地区。台风深入内陆后引发的暴雨洪水影响范围更大,可影响我国内陆的大部分地区,往往造成流域性洪水或严重的局部暴雨洪涝灾害。

③ 破坏力强。台风往往伴有狂风、暴雨,引发巨浪和严重的风暴潮。台风巨大的破坏力对海上船只、水产养殖和海上作业人员以及沿海建筑物构成严重威胁,往往造成船只沉没、设施损毁、人员伤亡。其次是暴潮、巨浪对沿海水利、电力、交通等基础设施威胁很大,特别是海堤工程一旦损毁,将严重影响沿海地区群众生命安全。此外,台风带来的大范围强降雨往往引发严重的洪涝灾害,甚至造成水库垮坝、堤防决口等重大事件。

④ 灾害严重。据统计,1949～2007 年登陆我国的热带气旋共有 406 个,共造成 35938 人死亡,平均每年死亡 609 人。台风造成的直接经济损失 20 世纪 90 年代年均 100 亿元。统计表见表 4-1-5。

中国 20 世纪以来特大台风灾害 表 4-1-5

时间	风灾类型	地点	受 灾 情 况
2009	台湾	台风"莫拉克"	461 死 192 人失踪(台湾),6 死 3 失踪(大陆)46 人受伤,经济损失至少 34 亿美元
2008	台湾	台风"森垃克"	4 人死亡、7 人失踪、17 人受伤,台湾至少四条桥梁断裂
2008	台湾、安徽、江苏	台风"凤凰"	至少 13 人死亡
2008	广东、湖南、江西	台风"风神"	至少 30 人死亡
2008	华南	台风"浣熊"	6 人死亡以及 40 人失踪,经济损失巨大
2006	浙江	台风"桑美"	灾人口达 213.3 万人,损坏房屋 78554 间,数百人死亡,失踪 11 人,直接经济损失 45.2 亿元
2005	台湾、福建、广东、江西	台风"龙王"	死亡 66 人,损失 1.5 亿美元
2004	东南沿海	台风"云娜"	164 人死亡,24 人失踪,直接经济损失达 181.28 亿元
2003	华南	台风"杜鹃"	造成 38 人死亡,损失达 20 亿元
2001	台湾海峡、福建	台风"飞燕"	死亡 122 人
2000	东南沿海	台风	1100 多栋房屋被毁

续表

时间	风灾类型	地点	受 灾 情 况
1999	香港、广东	台风"约克"	17 人死亡,1200 多人受伤,香港直接经济损失约 10 亿港元
1997	浙江	11 号热带风暴	直接经济损失大约 186 亿元
1994	浙江	台风	40 个县受灾,受灾人口 1392.9 万,直接损失 177.6 亿元
1991	汕头	台风	39 个县市受灾,倒塌房屋 6 万多间,损坏房屋 33 万多间,倒塌茅舍 8 万多间,死亡 101 人,伤 5000 多人
1991	海南岛	台风	受灾 50 万人,死亡 32 人,直接损失 6.3 亿元
1975	河南	7503 号台风	9 万人死亡,7 个县被淹
1937	香港	台风	死亡 1.1 万人,数十万人受伤
1922	汕头	台风	7 万人死亡
1906	香港	台风	1 万人死亡,经济损失 2000 万美元

4. 风灾对建筑物的破坏作用

（1）风灾对建筑物的破坏

① 对多层建筑的破坏

1926 年的一次大风使得美国一座叫 Meyer-Kiser 的十多层大楼的钢框架发生塑性变形,造成围护结构严重破坏,大楼在风暴中严重摇晃。

② 对高层建筑的破坏

随着城市发展,高层建筑越来越多,一般来说,在正常的风压状态下,若距地面高度为 10m 处风速为 5m/s,那么在 90m 的高空,风速可达到 15m/s。若高达 300～400m,风力将更大,当风速达到 30m/s 以上时,摩天大楼会产生晃动,人就会感到不舒服。当电梯高速运行的同时,如果大楼的晃动超过 6 英寸,电梯的钢缆就会因时紧时松的受力不均受到伤害,并造成危险。楼高招风,台风强烈时,高楼顶部会出现摆动,横向摆动幅度最大可达 1m 左右（图 4-1-6）。

③ 对简易房屋、轻屋盖房屋、大跨度屋顶的破坏

2008 年 12 月 21 日,北京邮电大学体育馆屋顶银白色的金属"外衣"被吹散后挂在房顶,淡黄色的石棉层清晰可见（图 4-1-7）。

④ 对外墙饰面、门窗玻璃和玻璃幕墙的破坏

台风季节建筑物、结构物、幕墙玻璃及覆盖物等被风吹毁的事例,在沿海城市屡见不鲜。如 1999 年 9 月 16 日,9915 号台风"约克"损坏的香港湾仔数幢办公楼玻璃幕墙,其中政府税务大楼和入境事务大楼及湾仔政府大楼共有 400 多块幕墙玻璃被吹落,玻璃碎片被吹到一公里外,造成室内大量文件被风吸走（图 4-1-8）。

（2）风灾对交通工程及交通运输的危害

大风对大跨度桥梁造成很大影响,据统计,在 1818～1940 年间,至少有 11 座悬索桥毁于暴风。1940 年,美国西海岸华盛顿州建成了中央跨径为 853m,居当时世界第三位的塔科马悬索桥（Tacoma Bridge）,其设计风速为 60m/s。然而四个月后,却在未达其设计风速一半（19m/s）的风速袭击下,产生强烈扭曲振动而遭破坏（图 4-1-9）。

图 4-1-6 台风造成的高层建筑破坏

图 4-1-7 北京邮电大学体育馆屋顶风灾破坏

图 4-1-8 大风破坏的玻璃幕墙

图 4-1-9 塔科马悬索桥因风垮塌

近年来，大风对交通运输产生很大影响，危及到铁路、公路运输安全，甚至导致列车颠覆。

2007年2月28日2时05分，从乌鲁木齐市开往新疆南部城市阿克苏的5807次旅客列车，因大风造成脱轨侧翻，11节车厢被大风刮翻，造成3人死亡，2人重伤，32人轻伤，南疆线被迫中断9个小时。据测风仪记录，此次列车遭遇大风导致脱轨时瞬间风力达到13级，如图4-1-10所示。

（3）风灾对体育场馆、会展中心的破坏

体育场馆、会展中心等大跨结构也常遭受风灾，其屋盖常在下部强大的压力和屋盖上部的吸力的共同作用下而损坏。例如2002年8月31日，受0215号强台风"鹿莎"的袭

图 4-1-10　大风造成的 5807 次列车脱轨

击，即将举行亚运会的韩国釜山市有四座体育场馆遭到不同程度的破坏，其中亚运会体育棚顶被掀。2004 年，河南省体育中心在 8～9 级风作用下严重受损（图 4-1-11）。

（4）风灾对高耸结构的破坏

风灾高耸结构主要涉及桅杆和电视塔，其中桅杆的结构刚度小，属于高耸且高柔结构，桅杆结构在风荷载作用下，容易产生较大幅度的振动，从而容易导致其疲劳或强度破坏。近年来国内外桅杆疲劳破坏的例子屡见不鲜，1988 年，美国 Missouri 的一座高 610m 的电视桅杆受阵风倒塌，造成 3 人死亡。1991 年，645m 高的波兰华沙无线电天线杆被大风吹到。

（5）风灾对冷却塔的破坏

1965 年 11 月 1 日，一场 18～20m/s 的大风，把英国渡桥（Fenybridge）热电厂 8 个高 116m、直径 93m 冷却塔中的 3 个摧毁（图 4-1-12）。

图 4-1-11　大风导致的河南体育中心屋顶破坏　　　图 4-1-12　风灾破坏的英国冷却塔

（6）风灾对输电系统等生命线工程的破坏

表 4-1-6 所示为近年来风致输电塔倒塌的部分资料。

近年来我国风致输电塔倒塌的部分统计结果

表 4-1-6

时间	地点	风类	输电塔分类				累计基数
			500kV	330kV	220kV	110kV	
2005.10.2	台湾	台风龙王					1
2005.9.1	福建温州	台风泰利				1	1
2005.8.12	福建泉州	台风珊瑚				1	1
2005.8.6	江苏无锡	台风麦莎			2		2
2005.7.19	湖北武汉	龙卷风				2	2
2005.7.16	湖北黄冈	龙卷风			3	19	22
2005.7.15	内蒙古扎兰屯市	龙卷风				线路一条	
2005.6.14	江苏泗阳	飑线风	10			7	17
2005.5.26	青海贵德县	狂风		3			3
2005.4.20	江苏盱眙	龙卷风	8		3		11
2003.9.2	福建泉州	台风杜鹃			1		1
2003.9.1	台湾	台风杜鹃					2
2003.4.12	广东河源	龙卷风	供电系统遭到重创,205 座高压输电线杆塔、440 条线杆被折断或者刮倒				
2000.7.21	吉林省	飑线风	10				
1998.8.22	江苏扬州	飑线风	4				4
1992,1993	湖北		7				7
1989.8.13	江苏镇江	飑线风	4				4
累计			43	3	9	大于 30	大于 78

（7）风灾对广告牌、标语牌等的破坏

由于目前广告牌、标语等设施风荷载设计不足，因风导致的此类设施倒塌的事例非常多，同时造成人身伤亡和较大的财产损失。2010 年 7 月 16 日晚 19 时 50 分，今年第 2 号台风"康森"在三亚市亚龙湾登陆，正面袭击了三亚，登陆时风力 12 级，在这次台风中，东线高速陵水至三亚段的广告牌基本"全军覆没"，造成 1 人死亡和巨大财产损失（图 4-1-13）。

（8）风灾对港口设施的破坏

台风对港口设施的破坏严重，造成巨大损失。如 2002 年 8 月 31 日，0215 号强台风"鹿莎"席卷韩国全境，使釜山港遭受重创，大量吊机等设备受损，海运受到严重影响（图 4-1-14）。

图 4-1-13　大风致广告牌倒塌

（9）对海洋工程结构的破坏

2005 年秋季墨西哥湾的"卡特里娜"和"丽塔"两个飓风毁坏了 113 座石油钻井平台，损坏了 457 条油气管道，壳牌公司 Mars 钻井平台上铁架被"卡特里娜"飓风搅成了一堆面条似的，Mars 钻井平台上重 100t 的钻架被抛到了 900 多米深的水下，并毁坏了海床上的管道（图 4-1-15）。

图 4-1-14　台风引起港口吊机破坏　　　　图 4-1-15　台风毁坏钻井平台

4.2　结构防风设计

当风以一定速度吹向建筑物时，建筑物将对其产生阻塞和扰动作用，从而改变该建筑物周围风的流动特性。反过来，风的这种流动特性改变引起的空气动力效应将对结构产生作用。风对结构的作用分为静力作用和动力作用。

风对结构的静力作用是一个随机过程，运用随机过程与随机振动理论，考虑各种因素的影响（如地面粗糙度、结构体型、地理位置、地形条件、高度、温度）确定风速，由风速确定风压，抗风设计中，再由风压确定风荷载。在一般设计中，要将风荷载与其他荷载进行组合设计，通过提高承重结构自身刚度、强度满足抗风设计的要求。

由于自然风的紊流特性，风对结构不仅有静力作用，对于高层建筑、高耸结构、大跨桥梁结构等，其动力作用往往起决定性作用，这就引起了风致振动问题。许多工程结构的破坏倒塌都是由风致振动引起的。风致振动会产生惯性力（不舒适感），往往引起结构或构件的疲劳破坏。其不能完全避免，但要满足限制要求。要控制风振，就要研究风振响应（包括顺风向响应、横风向响应、扭转响应）的机理问题，从而合理地进行控制设计，提高结构的安全性和适用性。

4.2.1　建筑结构抗风设计

风荷载是高层建筑主要侧向荷载之一。确定高层建筑风荷载的方法有两种，大多数建筑（高度 300m 以下）可按照荷载规范规定的方法计算风荷载值，少数建筑（高度大、对风荷载敏感或有特殊情况者）还要通过风洞试验确定风荷载，以补规范的不足。

1. 风荷载

风荷载的大小与基本风压、风压高度变化系数、风荷载体型系数和风振系数有关。

《建筑结构荷载规范》GB 50009—2001 规定，垂直于建筑物表面上的风荷载标准值，应按下述公式计算：

(1) 当计算主要承重结构时

$$w_k = \beta_z \mu_s \mu_z w_0 \tag{4-2-1}$$

(2) 当计算围护结构时

$$w_k = \beta_{gz} \mu_s \mu_z w_0 \tag{4-2-2}$$

式中　w_k——风荷载标准值（kN/m^2）；

μ_s——风荷载体型系数；

μ_z——风压高度变化系数；

w_0——基本风压（kN/m^2）；

β_z——主要承重结构 z 高度处的风振系数；

β_{gz}——围护结构 z 高度处的风振系数。

2. 基本风压 w_0

由流体力学中的伯努利方程可知风压 w 与风速 v 关系：

$$w = \frac{1}{2}\rho v^2 = \frac{1}{2}\frac{\gamma}{g}v^2 \tag{4-2-3}$$

式中　ρ、γ——分别为空气的密度（kg/m^3）和重力密度（kN/m^3）。

基本风压定义，当地空旷平坦地面上 10m 高度处 10min 平均的风速观察数据，经概率统计得出 50 年一遇最大值确定的风速，再考虑相应的空气密度，按公式 $w_0 = \frac{1}{2}\rho v_0^2$ 确定的风压值。实际应用中，标准的空气密度取 $\rho = 1.25kg/m^3$，则 $w_0 = v_0^2/1600 kN/m^2$，但不得小于 $0.3kN/m^2$。基本风压可从《建筑结构荷载规范》GB 50009—2001 附录中查得。

当城市或建设地点的基本风压无法确定时，可根据当地年最大风速资料，通过统计分析确定基本风压值。所选取的年最大风速数据，一般应有 30 年以上的资料。

我国荷载规范规定：基本风压的重现周期统一为 50 年，对于特别重要和有特殊要求的高层建筑和高耸结构，重现期可取 100 年。重现期为 T_0 年通常俗称为 T_0 年一遇。

3. 风压高度变化系数 μ_z

风速是随距地面的高度增加而增加的，故风压也是随离地面高度增加而增加的。风速随高度的变化规律主要取决于地面的粗糙程度。但当离地面 450m 以上时，风速即不受地面粗糙程度的影响，风压高度变化系数为常数。

$$\frac{\overline{v_z}}{v_1} = \left(\frac{z}{z_1}\right)^a \tag{4-2-4}$$

式中　a—为地面的粗糙度系数；

z、$\overline{v_z}$——为任意点的高度及此高度处的平均风速；

z_1、$\overline{v_1}$——为标准高度（10m）及标准高度处的平均风速。

地面粗糙度是指风在到达结构物以前，吹越过 2km 范围内的地面时，描述该地面上不规则障碍物分布状况的等级。规范将地面粗糙度分为 A、B、C、D 四类。

A 类——指近海海面和海岛、海岸、湖岸及沙漠地区；

B 类——指田野、乡村、丛林、丘陵以及房屋比较稀疏的乡镇和城市郊区；

C 类——指有密集建筑群的城市市区；

D 类——指有密集建筑群且房屋较高的城市市区。

4. 风荷载体型系数 μ_s

风荷载体型系数是指风作用在建筑物表面上所引起的实际压力（或吸力）与来流风压的比值，它描述的是建筑物表面在稳定风压作用下的静态压力的分布规律，主要与建筑物的体型和尺度有关，也与周围环境和地面粗糙度有关。

我国《建筑结构荷载规范》给出了一般建筑结构的风荷载体型系数，对于重要而特殊

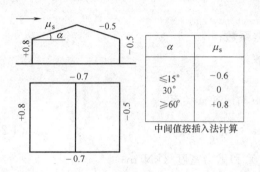

图 4-2-1　封闭式双坡屋面

的建筑其体型系数应由风洞试验确定。图 4-2-1 给出了一种封闭式双坡屋面的风荷载系数取值，其他形式可参考荷载规范确定。

在计算结构的风荷载效应时，风荷载体型系数可按《高层建筑混凝土结构技术规程》JGJ 3—2010 规定采用：

（1）对于圆形平均建筑取 0.8。

（2）正多边形及截角三角形平面建筑，由下式计算

$$\mu_s = 0.8 + 1.2\sqrt{n} \tag{4-2-5}$$

式中　n——多边形的边数。

（3）高宽比 H/B 不大于 4 的矩形、方形、十字形平面建筑取 1.3。

（4）下列建筑取 1.4：

① V 形、Y 形、弧形、双十字形、井字形平面建筑；

② L 形、槽形和高宽比 H/B 大于 4 的十字形平面建筑；

③ 高宽比 H/B 大于 4，长宽比 L/B 不大于 1.5 的矩形、鼓形平面建筑。

5. 顺风向风振、风振系数 β_z 或阵风系数 β_{gz}

风振系数是指风对建筑物的作用是不规则的，风压随风速、风向的紊乱变化而不停地改变。通常把风作用的平均值看成稳定风压或平均风压，实际风压是在平均风压上下波动的。平均风压使建筑物产生一定的侧移，而波动风压使建筑物在该侧移附近左右振动。对于高度较大、刚度较小的高层建筑，波动风压会产生不可忽略的动力效应，在设计中必须考虑。目前荷载规范规定，采用加大风荷载的办法来考虑这个动力效应，在风压值上乘以风振系数。

以风振系数 β_z 来描述动力反应的影响。规范规定对于高度大于 30m 且高宽比大于 1.5 的房屋结构，以及基本自振周期 T_1 大于 0.25s 的塔架、桅杆、烟囱等高耸结构，应采用风振系数来描述风压脉动的影响，具体计算方法见规范。

$$\beta_z = 1 + \frac{\xi v \varphi_z}{\mu_z} \tag{4-2-6}$$

式中　ξ——为脉动增大系数；

　　　υ——为脉动影响系数；

　　　φ_z——为振型影响系数；

　　　μ_z——为风压高度变化系数。

对于一般建筑，以及高度大于30m、高宽比大于1.5且可忽略扭转影响的高层建筑，均可仅考虑第一振型的影响。

对于高度低于30m或高宽比小于1.5的房屋以及自振周期 $T_1<0.25s$ 的塔架、桅杆、烟囱等高耸结构，取 $\beta_z=1.0$。

计算围护结构风荷载时的阵风系数 β_{gz} 按照《建筑结构荷载规范》GB 50009—2001取值，见表4-2-1。

阵风系数 β_{gz}　　　　　　　　　　　　　　　表 4-2-1

离地面高度(m)	地面粗糙类别			
	A	B	C	D
5	1.69	1.88	2.30	3.21
10	1.63	1.78	2.10	2.78
15	1.60	1.72	1.99	2.54
20	1.58	1.69	1.92	2.39
30	1.54	1.64	1.83	2.21
40	1.52	1.60	1.77	2.09
50	1.51	1.58	1.73	2.01
60	1.49	1.56	1.69	1.94
70	1.48	1.54	1.65	1.89
80	1.47	1.53	1.64	1.85
90	1.47	1.52	1.62	1.81
100	1.46	1.51	1.60	1.78
150	1.43	1.47	1.54	1.67
200	1.42	1.44	1.50	1.60
250	1.40	1.42	1.46	1.55
300	1.39	1.41	1.44	1.51

6. 横风向风振

一般情况下，横风向力较顺风向力小得多，可以忽略横风向力。但对于一些高柔结构，如高塔架、烟囱、缆索等，横风向力可能会产生很大的动力效应。长而细的建筑物受横风向的振动，主要是旋涡脱落引起的涡激共振引起的。

对圆形截面结构，当发生旋涡脱落时，如脱落频率与结构自振频率接近时，将出现共振。

（1）雷诺数和斯特劳（Strouhal）系数

流体具有层流和紊流两种流动状态。流体质点间相互不混杂、层次分明、平滑地流动，称为层流（片流）。流体各质点之间相互混杂而无层次地流动，称为紊流（湍流）。流动状态不同时，流速分布和阻力系数计算公式不同，因此要区分流动状态。判别流体流动

状态通常用雷诺数 Re，用它可以判定流体的流动状态是属于层流还是紊流。

在空气流动中，对流体质点起主要作用的是两种力：惯性力和黏性力。根据牛顿第二定律，作用在流体上的惯性力为单位面积上的压力 $\frac{1}{2}\rho v^2$ 乘以面积。黏性力是流体抵抗变形能力的力，它等于黏性应力乘以面积。代表抵抗变形能力大小的这种流体性状称为黏性，它是由于传递剪力或摩擦力而产生的，把黏性乘以速度梯度 $\frac{\mathrm{d}v}{\mathrm{d}y}$ 或剪切角 γ 的时间变化率，称为黏性应力。

工程科学家雷诺在 19 世纪末期，通过大量试验，首先给出了惯性力与黏性力之比，以后被命名为雷诺数。只要雷诺数相同，动力学便相似，因为惯性力的量纲为 $\rho v^2 l^2$，而黏性力的量纲是黏性应力 $\mu\frac{v}{l}$ 乘以面积 l^2，故雷诺数（Reynolds number）为：

$$Re=\frac{\rho v^2 l^2}{\frac{\mu v}{l}l^2}=\frac{\rho vl}{\mu}=\frac{vl}{\frac{\mu}{\rho}}=\frac{vl}{x} \tag{4-2-7}$$

式中　$x=\dfrac{\mu}{\rho}$——运动黏性系数，它是黏性系数 μ 与流体密度 ρ 的比值。

$\quad\quad v$——是流体的流速；

$\quad\quad l$——建筑物的特征长度。

由于雷诺数的定义是惯性力与黏性力之比，因而，如果雷诺数很小，例如小于 1/1000，则惯性力与黏性力相比则可以忽略。如果雷诺数很大，例如大于 1000，则表示黏性力的影响很小，空气流体的作用一般属于这种情况，惯性力起主要作用。

一般情况，空气的运动黏性系数约为 $1.45\times10^{-5}\,\mathrm{m^2/s}$，并以垂直于流速方向物体截面的最大尺寸 B 代替上式中的 l，则雷诺数可得：

$$Re=68000vB \tag{4-2-8}$$

若结构截面形式为圆形，则 B 为圆形截面的直径 D。

对于圆形截面结构，雷诺数可以根据与结构阻力系数的关系分为三个临界范围，即亚临界范围（$300<Re<3\times10^5$）、超临界范围（$3\times10^5<Re<3.5\times10^6$）和跨临界范围（$Re>3.5\times10^6$）。

当风流过圆形截面结构时，在圆柱后边将产生旋涡，并在圆柱体后出现脱落现象（图4-2-2）。当气流的雷诺数处于亚临界和跨临界范围之间时，气流尾流的旋涡会产生周期性的不对称脱落，其频率为：

$$f_s=\frac{Sr\cdot v}{D} \tag{4-2-9}$$

式中　v——风速；

$\quad\quad D$——圆形截面结构直径；

$\quad\quad Sr$——与结构截面几何形状和雷诺数有关的参数，称为斯特劳（Strouhal）系数，对亚临界和跨临界范围内的圆形截面结构，$Sr=0.2$。

当涡流脱落频率接近自振频率时，周期振动可以引起共振从而产生大振幅振动。由于雷诺数与风速 v 有关，亚临界范围即使共振，由于风速较小，也不致产生严重的破坏。当风速增大处于超临界范围时，旋涡脱落没有明显的周期，结构的横向振动也呈随机性。所

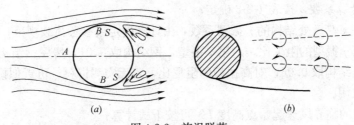

图 4-2-2 旋涡脱落

以当风速在亚临界或超临界范围内时，一般情况下，工程上只需采取适当构造措施即可，即使发生微风共振，结构可能对正常使用有些影响，但不至于破坏，设计时只要控制结构顶部风速即可。当风速更大，进入跨临界范围，重新出现规则的周期性旋涡脱落，一旦与结构自振频率接近，结构将发生强风共振，由于风速较大或已达到设计值，导致结构振幅极大，可产生比静力大几十倍的效应，国内外都发生过类似损坏的事例，所以对此必须予以重视。

（2）对圆形截面的结构，应根据雷诺数 Re 的不同情况按下述规定进行横风向风振（旋涡脱落）的校核：

① 当圆形截面结构的雷诺数处于亚临界（$Re < 3 \times 10^5$）的微风共振，应按下式控制结构顶部风速 v_H 不超过临界风速 v_{cr}，v_{cr} 和 v_H 可按下列公式确定：

$$v_{cr} = \frac{D}{T_1 Sr} \tag{4-2-10}$$

$$v_H = \sqrt{\frac{2000 \gamma_w \mu_H w_0}{\rho}} \tag{4-2-11}$$

式中　T_1——结构基本自振周期；

Sr——斯特劳系数，对圆形截面结构取 0.2；

γ_w——风荷载分项系数，取 1.4；

μ_H——结构顶部风压高度变化系数；

w_0——基本风压（kN/m²）；

ρ——空气密度（kg/m³）。

当结构顶部风速超过 v_{cr} 时，可在构造上采取防振措施，或控制结构的临界风速 v_{cr} 不小于 15m/s。

当结构沿高度截面缩小时（倾斜度不大于 0.02），可近似取 2/3 结构高度处的风速和直径。此时，雷诺数 Re 可按下式确定

$$Re = 69000 v D$$

式中　v——计算高度处的风速（m/s）；

D——结构截面的直径（m）。

② 当圆形截面结构的雷诺数处 $Re \geqslant 3 \times 10^5$ 且结构顶部风速大于 v_{cr} 时（跨临界的强风共振），应计算跨临界强风共振引起的风荷载。跨临界强风共振引起在 z 高度处振型 j 的等效风荷载可由下式确定：

$$w_{czj} = \frac{|\lambda_j| v_{cr}^2 \varphi_{zj}}{12800 \zeta_j} \quad (\text{kN/m}^2) \tag{4-2-12}$$

式中　λ_j——计算系数，按表 4-2-2 确定；

　　　φ_{zj}——在 z 高度处结构的 j 振型系数，由计算确定或参考荷载规范；

　　　ζ_j——第 j 振型的阻尼比，对第 1 振型，钢结构取 0.01，房屋钢结构取 0.02，混凝土结构取 0.05；对高振型的阻尼比，若无实测资料，可近似按第 1 振型的值取用。

表 4-2-2 中的临界风速起始点高度 H_1 可按下式计算：

$$H_1 = H\left[\frac{v_{cr}}{v_H}\right]^{1/a} \tag{4-2-13}$$

式中　a——地面粗糙度系数，对 A、B、C、D 四类分别取 0.12、0.16、0.22 和 0.30；

　　　H——结构顶部高度（m）；

　　　v_H——结构顶部风速（m/s）。

注意，校核横风向风振所考虑的高振型序号不大于 4，对一般悬臂型结构，可只取第 1 或第 2 振型。

λ_j 计算用表　　　　　　　　　　　　　　　　　　　表 4-2-2

结构类型	振型序号	临界风速起始点高度与结构顶部高度之比 H_1/H										
		0	0.1	0.2	0.3	0.4	0.5	0.6	0.7	0.8	0.9	1.0
高耸结构	1	1.65	1.55	1.54	1.49	1.42	1.31	1.15	0.94	0.68	0.37	0
	2	0.83	0.82	0.76	0.60	0.37	0.09	−0.15	−0.33	−0.38	−0.27	0
	3	0.52	0.48	0.32	0.06	−0.19	−0.20	−0.23	0.00	0.20	0.23	0
	4	0.30	0.33	0.02	−0.20	−0.23	0.03	0.16	0.15	−0.05	−0.18	0
高层结构	1	1.56	1.58	1.54	1.49	1.41	1.28	1.12	0.91	0.65	0.35	0
	2	0.73	0.72	0.63	0.45	0.19	−0.11	−0.36	−0.52	−0.53	−0.36	0

③ 校核横风向风振时，风荷载的总效应 S 可将横风向风荷载效应 S_C 与顺风向风荷载效应 S_A 按下式组合后确定：

$$S = \sqrt{S_C^2 + S_A^2} \tag{4-2-14}$$

对于非圆形截面的结构，横向风振的等效荷载宜通过空气弹性模型的风洞试验确定。

4.2.2　高层建筑和高耸结构抗风设计

根据风对建筑物的破坏来分析，结构抗风设计必须保证在使用年限内不出现破坏现象，主要涉及以下几个方面：

（1）结构抗风设计必须满足强度设计要求，即结构构件在风荷载和其他荷载的共同作用下内力必须满足强度设计的要求。确保建筑物在风荷载作用下不会出现倒塌、开裂和大的残余变形等破坏和损伤，以保证结构安全。

（2）结构抗风设计必须满足刚度设计的要求，以防止建筑物在风荷载作用下产生过大的变形，引起隔墙的开裂、建筑装饰和非结构构件损坏。

高层建筑的刚度可以由结构顶部水平位移与结构的高度或结构层间相对水平位移值来控制，主要取决于结构和隔墙类型。顶部水平位移或层间相对水平位移界限值一般采用顶部位移与结构总高度和层间相对位移与层高的比值来表示。

《高层建筑混凝土结构技术规程》JGJ 3—2010 规定，在按弹性方法计算的风荷载标准值作用下，楼层层间最大位移与层高之比 $\Delta u/h$ 宜符合以下规定：

① 高度不大于 150m 的高层建筑，其楼层层间最大位移与层高之比 $\Delta u/h$ 不宜大于表 4-2-3 的限值。

高层建筑楼层层间最大位移与层高之比的限值　　　　　表 4-2-3

结构体系	$\Delta u/h$ 限值
框架	1/550
框架-剪力墙、框架-核心筒、板柱-剪力墙	1/800
筒中筒、剪力墙	1/1000
除框架结构外的转换层	1/1000

② 高度不小于 250m 的高层建筑，其楼层层间最大位移与层高之比不宜大于 1/500。

③ 高度在 150~250m 之间的高层建筑，其楼层层间最大位移与层高之比的限值可按上面①和②的限值线性插值取用。

（3）高层建筑或高耸建筑结构抗风设计还需要满足舒适度设计的要求，以防止居住者和工作人员对风荷载作用下引起的摆动出现不舒适感。影响人体不舒适的主要因素有建筑物振动频率、振动加速度和振动持续时间等。由于振动持续时间取决于风荷载作用的时间、而对结构振动频率的调整是十分困难的，因此一般采用限制结构加速度的方法来满足舒适度的设计要求，根据对人体振动舒适度的研究得到人体对结构振动反应如表 4-2-4 所示。

人体振动舒适度与建筑物加速度关系　　　　　表 4-2-4

程度	无感觉	有感觉	使人烦恼	非常烦恼	无法忍受
建筑物加速度	<0.005g	0.005g~0.015g	0.015g~0.05g	0.05g~0.15g	>0.15g

建筑结构满足舒适度要求时的竖向振动频率不宜小于 3Hz，竖向振动加速度峰值不应超过表 4-2-5 的限值。

建筑物竖向振动加速度限值　　　　　表 4-2-5

人员活动环境	峰值加速度限值（m/s²）		
	竖向自振频率不大于 2Hz	竖向自振频率为 2~4Hz	竖向自振频率不小于 4Hz
住宅、办公	0.07	峰值加速度按线性内插选取	0.05
商场及室内连廊	0.22		0.15

（4）为防止风力对外墙、玻璃、女儿墙及其他非结构和装饰构件的局部损坏，必须对这些构件进行合理的设计。

（5）结构抗风设计尚应满足疲劳破坏的要求，风振引起高层建筑结构或构件的疲劳破坏是高周疲劳累积损伤的结果。

4.2.3 桥梁结构抗风设计

1. 风静力对桥梁结构的影响

当结构刚度较大而几乎不振动，或结构虽有轻微振动但不显著影响气流经过桥梁的绕流形态，因而不影响气流对桥梁的作用力，此时风对桥梁的作用可以近似看作一种静力荷载。桥梁在静力荷载作用下有可能发生强度、刚度和稳定性问题。如现行桥梁规程中所规定的那样，主要考虑桥梁在侧向风荷载作用下的应力和变形。另外对于升力较大的情况，也需要考虑竖向升力对结构的作用。对于柔性较大的特大跨度桥梁，则还需要考虑侧向风荷载作用下主梁整体的横向屈曲，其发生机制类似于桥梁的侧向整体失稳问题以及在静力扭转力矩作用下主梁扭转引起的附加转角所产生的气动力矩增量超过结构抗力矩时出现的扭转失稳现象。

在考虑风对桥梁的静稳定性影响时，扭转发散是桥梁静稳定问题中最典型的一种。用线性理论方法研究桥梁的扭转发散时，认为桥梁扭转发散临界风速远高于桥梁颤振临界风速；但是随着桥梁跨度超出 1000m 以后，非线性效应逐渐增大，日本东京大学和同济大学在全桥模型风洞试验中都在颤振发生前观察到扭转发散现象，这也是在大跨度桥梁的设计中应该注意的一个问题。

（1）设计基本风速与基本风压

桥梁设计基本风速 V_{10} 是指按平坦空旷地面，离地面 10m 高，重现周期 100 年 10min 平均最大风速。当桥梁所在地区缺乏观测数据时，可利用《公路桥涵设计通用规范》JTG D60—2004 附录 A 核查后取用。

基本风压与基本风速的换算关系为：

$$W_0 = \frac{\gamma V_{10}^2}{2g} \tag{4-2-15}$$

$$\gamma = 0.012017 e^{-0.0001Z} \tag{4-2-16}$$

式中 　W_0——基本风压（kN/m²）；

　　　V_{10}——桥梁所在地区的设计基本风速；

　　　γ——空气重力密度（kN/m³）；

　　　g——重力加速度，$g = 9.81 \text{m/s}^2$；

　　　Z——距地面或水面高度（m）。

（2）设计基准风压

桥梁所在地区的设计基准风压可按下式计算：

$$W_d = \frac{\gamma V_d^2}{2g} \tag{4-2-17}$$

$$V_d = k_2 k_5 V_{10} \tag{4-2-18}$$

式中 　W_d——设计基准风压（kN/m²）；

　　　V_d——高度 Z 处的设计基准风速（m/s）；

　　　k_5——阵风风速系数，对 A、B 类地表取 1.38，对 C、D 类地表取 1.70，A、B、C、D 地表类别分类见表 4-2-6；

　　　k_2——考虑地面粗糙类别和梯度风的风速高度变化修正系数，按表 4-2-7 选用；

其他符号同前。

桥位处地表分类　　　　　　　　　　　　　　　　　　　　　　　表 4-2-6

地表粗糙度类别	地 表 状 况
A	海面、海岸、开阔水面
B	田野、乡村、丛林及 低层建筑物稀少地区
C	树木及低层建筑物等密集地区中高层建筑物稀少地区，平缓的丘陵地
D	中高层建筑物密集地区、起伏较大的丘陵地

风速高度变化修正系数 k_2 表 4-2-7

离地面或水面高度(m)	地表类别			
	A	B	C	D
5	1.08	1.00	0.86	0.79
10	1.17	1.00	0.86	0.79
15	1.23	1.07	0.86	0.79
20	1.28	1.12	0.92	0.79
30	1.34	1.19	1.00	0.85
40	1.39	1.25	1.06	0.85
50	1.42	1.29	1.12	0.91
60	1.46	1.33	1.16	0.96
70	1.48	1.36	1.20	1.01
80	1.51	1.40	1.24	1.05
90	1.53	1.42	1.27	1.09
100	1.55	1.45	1.30	1.13
150	1.62	1.54	1.42	1.27
200	1.73	1.62	1.52	1.39
250	1.73	1.67	1.59	1.48
300	1.77	1.72	1.66	1.57
350	1.77	1.77	1.71	1.64
400	1.77	1.77	1.77	1.71
≥450	1.77	1.77	1.77	1.77

施工阶段的设计风速按下式计算：

$$V_{sd} = \eta V_d \tag{4-2-19}$$

式中　V_{sd}——不同重现期下的设计风速（m/s）；

　　　V_d——设计基准风速（m/s）；

　　　η——风速重现期系数，按表 4-2-8 选取。

风速重现期系数 表 4-2-8

重 现 期（年）	5	10	20	30	50	100
η	0.78	0.84	0.88	0.92	0.95	1

当桥梁的施工期少于 3 年时，可采用 10 年重现期的风速；当桥梁的施工期多于 3 年且桥梁位于台风多发地区时，可采用 30 年重现期的风速。

（3）风荷载计算

1）横桥向风荷载标准值

横桥向风荷载假定水平地作用于桥梁各部分迎风面的形心上，其标准值 F_{wh} 可按下式计算：

$$F_{wh} = k_0 k_1 k_3 W_d A_{wh} \tag{4-2-20}$$

式中　k_0——设计风速重现周期换算系数，对单孔跨度指标为特大桥和大桥的取 1.0，其

115

他桥梁取 0.9，施工架设期桥梁取 0.75，当桥墩位于台风多发地区时可适当提高取值；

k_1——风载阻力系数，按下述方法确定；

k_3——地形、地理条件系数，按表 4-2-9 选用；

A_{wh}——横向迎风面积，按桥跨结构各部分实际尺寸计算（m^2）。

地形、地理条件系数 k_3　　　　　　　　　表 4-2-9

地形、地理条件	地形、地理条件系数 k_3
一般地区	1.00
山间盆地、谷地	0.75～0.85
峡谷口、山口	1.20～1.40

风载阻力系数 k_1 确定方法：

① 普通实腹桥梁上部结构的风载阻力系数按下式计算：

$$k_1 = \begin{cases} 2.1 - 0.1\left(\dfrac{B}{H}\right) & 1 \leqslant \dfrac{B}{H} < 8 \\ 1.3 & 8 \leqslant \dfrac{B}{H} \end{cases} \tag{4-2-21}$$

式中　B——桥梁宽度（m）；

　　　H——梁高（m）。

② 桁架桥上部结构的风载阻力系数见表 4-2-10。上部结构为两片或两片以上的桁架时，所有迎风桁架的风载阻力系数均取 ηk_1；η 为遮挡系数，按表 4-2-11 采用。桥面系构造的风载阻力系数取 $k_1 = 1.3$。

桁架的风载阻力系数　　　　　　　　　表 4-2-10

实面积比	矩形与 H 形截面构件	圆柱形构件（D 为圆柱直径）	
		$D/\sqrt{W_0} < 5.8$	$D/\sqrt{W_0} \geqslant 5.8$
0.1	1.9	1.2	0.7
0.2	1.8	1.2	0.8
0.3	1.7	1.2	0.8
0.4	1.7	1.1	0.8
0.5	1.6	1.1	0.8

桁架遮挡系数 η　　　　　　　　　表 4-2-11

间距比	实面积比				
	0.1	0.2	0.3	0.4	0.5
≤1	1.0	0.90	0.80	0.60	0.45
2	1.0	0.90	0.80	0.65	0.50
3	1.0	0.95	0.80	0.70	0.55
4	1.0	0.95	0.80	0.70	0.60
5	1.0	0.95	0.85	0.75	0.65
6	1.0	0.95	0.90	0.80	0.70

③ 桥墩或桥塔的风载阻力系数可依据桥墩的断面形状、尺寸比及高宽比值的不同按规范查得，规范中没有包括的断面，其风载阻力系数由风洞试验确定。

2）顺桥向风荷载标准

桥梁顺桥向可不计桥面系及上承式梁所受的风荷载，下承式桁架顺桥向风荷载标准值按其横桥向风压的40％乘以桁架迎风面积计算。

桥墩上的顺桥向风荷载标准值可按横桥向风压的70％乘以桥墩迎风面积计算。

悬索桥、斜拉桥桥塔上的顺桥向风荷载标准值可按横桥向风压乘以迎风面积计算。

桥台可不计算纵、横向风荷载。

3）对风敏感桥梁

对风敏感且可能以风荷载控制设计的桥梁结构，应考虑桥梁在风荷载作用下的静力和动力失稳，必要时通过风洞试验验证，同时可采取适当的风致振动控制措施。

2. 风动力对桥梁结构的影响

大跨度桥梁，尤其是对风较为敏感的大跨度悬索桥和斜拉桥，除需要考虑静风荷载的作用之外，更主要考虑风对结构的动力作用。其中对桥梁的动稳定性研究尤为重要。颤振和抖振是桥梁最主要的两种动稳定性问题。

3. 施工阶段的抗风对策

在大跨度斜拉桥或悬索桥的施工阶段中，结构体系处于不断转换区尚未成型，可能会出现比成桥后更为不利的状态：即刚度较小，变形较大，稳定性较差，甚至发生较大的风致振动响应的情况，其中稳定性问题也十分突出。

4.3 结构风振控制技术

结构风振控制可分为两个层次。

第一层次，采取气动措施。风振响应很大程度上取决于风与结构的相互作用，这一作用与结构的外形密切相关。风振响应超过可接受程度时，可采用气动措施改变结构或构件的外形（如切角、开透风槽，加风嘴）或增设一些导流措施（如导流板、抑流板、稳定板）以改变结构周围的流态。此法最积极主动而又经济合理，应优先考虑。在抗风设计时，应尽量采用气动稳定性好的结构外形，如将结构设计成流线型。目前，虽然其减振机理的空气动力学解释没搞清楚，但风洞试验已证实其有效性。

第二层次，采用机械措施。引进附加控制系统，采用非承重装置，改变结构的刚度、阻尼或者质量来降低风振响应。相当于施加控制力来抵御风振反应。

结构风振控制根据控制力是否有外加能源输入，分为：被动控制（无外加能源）和主动控制（有外加能源）。

4.3.1 风振被动控制技术

1. 耗能减振系统

耗能减振系统是把结构物的某些非承重构件设计成消能元件，或者在结构物某些部位设置阻尼器，在风荷载作用时，阻尼器产生较大的阻尼，大量耗散能量，使主体结构的动力反应减小。

(1) 耗能构件减振体系。利用结构的非承重构件作为耗能装置。常用的耗能构件包括耗能支撑、耗能剪力墙等。

(2) 阻尼器减振系统

① 黏弹性阻尼器（VED）：是一种简单、方便和性能好的耗能控制装置，是利用材料的黏弹性来瞬时改变结构的能量贮备与瞬时耗能能量，达到减振的目的。其优点：只要结构在微小干扰下开始振动，它就能耗能。应力和应变滞回曲线接近于椭圆形，耗能能力很强。由于黏弹性材料是一种高分子聚合物，受环境温度和工作频率的影响最大。因此，在设计 VED 时，必须合理设计黏弹性阻尼材料。其最早应用于 20 世纪 50 年代飞机减振问题，而后 1969 年建造的纽约世界贸易大厦，为了减小结构风振，安装了近 1 万个黏弹性阻尼器。

② 金属阻尼器：用软钢或者其他软金属材料做成的。减振机理是将结构振动的部分能量通过金属的屈服滞回耗能耗散掉，从而达到减振的目的最早应用于新西兰。

③ 摩擦阻尼器：通过摩擦装置滑动做功，消耗能量以减小结构的风振响应。最早始于 20 世纪 70 年代。

④ 黏弹性液体阻尼器：一般由缸体、活塞和液体所组成。缸体筒内盛满液体，液体常为硅油或其他黏性流体，活塞上开有小孔。当活塞在缸体内作往复运动时，液体从活塞上的小孔通过，对活塞和缸体的相对运动产生阻尼。从而将结构振动的部分能量通过阻尼器中流体的黏滞耗能耗散掉，达到减振的目的。其最早用于军事、航空航天、机械等领域，近年来才用于土木工程。

2. 吸振减振系统

吸振减振技术是在主结构中附加子结构，使结构振动发生转移。即使结构的振动能量在主结构与子结构之间重新分配，从而达到减小结构风振反应的目的。目前主要的吸振减振装置有调谐质量阻尼器（TMD）、调谐液体阻尼器（TLD）等。

(1) 调谐质量阻尼器（TMD）

TMD 是由德国人 Frahm 于 1902 年发明，它是目前发展比较成熟的一种控制装置，安装在结构的顶层或者结构上部某层上，应用动力吸振器原理，将 TMD 系统的自振频率设计成与主体结构要控制的振型频率近似相等，从而达到共振吸能的目的。应尽可能将其设置于振幅最大处，从而起到最好的效果。台北 101（TAIPEI 101），原名台北国际金融中心（Taipei Financial Center），是位于台湾台北市信义区的一幢摩天大楼，楼高 508m，地上 101 层，地下 5 层，是目前全世界最高的摩天大楼。台北 101 设置了"调谐质块阻尼器"（TMD，调质阻尼器），是在 88～92 楼层挂置一个重达 660t 的巨大钢球，利用摆动来减缓建筑物的振幅。

(2) 调谐液体阻尼器（TLD）

始于 20 世纪 80 年代后期，是在一种固定在结构楼层（或楼面）上的具有一定形状的盛水容器。结构振动过程中，容器中水的惯性力和波浪对容器壁产生的动压力构成对结构的控制力，同时结构振动的部分能量也将由于水的黏性而耗散掉，从而起到减振的目的。

目前主要有两类：一种是矩形或圆形水箱；一种是 U 形的管状水箱，并在水箱中间设置增加阻尼的隔栅，均为 20 世纪 80 年代日本学者提出。我国的南京电视塔就成功地采用了 TLD 进行风振控制。

4.3.2 风振主动控制技术

主动控制是一种需要外部能源的结构控制技术，它是通过施加与振动方向相反的控制力来实现结构控制的。主要分为控制力型和结构性能可变型（又称半主动控制）两类。

1. 控制力型

主要有以下几种：

（1）主动控制调谐质量阻尼器（AMD）：其由 TMD 演变而来。它利用监测器在线监测结构反应，由计算机依据给定的控制律计算控制力，然后用作动装置，将控制力施加于结构。1989 年日本鹿岛公司建成了世界第一幢采用主动质量阻尼系统的大楼。

（2）主动拉索控制系统：利用传感器测量结构的振动，将信息传给计算机，计算机计算所需要的控制力，驱动液压伺服机构，通过拉索对结构产生控制力。

（3）主动空气动力挡风板控制系统：通过改变挡风板的受风面积来调整挡风板的风压力，从而抑制结构的风振反应。控制系统只需提供改变挡风板受风面积的操纵支杆滑动的能量，所以成本较低，且节能。

（4）主动支撑系统：在抗侧力构件上设置斜撑，利用电液伺服机构控制斜撑的收缩运动实施控制。该装置可利用结构上已有的支撑构件，适用于高层、高耸和大跨结构。

（5）气体脉冲发生器控制系统：以气体冲击形成脉冲控制力。脉冲控制力的方向和幅度调节灵活，控制效果较好。

2001 年，中美合作在南京电视塔风振控制中采用 AMD 系统，是我国第一栋 AMD 控制系统，在电视塔小观光平台内设置了支撑式 AMD 控制系统，用于控制结构的风振响应，效果良好。

2. 主动控制（结构性能可变型）

半主动控制是利用控制结构来主动调节结构内部参数，使结构参数处于最优状态，所需的外部能量较控制力型小得多。目前较为典型的半主动控制装置有：可变刚度系统、可变阻尼系统、主动调谐参数质量阻尼系统、可控（电流变或磁流变）液体阻尼器。

4.4 风灾防治措施与对策

风灾是由于风力和风速过程造成的，其表现形式主要有台风、龙卷风、季节性短时大风等，主要危害方式有：大风、大浪、暴雨等，危害对象主要是土木工程结构、城市生命线工程、交通工程、交通设施，河堤海岸工程、城市绿化设施等。随着社会经济发展，风灾造成的损失随着社会体量的扩大呈增大趋势，因此，研究风灾防治措施和对策，对减轻风灾损失十分必要。

风灾防治主要对策和措施有：

（1）加强各地区风的类型、特点、荷载特性的研究，使防风工作具有理论基础支撑；

（2）在季节性风灾地区，加大防风林、防风护岸植被建设，减小风力对城市、河岸、海岸影响，在峡谷风口地带修建挡风工程，避免季节性短时大风对交通运输的影响。

（3）在风灾频发地区，根据风灾特点，制定风灾预案，建立监测预报体系，提前发布预警信号。通过修建避风港、地下避风设施达到防风减灾的目的。

（4）加强建筑物、构筑物的防风设计，提高抗风标准。

（5）根据本地区的风的季节性和周期特点，合理规划城市布局，防止风灾次生灾害发生。

4.4.1　风灾防御现状

对于大风引起的风灾的防御，目前研究结果并不成熟，对于短时大风灾害基本无能为力，甚至来不及发布风灾预警。如 2011 年 16 日凌晨 1 时新疆温泉地区先雨后风，短时大风天气持续了 34min，极大风速为 19.8m/s。受此影响，温泉县哈日布呼镇、博格达尔镇、查干屯格乡、昆得仑牧场、呼和托哈种畜场五个乡镇场的滴管带、地膜、大棚等农业设施及树木遭受不同程度损害，风灾共造成农作物受灾面积 1333.3 公顷，成灾面积 972.9 公顷，受灾人口 3425 人，受灾大棚 23 座。灾害造成直接经济损失 191.20 万元（其中农业损失 129.40 万元，基础设施损失 61.80 万元），需救济人口 2344 人。

但是，对于台风、龙卷风等持续时间长、影响区域广的风灾，只要防御及时、措施得当，防灾减灾效果还是很明显的。我国政府历来高度重视防台风工作。特别是 20 世纪 90 年代以来，国家先后健全防台风应急体制和工作机制，大力推进防台风工程和非工程设施建设，部署落实各项防台风措施，不断总结防御经验和教训，有力地推动了防台风工作的开展，大大提高了防御台风的综合能力。近年来，又系统地加强了防台风预警预报、防台风应急预案编制和防台风宣传教育等工作，防抗台风综合能力得到明显提高，已逐步形成统一指挥、超前部署，各有关部门分工合作、密切配合，协作联防、群策群防的防台风工作机制，防台风工作实现了由被动的、盲目的承受台风灾害，到主动的、有针对性防御的重大转变。近几年发生的台风，无论是中心风力、降雨强度、降雨范围还是持续时间等各项指标都排在新中国成立以来登陆台风的前列，但年均台风死亡人数从 20 世纪 50 年代的 969 人锐减到 2001 年以来的 374 人，单次台风死亡人数也大幅降低，防御台风工作取得巨大成效。但是也应该清醒地认识到我国风灾防御的不足，我国台风防御体系还存在不少薄弱环节。

（1）工程体系不完善，防御能力偏低。

2011 年 8 月 7 日，台风"梅花"预期在大连登陆，后转向在丹东、朝鲜一带，仅仅台风外围大连风力高达 8 级，岸边海浪高达 20m，巨浪导致大连金州开发区一化工企业沿海处在建防潮堤坝发生溃坝，海水倒灌，引发剧毒化工产品泄漏危险。另外，我国现有 13830 公里海堤中仍有 7206 公里没有达到设计标准，其中 7973 公里重点海堤中有 2975 公里仍未达标，受台风直接影响地区的 15973 座水库中有 5062 座仍存在不同程度的病险，一些地区的海堤没有形成封闭圈，工程体系不完善，抗灾能力依然较低。

（2）防风体系不完善，构筑物防御标准低。

2004 年 14 号"云娜"台风登陆时风力 12 级、风速 45m/s，造成 6.43 万间房屋倒塌，其中很大一部分是 20 世纪 90 年代后的新建房屋。新建民房经不起台风考验，一刮就倒，一淹就塌，暴露出我国农房建设缺乏有效的指导，防风抗灾能力差。另外，我国综合防风体系尚不完善，电力、通信、交通、港口、避难场所等基础设施抗风能力设计标准偏低，大量的电力塔架、通信基站、大型交通指示牌、施工吊装设备、户外娱乐设施、港口装卸机械、广告牌等构筑物防风抗灾标准偏低，防风措施不够健全，不但易造成设施本身的财产损失，更成为居民生命安全和城市运行的隐患。

（3）监测体系不完善，预报精度不高。

飓风是美国常见灾害，美国建有完备的飓风监测、预警系统，预警预报水平居世界前列。"卡特里娜"飓风灾害发生前，美国国家飓风中心（NHC）对"卡特里娜"飓风的量级、登陆时间和地点等事先作出了准确的预报，并通过媒体滚动发出预警，提醒民众做好防范工作，预警预报工作比较成功。相较而言，我国在台风监测和预报方面还存在监测体系不够完善，预报预测精度不高，对台风本身的特征、台风活动规律的认识水平仍需提高等问题，以致登陆地点预报范围过大，台风路径、风力、降雨、强度变化等预报不能满足防御要求，限制了台风防御工作精细化、科学化水平的提高。

（4）预警体系不完善，次生灾害防御能力低。

与发达国家相对完备的预警体系比较，我国防台风预警体系仍不完善，突出表现在小流域山洪灾害监测站点不足、山洪灾害发生临界雨量信息缺乏、预警信息发布手段落后、小型水库水电站预警通信无保障、基层预警信息接收尚差最后1公里等问题，导致我国台风次生灾害防御能力偏低，次生灾害伤亡率偏高，成为制约防台风工作发展的一大瓶颈。

（5）群防体系不完善，避险自救能力弱。

我国沿海地区直接受台风威胁的人口达2.35亿，防台风群防体系尚不完善，不少群众的防台风意识淡薄，避险自救和互助能力较弱。

4.4.2　风灾防御的对策措施

目前来说，风灾的防御主要针对台风，因其发生频繁，具有一定的规律性，且台风造成的灾害占全部风灾灾害的70%～80%，台风的防御是风灾防御的重点。我国台风的防御工作非常严峻，我国沿海直接受台风威胁地区面积47.8万平方公里，地级以上城市就有82个，影响人口达2.35亿。在临海经济时代的今天，有着"黄金海岸"之称的沿海地区和河口三角洲，人口稠密，经济发达，资本密集，对灾害的敏感性、脆弱性十分明显，做好防台风减灾工作，是建设和谐社会、维稳保安、改善民生的切实需要，总结近年来的防台风实践，针对我国台风防御工作现状，目前应着力做好以下8个方面的工作。

（1）建立统一指挥的防台风工作体制。防台风工作涉及面广、综合性强，需要动员全社会各行各业、各部门和广大群众的力量共同组织、共同防御。

（2）加强临海防台风管理。沿海地区应进一步加强防台风管理，统筹规划，在城镇规划布局、土地开发利用、基础设施建设、公共设施管理等各方面全面加强和规范防台风抗灾工作，加强渔业、交通、通信、电力、旅游、建设、教育等行业防台风建设与管理，加快避风港、避难场所规划建设，提高水利、电力、交通、通信、供水等基础设施防台风抗灾能力。

（3）加强防台风工程体系建设。海堤工程是防御台风暴潮的第一道防线，是抗御台风灾害最基础的工程设施，受客观因素影响，我国海堤建设还存在投入不足，防御标准偏低等问题。

（4）建立防台风预案体系。

（5）加强人员转移避险和安置工作。当前及今后的防台风实践，应当进一步坚持"以人为本，防避结合，科学转移，确保安全"的防御方针。

（6）加强防台风宣传教育和群防体系建设。各地应加强防台风宣传与安全教育，通过多种形式，开展丰富多彩的防台风减灾知识宣传和安全教育，把防台风知识普及到沿海地区的工矿企业和农村。

（7）加强台风监测体系建设。加强台风的监测和预报，是减轻台风灾害的重要措施。对台风的探测主要是利用气象卫星。在卫星云图上，能清晰地看见台风的存在和大小。利用气象卫星资料，可以确定台风中心的位置，估计台风强度，监测台风移动方向和速度，以及狂风暴雨出现的地区等，对防止和减轻台风灾害起着关键作用。当台风到达近海时，还可用雷达监测台风动向。建立完善的台风监测预报指标体系，满足不断发展的台风防御工作的需要。

（8）加强防台风预警体系建设。建立城市的预警系统，提高应急能力，建立应急响应机制。还有气象台的预报员，根据所得到的各种资料，分析台风的动向，登陆的地点和时间，及时发布台风预报、台风紧报或紧急警报，通过电视、广播等媒介为公众服务，让沿海渔船及时避风回港，同时为各级政府提供决策依据，发布台风预报或紧报是减轻台风灾害的重要措施。

台风预警信息的发布应由国家、省地区专门机构进行发布，一般由气象部门发布预警信号，预警信号分为白色、蓝色、黄色、橙色和红色 5 种，其含义见表 4-4-1。

台风预警信号及其含义 表 4-4-1

预警信号	预警信号含义
白色	48 小时内可能受热带气旋影响
蓝色	24 小时内可能受热带气旋影响,平均风力可达 6 级以上,或阵风 7 级以上;或已经受热带气旋影响,平均风力为 6～7 级,或阵风 7～8 级并可能持续
黄色	24 小时内可能受热带气旋影响,平均风力可达 8 级以上,或阵风 9 级以上;或已经受热带气旋影响,平均风力为 8～9 级,或阵风 9～10 级并可能持续
橙色	12 小时内可能受热带气旋影响,平均风力可达 10 级以上,或阵风 11 级以上;或已经受热带气旋影响,平均风力为 10～11 级,或阵风 11～12 级并可能持续
红色	本市 12 小时内可能或者已经受台风影响,平均风力可达 12 级以上,或者已达 12 级以上并可能持续

此外，对于季节性大风灾害的防御措施有：加强防护林建设、退耕还林，加强防护工程建设（如修建挡风墙），合理选择结构形式，合理规划交通设施、提高抗风设计等级等，减轻风灾损失。

第5章 地质灾害与工程防灾

5.1 地质灾害分类及特征

5.1.1 地质灾害含义、成因及特征

1. 地质灾害含义

地球、地质体、地质环境在发展演化过程中，由于各种自然作用和人类活动发生变化，其产生的后果给人类和社会造成灾害就称为地质灾害（Geological disaster）。如崩塌、滑坡、泥石流、地面沉降、地面塌陷、砂土液化等。广义地质灾害：任何成灾的地质活动都可以称为地质灾害，如火山、地震、土壤退化、煤层自燃等。狭义地质灾害：主要与土木工程有关，如崩塌、滑坡、泥石流、地面沉陷等。

2. 地质灾害成因

地质灾害都是在一定的动力诱发（破坏）下发生的。诱发动力有的是天然的，有的是人为的。据此，地质灾害也可按动力成因概分为自然地质灾害和人为地质灾害两大类。自然地质灾害发生的地点、规模和频度，受自然地质条件控制，不以人类历史的发展为转移；人为地质灾害受人类工程开发活动制约，常随社会经济发展而日益增多。

诱发地质灾害的人为因素主要有：

（1）采掘矿产资源不规范，预留矿柱少，造成采空坍塌，山体开裂，继而发生滑坡。

（2）开挖边坡：指修建公路、依山建房等建设中，形成人工高陡边坡，造成滑坡。

（3）山区水库与渠道渗漏，增加了浸润和软化作用导致滑坡泥石流发生。

（4）其他破坏土质环境的活动，如采石放炮、堆填加载、乱砍滥伐，也是导致发生地质灾害的致灾作用。

3. 地质灾害的属性特征

（1）地质灾害的必然性、随机性和周期性

人类活动区域日益广泛，地壳活动始终不断，必然有各种地质灾害出现，人类对地下活动认识有限，地质活动周期往往很长，地质灾害发生有随机性。

（2）地质灾害的突发性和渐进性

（3）地质灾害的群体性、多元性和复发性

地质灾害往往不是独立存在的，而是彼此相互影响，反复发作，如崩落、泥石流、滑坡往往同时发作。滑坡多发区常常反复发作，例如，我国西部川藏公路沿线的古乡冰川泥石流，一年内发生70多次。

（4）地质灾害的区域性

地质灾害受地质体形态、自然环境和经济发展水平影响，有明显的区域性，我国的地

质灾害受"南北分区、东西分带、交叉成网"的区域性构造格局影响，有明显的区域性。

5.1.2　地质灾害分类

地质灾害的分类，有不同的角度与标准，十分复杂。

（1）根据成因对地质灾害分类：自然地质灾害和人为地质灾害。

（2）根据地质环境或地质体变化的速度分类：

突然爆发的地质灾害：火山、地震、崩落、泥石流等。

渐进发展的地质灾害：土壤退化、地面沉降、煤层自燃等。

（3）根据地质灾害发生区的地理或地貌特征分类：

山地地质灾害：如崩塌、滑坡、泥石流等。

平原地质灾害：如地质沉降。

5.1.3　地质灾害危害

常见的地质灾害主要指危害人民生命和财产安全的崩塌、滑坡、泥石流、火山、地面塌陷、地面沉降六种与地质作用有关的灾害。

在我国，每年由于"崩、滑、流"灾害造成的死亡人员达到 900 多人。全国共有较大型崩塌 3000 多处，滑坡 2000 多个，中小规模的"崩、滑、流"达到 40 多万处。全国有 350 多个县，上万个村庄，100 余座大型工厂，55 座大型矿山，3000 多公里铁路受"崩、滑、流"威胁。

地质灾害按照人员伤亡和经济损失大小：分为特大型、大型、中型、小型四级。

（1）特大型地质灾害险情：受灾害威胁，需搬迁转移人数在 1000 人以上或潜在可能造成的经济损失 1 亿元以上的地质灾害险情。特大型地质灾害灾情：因灾死亡 30 人以上或因灾造成直接经济损失 1000 万元以上的地质灾害灾情。

（2）大型地质灾害险情：受灾害威胁，需搬迁转移人数在 500 人以上、1000 人以下，或潜在经济损失 5000 万元以上、1 亿元以下的地质灾害险情。大型地质灾害灾情：因灾死亡 10 人以上、30 人以下，或因灾造成直接经济损失 500 万元以上、1000 万元以下的地质灾害灾情。

（3）中型地质灾害险情：受灾害威胁，需搬迁转移人数在 100 人以上、500 人以下，或潜在经济损失 500 万元以上、5000 万元以下的地质灾害险情。中型地质灾害灾情：因灾死亡 3 人以上、10 人以下，或因灾造成直接经济损失 100 万元以上、500 万元以下的地质灾害灾情。

（4）小型地质灾害险情：受灾害威胁，需搬迁转移人数在 100 以下，或潜在经济损失 500 万元以下的地质灾害险情。小型地质灾害灾情：因灾死亡 3 人以下，或因灾造成直接经济损失 100 万元以下的地质灾害灾情。

5.2　滑坡及崩塌灾害

滑坡和崩塌是山区一种常见的自然现象。我国是滑坡和崩塌灾害最严重的国家之一，占国土面积三分之二的山区普遍有滑坡和崩塌分布，尤其以中西部山区最频繁。全国每年因滑坡和崩塌灾害造成的直接经济损失在 10 亿元以上，减灾防灾的任务非常重要，也非常繁重。

5.2.1 滑坡与崩塌含义及关系

1. 含义

滑坡是指斜坡上的岩土体由于某种原因在重力的作用下沿着一定的软弱面或软弱带整体向下滑动的现象（图 5-2-1）。在农村，滑坡也俗称"地滑"、"走山"、"垮山"和"山剥皮"等。由滑坡引起的人员伤亡和经济损失的危害则称为滑坡灾害。

滑坡基本结构由滑坡体、滑坡壁、滑坡台地、滑坡面、滑坡舌、滑坡裂缝等部分组成，如图 5-2-2 所示。

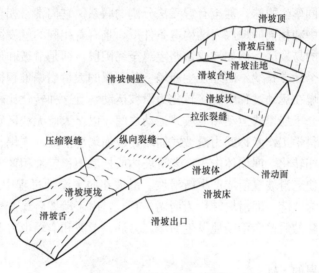

图 5-2-1 滑坡示意图

图 5-2-2 滑坡的基本结构

根据滑坡体成分可以分为岩质滑坡（图 5-2-3）和土质滑坡（图 5-2-4）两大类。

图 5-2-3 岩质滑坡示意图

图 5-2-4 土质滑坡示意图

崩塌是指较陡的斜坡上的岩土体在重力的作用下突然脱离母体崩落、滚动堆积在坡脚（或沟底）的地质现象（图 5-2-5）。根据运动形式，崩塌包括倾倒、坠落、垮塌等类型。根据岩土体成分，可划分为岩崩和土崩两大类。崩塌的运动速度极快，常造成严重的人员伤亡。崩塌的规模大到数亿方（山崩），小到数十立方厘米（落石），崩落距离可达数千米。由崩塌下来的岩土体造成人员伤亡和经济损失的危害则称为崩塌灾害。

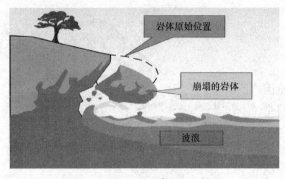

图 5-2-5　崩塌

2. 滑坡与崩塌的联系和区别

（1）滑坡和崩塌的联系

滑坡和崩塌如同孪生姐妹，甚至有着无法分割的联系。它们常常相伴而生，产生于相同的地质构造环境中和相同的地层岩性构造条件下，且有着相同的触发因素，容易产生滑坡的地带也是崩塌的易发区。例如宝成铁路宝鸡至绵阳段，即是滑坡和崩塌多发区。崩塌可转化为滑坡：一个地方长期不断地发生崩塌，其积累的大量崩塌堆积体在一定条件下可生成滑坡；有时崩塌在运动过程中直接转化为滑坡运动，且这种转化比较常见。有时岩土体的重力运动形式介于崩塌式运动和滑坡式运动之间，以至人们无法区别此运动是崩塌还是滑坡。因此地质科学工作者称此为滑坡式崩塌，或崩塌型滑坡。崩塌、滑坡在一定条件下可互相诱发、互相转化：崩塌体击落在老滑坡体或松散不稳定堆积体上部，在崩塌的重力冲击下，有时可使老滑坡复活或产生新滑坡。滑坡在向下滑动过程中若地形突然变陡，滑体就会由滑动转为坠落，即滑坡转化为崩塌。有时，由于滑坡后缘产生了许多裂缝，因而滑坡发生后其高陡的后壁会不断地发生崩塌。另外，滑坡和崩塌也有着相同的次生灾害和相似的发生前兆。

（2）滑坡和崩塌的区别

① 斜坡坡度：崩塌坡度常大于 50°。

② 运动本质存在不同。

崩塌：倾倒、坠落，崩塌后崩塌体破碎凌乱，崩塌脱离母体。

滑坡：切向位移，滑坡体整体性好，滑坡很少脱离母体。

5.2.2　滑坡

1. 滑坡分类

滑坡形成于不同的地质环境，并表现为各种不同的形式和特征。滑坡分类的目的就在于对滑坡作用的各种环境和现象特征以及产生滑坡的各种因素进行概括，以便正确反映滑坡作用的某些规律。在实际工作中，可利用科学的滑坡分类去指导勘察工作，衡量和鉴别给定地区产生滑坡的可能性，预测斜坡的稳定性以及制定相应的防滑措施。

目前滑坡的分类方案很多，各方案所侧重的分类原则不同。下面仅重点介绍两类：

(1) 按斜坡岩土类型分类，按岩土类型来划分滑坡类型能够综合反映其特点，是比较好的分类方法。我国铁道部门按组成滑体的物质成分提出了分类方案，可分为：黏性土滑坡、黄土滑坡、堆填土滑坡、堆积土滑坡、破碎岩石滑坡、岩石滑坡六大类。

① 黏性土类滑坡。不同成因和环境下形成的黏性土岩组各具不同的性质，岩土的力学强度和可变性随所含亲水矿物的种类和含量而异。所以黏性土类滑坡，应随研究的深入而按不同的地区、成因、岩性和滑动特征进行细分。

② 黄土类滑坡。黄土的垂直孔隙发育有利于水的下渗、直立性好可维持陡坡，尽管气候干旱，却常在黄土层底部形成饱水带，新生的滑坡往往是突然的剧烈滑动。

③ 堆积土类滑坡。堆积土滑坡滑体以碎石土为主，土质和结构具有不均匀的特点。在堆积体内部，不同成因、年代的堆积层之间的黏性土层相对隔水，滑动常沿着软化的黏性土层发生。

④ 堆填土类滑坡。发生在由人工填筑的堤坝和场地以及弃渣、废矸堆场的滑坡，称堆填土滑坡。常见的有铁路、公路和人工填筑的广场、路堤和弃土堆于斜坡上的滑坡，以及浸水路堤、岸边各种堆土的坝等，填筑于江、河、湖、海和水库中的人工填筑物，在水流作用下发生的滑坡和人工填筑物沿水底向下游的滑动。

⑤ 破碎岩石滑坡类。这类滑坡，包括在错落基础上生成的滑坡，或由错落转化的滑坡，以及沿断层带破碎岩层生成的滑坡，勘察研究的重点是岩体破碎的成因和滑带水的关系。

⑥ 岩石滑坡类。滑体为整块或几大块完整的岩体，以陡立的贯通性结构面与母体分离，滑动面沿着岩体中倾向临空面的结构面形成。

(2) 以滑坡规模大小或滑体厚度的分类，可以推断滑动带埋藏深度和选择工程措施类型、估算防治工程造价。在勘察初期需尽快了解滑坡的规模包括滑体的方量、厚度和范围，对于分析危害和决策是否整治等有决定性意义。按滑动体积划分为小型、中型、大型和特大型滑坡四类，有利于确定防治对策。

① 小型滑坡：一般滑体 10 万 m³ 以内，以在不动路线方案前提下采取工程措施整治为原则，在技术上易行、费用上经济。

② 中型滑坡：滑体在 50 万 m³ 左右，为减少整治量或便于施工可局部移动线路为原则，采取综合措施防治者成效较佳。

③ 大型滑坡：滑体在 100 万～200 万 m³ 左右，一般应经过路线绕避滑坡的方案比较，才可采取防治工程措施处理；整治工程应有针对病因或危害的主体工程，与削弱或控制其他作用因素的多种辅助工程相结合，作用才显著。

④ 特大型滑坡：滑体达 500 万 m³ 以上，治理费巨大，多以改线绕避为主。在有重要理由的前提下才进行勘测工作，经过方案比选确实经济可行、且无失误可能时才治理。

2. 滑坡成因

(1) 自然条件，主要包括滑坡体的物质组成、水和地震等因素

(2) 人为因素：筑路、修建水库、采矿等大规模工程活动

① 乱挖乱填可能会诱发滑坡灾害

工程建设中过度追求场地的绝对平整，因之形成的挖、填方边坡还可能成为滑坡隐患。南方不少农村经常在植被茂密但岩层风化强烈的斜坡地段开挖，形成圈椅状边坡围成的场地，而又不能采取必要的支护，暴雨时，极易遭受滑坡灾害。如图 5-2-6 所示。

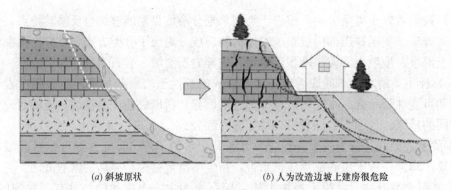

(a) 斜坡原状　　　　　　　　　　(b) 人为改造边坡上建房很危险

图 5-2-6　人为改造可能引发滑坡

② 随意兴建池塘也会诱发地质灾害

在村镇建设中，为了生活、生产用水的需要，常常新建不少池塘，也美化了乡村景色。由于未经过合理的选址和设计，这些池塘往往建设在滑坡体或不稳定的斜坡上。当滑坡体或不稳定斜坡发生变形拉裂时，池塘的水体极易渗入，加剧了滑坡的形成，带来了严重的地质灾害。因此，应该合理地选择池塘的位置，特别是位于房屋后部斜坡上时更应该注意，同时，也要控制池塘的规模。

③ 轻视基础设施建设将会诱发滑坡灾害

④ 随意选择绿化植物也可能诱发滑坡灾害

图 5-2-7　绿化植物引发的滑坡

大量的事例说明，当斜坡较陡，表层土体松软时，过密的植被过高的乔木反而更易引起表层滑坡（图 5-2-7），农村常称为"鬼剃头"，香港称为"山泥倾泻"，国外的教科书称为"碎屑流"、"泥流"、"泻流"等。后山绿化是防治坡面泥石流的一种好方式，但是要常常查看后山植被的变形形状，如"马刀树"，"醉汉林"等表示斜坡不稳定。在台风等多发区，房屋后面斜坡一定范围内最好不要种植茂密的竹林或高大乔木，"树大招风"，树木迎风摆动时会加剧土体的松动和促进水体的入渗，导致山坡稳定性下降，甚至诱发滑坡灾害。

3. 滑坡危害

中国是滑坡地质灾害十分严重的国家。据初步调查，全国大约有中型以上灾害点 3 万处，小型灾害点多达数十万甚至 100 多万处。1949～2009 年的 45 年间，共发生破坏较大灾害 6000 多次，造成重大损失的严重灾害事件至少有 1200 次。崩滑流灾害分布十分广泛，在全国 32 个省（市、自治区）中，除上海等个别省市自治区外，均受到不同程度的危害。其危害主要体现在以下几个方面：

（1）滑坡对线性工程的危害

滑坡对线性工程的危害是相当严重的，主要表现在以下两个方面：①线性工程在滑坡体上，滑坡滑动推动线性工程一起运动，使线性工程毁坏；②线性工程在滑坡前缘，滑坡发生后将线性工程埋没，产生灾害。如成昆铁路铁西车站内 1980 年 7 月 3 日 15 时 30 分发生的滑坡，可以说是迄今为止发生在我国铁路史上最严重的滑坡灾害，被称为"铁西滑坡"。该滑坡位于四川省越西县凉山牛日河左岸谷坡上。滑坡体从长 120m，高 40～50m 的采石场边坡下部剪切滑出。剪出口高出采石场坪台和铁路路基面 10m。滑坡体填满采石场后，继续向前运动，掩埋铁路涵洞、路基，堵塞铁西隧道双线进洞口，堆积在路基上的滑坡体厚达 14m，体积为 220 万 m³。越过铁路达 25～30m，掩埋铁路长 160m，中断行车 40 天，造成的经济损失仅工程治理费就达 2300 万元。图 5-2-8 和图 5-2-9 为滑坡破坏的铁路和公路设施。

图 5-2-8　滑坡破坏铁路

图 5-2-9　滑坡破坏公路

（2）滑坡对房屋建筑物的危害

滑坡对房屋的危害非常普遍，也很严重。房屋无论是在滑体上，还是在滑体前沿外侧的稳定岩土上，都会遭到毁坏。

1972 年 6 月 16～18 日，暴雨倾盆，18 日 13：10，香港东九龙秀茂坪一近 40m 高的逐层碾压风化花岗岩填土边坡迅速下滑，淹没了位于坡脚下的安置区，造成 71 人死亡，60 人受伤；同日下午 9：00，港岛宝珊道上方一陡峭斜坡破坏，摧毁了一栋 4 层楼房和一栋 15 层综合楼，致使 67 人丧生。在这次暴雨中，由于滑坡泥石流灾害造成的伤亡总数达 250 人，成为香港历史上滑坡泥石流灾害最惨痛的一次灾害（图 5-2-10）。

图 5-2-10　香港 1972 年滑坡

（3）滑坡对江河的危害

2003 年湖北秭归千将坪滑坡阻塞河道，如图 5-2-11 所示。

图 5-2-11　湖北秭归千将坪滑坡滑动堵江

（4）滑坡对森林的危害

西部山区森林植物大多比较好，一旦发生滑坡，对其危害也是相当大的。

（5）滑坡对生命财产的危害

滑坡对人们生命财产的危害是相当严重的。1965 年 11 月 22 日，云南省禄劝县老深乡发生特大型滑坡，埋没 4 个村庄，死亡 440 多人，毁地 1000 多亩。

（6）滑坡引起次生灾害

滑坡引起的次生灾害主要有泥石流、洪灾，有时还会引起小规模的地震发生。由于滑坡的发生往往与降雨有关，滑动土体为泥石流提供了物质积累，滑坡发生的同时伴随着泥石流发生，造成的灾害更加严重。此外，滑坡发生可能导致江河湖泊阻塞，堵河成库，一旦决口，形成洪水。如 1967 年 6 月，四川雅江县唐古栋一带发生大型滑坡，滑体落入雅砻江，垒成一座高 175～355m、长 200m 的天然拦河大坝，堵江断流并造成长达 53km 的回水区。9 天之后，大坝决口溢流，造成洪水泛滥事故。滑坡、崩塌体落入江河之中，可形成巨大涌浪，击毁对岸建筑设施和农田、道路；推翻或击沉水中船只，造成人身伤亡和经济损失。落入水中的土石有时形成激流险滩，威胁过往船只，影响或中断航运。落入水库中的崩塌、滑坡体可产生巨大涌浪，使涌浪翻越大坝冲向下游形成水害。

4. 滑坡稳定分析

滑坡的发生是一个复杂的、动态的过程，特别是大型、特大型滑坡规模巨大，破坏性强，影响范围广，防治和治理措施复杂。滑坡稳定分析是工程治理的重要依据和前提，目前分析方法可以概括为两类：定性分析方法和定量分析方法。

（1）定性分析方法

定性分析方法主要是通过工程地质勘察，对影响边坡稳定性的主要因素、可能的破坏方式及失稳的力学机制等分析；对已变形地质体的成因及演化史进行分析，结合以往工程经验，给出被评价边坡一个稳定性状况及其可能发展趋势的定性的说明。常用的方法有自然历史分析法、工程地质类比法、数据库和专家系统、图解法、SMR 法等。

（2）定量分析方法

稳定系数法是最早的滑坡稳定性分析方法。滑坡是在斜坡上岩土体遭到破坏，使滑坡体沿着滑动面（带）下滑而造成的地质现象。滑动面有平直的、弧形的、折线形的。沿层面或接触面滑动则为直线形滑动面；均质滑坡的滑动面为圆弧形滑面，节理发育岩体中的滑动面多为折线形滑面。

1）在平面滑动面情形下，滑坡体的稳定系数 K 为滑动面上的总抗滑力 R 与岩土体重力 W 所产生的总下滑力 T 之比，如图 5-2-12 所示。即

$$K = R/T \tag{5-2-1}$$

当 $K < 1$ 时，滑体发生滑动；$K \geqslant 1$ 时，滑体稳定或处于极限平衡状态。

2）在圆形滑动面情形下（图 5-2-13），主要采用条分法进行稳定性分析，它是基于极

限平衡法理论提出来的，是将有滑动趋势范围内的边坡土体沿某一滑动面切成若干竖条或斜条，在分析条块受力的基础上建立整个滑动土体的力或力矩平衡方程，并以此为基础确定边坡的稳定安全系数。这些方法均假设土体沿着一个潜在的滑动面发生刚性滑动或转动。简化的极限平衡法有瑞典法、Bishop 法、Spencer 法、Janbu 法、Sarma法等。瑞典圆弧滑动法是条分法中最古老而又最简单的方法。通过计算滑坡体的安全系数 K_s，来预测边坡的稳定性。

瑞典圆弧法作以下假设：

① 将滑坡稳定性问题视为平面应变问题。

② 滑动力以平行于滑动面的剪应力和垂直于滑动面的正应力集中作用于滑动面上。

③ 视滑坡体为理想刚塑材料，认为整个加荷过程中，滑坡体不会发生任何变形，一旦沿滑动面剪应力达到其抗剪强度（τ_f），则滑坡体即开始沿滑动面产生剪切破坏，亦即假设滑裂面上土体每一点应力状态均在摩尔圆上或以内，但不要求滑体内每点应力状态均在摩尔圆上，即处于极限平衡状态。

④ 假设滑动面已知，且滑动面的破坏服从莫尔－库仑（Mohr-coulomb）破坏准则，即滑动面强度主要受黏聚力及摩擦力控制。

条分法是将滑动土体竖直分成若干土条，将滑动土体竖直分条并编号，把土条当成刚体，条块间不产生相互作用力，分别求作用于各土条上的力对圆心的滑动力矩和抗滑力矩，然后按下式求土坡的稳定安全系数 K_s。如图 5-2-14 所示。

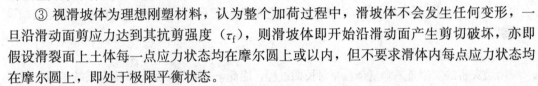

图 5-2-12 平面滑动土体受力

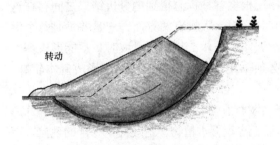

图 5-2-13 圆弧滑动土体

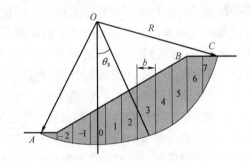

图 5-2-14 条分法基本原理

$$K_s = \sum M_{抗滑力矩} / \sum M_{下滑力矩} \tag{5-2-2}$$

当 $K_s < 1.0$ 时，不稳定状态；

当 $K_s = 1.0$ 时，临界状态；

当 $K_s > 1.0$ 时，稳定状态。

用瑞典圆弧法检验土坡稳定性时，最大困难是寻找最危险性滑动圆弧，需反复试算，找出安全系数最小值 K_{smin} 的滑动面，才是真正的滑动面。为此取一系列圆心 O_1、O_2、O_3…和相应的半径 R_1、R_2、R_3…，可算出各自的安全系数 K_{s1}、K_{s2}、K_{s3}…，其中最小值 K_{smin} 所对应的滑动面为最危险的滑动面，即为最可能发生滑坡的危险面。

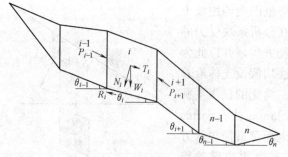

图 5-2-15　折线滑动面滑坡稳定分析

3）在折线滑动面情形下（图 5-2-15），可采用分段的力学分析。从上至下逐块计算推力，每块滑坡体向下滑动的力与岩土体阻挡下滑力之差，也称剩余下滑力，是逐级向下传递的。

理论上讲，边坡安全系数大于 1 是安全的，小于 1 不安全。由于研究对象岩土体的复杂性、参数选取和滑面的不确定性、计算模型的局限性、边界条件的简化等众多因素的影响，为了安全，引入了许用安全系数概念，规范叫做安全系数取值，如 1.15～1.35 等，就是引入了安全储备的概念，即在边坡安全系数等于 1 的基础上引入了一定的安全储备，这是经验的总结。但是许用安全系数的选取与边坡工作的程度有关，与所工作的地质体的把握程度和工程重要性有关，许用安全系数选大了（规范上也是给一个范围而非定值），边坡治理措施复杂，工程造价高，许用安全系数选小了，后果就是灾难。

5. 滑坡灾害的防治

滑坡灾害的发生是一个复杂且相对长期过程，因此，滑坡防治是一个综合系统工程，该系统包括滑坡的识别、滑坡的勘察、滑坡的监测、滑坡预报和滑坡的防治技术等方面的内容。

（1）滑坡的识别

识别正在活动的滑坡，特别是已经形成明显轮廓和显著变形的情况，相对来说比较容易。但辨认大型的古滑坡、老滑坡并不容易。表 5-2-1 列出了一些识别滑坡的标志。但滑坡现象是复杂的，复杂性表现在滑坡的成因、类型、运动过程以及各种条件组合形成的表现特征是千变万化的。在实际工作中，往往出现根据各种标志得到的分析结果之间存在这样或那样的差异，不容易得出统一的认识。究其原因，大概有两方面：一是并不是每个滑坡都会具有这些迹象，某种迹象也不是只有滑坡才有的；二是识别滑坡时，不能形成基本轮廓，只专注于某一个方面的分析。因此，必须采用综合分析方法，尽快形成基本轮廓，随着工作的深入不断验证、调整认识。

在陕西省蓝田县境内，秦岭山前一处山坡，坡面下缓上陡，缓坡与陡坡交界处有一片芦苇地。芦苇是一种喜水植物。在干旱地区的山坡上出现喜水植物，是一种不寻常的现象。芦苇地中有泥炭沉积，又说明芦苇地积水已经有很长时间。结合宏观地形判断，这个积水洼地可能是滑坡后缘的洼地。后来在缓坡下部勘探发现滑动镜面，证实了滑坡的存在。

（2）滑坡的勘察

以整治为目的的滑坡研究，应做到勘察研究方法有效，勘察研究成果结论可靠。勘察内容包括：地形测量、滑坡勘探、滑动面鉴定和连接、滑带土体物理力学试验及参数选择、滑坡稳定性评价和风险评估等内容。

地形测量包括滑坡区段的地形图测绘和滑坡基准纵、横断面测绘。为了能够反映滑坡要素，地形图测绘比例一般不大于 1：2000，变形范围小的滑坡，则需要 1：500 或者更大的比例。尽可能测绘出裂缝、台坎、马刀树（图 5-2-16）等变形迹象的位置等细节。断面的长度达到所有的滑坡区块外的正常地带。

滑坡识别标志 表 5-2-1

类型	现象标志	可靠程度
地貌形态	圈椅状地形	不可靠,需要其他证据
	双沟同源	较可靠,仍需要查证
	台地后部洼地	不可靠,需要其他证据
	非阶地、夷平面或构造原因形成的异常台地	不可靠,需要其他证据
	河谷、沟谷中异常突出的地形	不可靠,可查证前缘整齐老地层超覆河床
	反坡地形和坡面台坎	不可靠,可查证与周围地层的连续性
	坡面裂缝	不可靠,需要查证裂缝原因和其他证据
地层变位	局部地层产状异常,与周围不连续	较可靠,仍需查证
	岩土体结构松弛、架空	不可靠,需要排除其他病害
	与周围无关系的飞来地层或老地层覆盖新地层	较可靠,需排除构造原因
	孤立岩体混杂于松散堆积物中	较可靠,需要排除风化残积现象
	变位岩土体上游出现新近湖相沉积而下游没有	较可靠,需要查证排除崩塌病害
地下水	坡脚出现渗水层或近水平成排泉水	较可靠,仍需要查证
	坡面或台坎下出现呈排状分布的出水点或泉水	可靠
	喜水植物成水平带状分布	不可靠,需要查证
地物	坡面建筑物出现裂缝、歪斜	不可靠,需要查证变形原因和其他证据
	树木歪斜和马刀树	较可靠,仍需要查证
	古树木、古建筑被掩埋	不可靠,需要查证

滑坡勘探包括：钻探、挖探、坑探、物探等。各种方法适用的土层深度不同，挖探和坑探一般适用于 3～4m 左右的深度，简易钻探深度 3～10m，冲击钻探可达百米，物探是利用岩土体材料的导电性和导磁性，根据接收信号判断地层缺陷及力学性质。

滑带土体物理力学性质试验包括含水量、密度、工程分类、抗剪强度、原位试验等。主要目的是掌握滑带土的参数，为稳定分析提供依据。

图 5-2-16　滑坡体上的马刀树

（3）滑坡的监测

滑坡的监测是一个动态、长期的过程，包括：地面位移监测、地下位移和滑动面监测、地下水变化监测和地应力监测。对于大型或特大型滑坡，可采取预埋应力传感器等方法，实时监测地应力的变化，随时掌握重要滑坡的变化趋势。

（4）滑坡预报

在监测基础上，滑坡预报非常重要，采用可靠的预报理论和预报方法进行滑坡的宏观迹象预报和位移速度预报，对避免滑坡灾害的发生十分重要。

目前，随着人们对滑坡机理认识的深入和数理方法及计算机技术的应用，各种预报方法不断涌现，并取得了良好的效果。滑坡预报主要有空间和时间两个方面，缺一不可。滑坡的空间预报是指对滑坡的发生地点、规模的预测，使用较多的方法有：传统的安全系数法、神经网络法和模糊综合判定法等。滑坡的时间预报是指对滑坡的发生具体时间进行预测，即对获得的监测数据，通过某种数学模型预测坡体未来的某一时刻的状态，预测选点必须以空间预报为依据，避免造成错漏的弊端，常用方法有：斋藤法、灰色理论模型法和非线性动力模型法等。

简单介绍一下斋藤法。该方法是国内外系统研究滑坡预测预报的初始理论。该方法以土体的蠕变理论为基础。土体的蠕变分为三个阶段，第 Ⅰ 阶段是减速蠕变阶段，第 Ⅱ 阶段是稳定蠕变阶段，第 Ⅲ 阶段是加速蠕变阶段。

运用这种方法，我国学者对 1983 年 7 月 9 日发生的金川露天矿采石场滑坡和 1985 年 6 月 12 日发生的湖北新滩滑坡等进行了成功的预报。

滑坡临滑前具有许多前兆，通常表现为：

① 滑坡山坡上有明显的裂缝，裂缝在近期不断加长、加宽、增多，特别是当滑坡后缘出现贯通性弧形张裂缝，并且明显下座时，说明即将发生整体滑坡。2006 年甘肃永靖黄茨滑坡挤压致使前缘出现鼓翘表征，如图 5-2-17 所示。

② 滑坡体上出现有不均匀沉陷，局部台阶下座，参差不齐。

③ 滑坡体上多处房屋、道路、田坝、水渠出现变形拉裂现象。如 2005 年四川丹巴滑坡前缘导致房屋出现裂缝（图 5-2-18）。

图 5-2-17　滑坡挤压致使前缘地面鼓翘　　　　图 5-2-18　滑坡前缘挤压导致建筑物错裂

④ 滑坡体上电杆、烟囱、树木、高塔出现歪斜，说明滑坡正在蠕滑。

⑤ 滑坡前缘出现鼓胀变形或挤压脊背，说明滑坡变形加剧。如图 5-2-19 所示。

（5）滑坡的防治技术

城镇规划和工程选址时，应尽量避开滑坡影响区域，在难以避免的情况下，滑坡的防治要贯彻"及早发现，预防为主；查明情况，综合治理；力求根治，不留后患"的原则。滑坡防治要结合边坡失稳的因素和滑坡形成的内外部条件，合理地选择滑坡的治理措施。滑坡的治理措施可以概括为两大类：一类是滑坡的控制措施，主要有排水、减重反压工程、滑带土改良等；另一类是滑坡的抑制措施，主要包括边坡防护、支挡工程。

1）控制措施

① 排水工程

a. 排除地表水：滑坡的发生和发展，与地表水的危害有密切关系。所以，设置排水系统来排除地表水，对治理各类滑坡都是适用的，对治理某些浅层滑坡，效果尤其显著。设置截水沟和排水明沟系统。截水沟是用来截排来自滑坡体外的坡面径流；排水明沟系统，以汇集坡面径流引导出滑坡体外，如图 5-2-20 所示。

图 5-2-19　前缘出现有规则的纵张裂缝

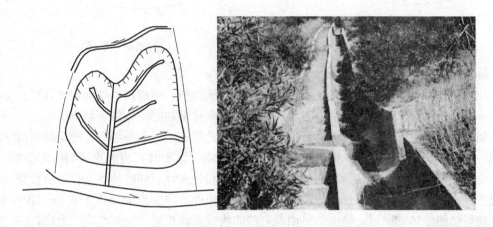

图 5-2-20　地面排水沟布置示意图和边坡排水沟

b. 排除地下水：地下水通常是诱发滑坡的主要因素，排除有害的地下水、尤其是滑带水，是治理滑坡的一项有效措施。滑坡地下排水系统包括截水盲沟、支撑盲沟、盲洞、仰斜钻孔、渗管、渗井、垂直钻孔以及砂井与平孔相结合、渗井与盲洞相结合等工程设施，如图 5-2-21 所示。

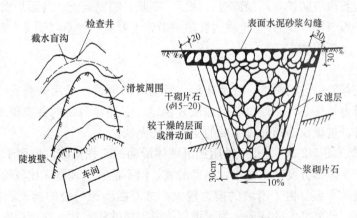

图 5-2-21　地下排水系统布置和构造

② 减重反压工程

通过削减坡角或降低坡高，削去滑坡体后缘的土体，以减轻斜坡不稳定部位的重量，可以使滑坡的稳定性得到根本的改善（图 5-2-22）。当山坡前缘出现地面鼓起和推挤时，表明滑坡即将滑动。这时应该尽快在前缘堆积砂石压脚（图 5-2-23），抑制滑坡的继续发展，为财产转移和滑坡的综合治理赢得时间。

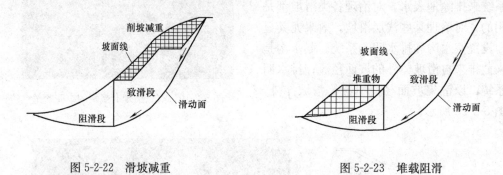

图 5-2-22　滑坡减重　　　　　　　　　　图 5-2-23　堆载阻滑

③ 滑带土改良

用物理化学方法改善滑坡带土石性质，改良岩土性质、结构，以增加坡体强度。主要措施：对岩质滑坡采用固结灌浆、对土质滑坡采用电化学加固、冻结、焙烧等。

焙烧法是利用导洞焙烧滑坡脚部的滑带土，使之形成地下"挡墙"而稳定滑坡的一种措施。利用焙烧法可以治理一些土质滑坡。用煤焙烧砂黏土时，当烧土达到一定温度后，砂黏土会变成像砖块一样，具有相同高的抗剪强度和防水性，同时地下水也可从被烧的土裂缝中流入坑道而排出。用焙烧法治理滑坡，导洞须埋入坡脚滑动面以下 0.5～1.0m 处。为了使焙烧的土体成拱形，导洞的平面最好按曲线或折线布置。导洞焙烧的温度，一般土为 500～800℃。通常用煤和木柴作燃料，也可以用气体或液体作燃料。焙烧程度应以塑性消失和在水的作用下不致膨胀和泡软为准。

2）抑制措施

① 边坡防护

根据滑动边坡土质不同，可以分为岩石边坡和土质边坡两大类，采取的防护措施也存在较大差别，岩石边坡防护常用措施有：抹面、喷浆、喷混凝土、片石护墙、锚杆喷浆护坡、挂网喷浆护坡（图 5-2-24）；土质边坡防护措施主要有：种草（图 5-2-25）、砌片石框架或锚杆护坡、土工织物。

② 支挡工程

由于失去支撑而引起的滑坡，或滑床陡、滑动快的滑坡，采用修筑支挡工程的办法，可增加滑坡的重力平衡条件，使滑坡迅速恢复稳定。支挡建筑物的种类很多，如抗滑墙、抗滑桩、锚固等。这里仅介绍几种主要的支挡工程办法。

a. 抗滑挡墙（图 5-2-26）。是一种阻挡滑坡体滑动的工程措施，适用于治理因河流冲刷或因人为切割支撑部分而产生的中、小型滑坡，但不适宜治理滑床比较松软、滑面容易向下或向上发展的滑坡。由于滑坡的推力较大，抗滑挡墙比一般的挡土墙要设计得宽大些，具有胸坡缓、外形宽大的特点。为了增加抗滑挡墙的稳定性，在墙后应设一二米宽的衡重台或卸荷平台，挡墙的胸坡越缓越好，一般用 1∶0.3～1∶0.5，也有 1∶0.75～1∶1。

图 5-2-24 岩石边坡挂网防护

图 5-2-25 土质边坡种草防护

抗滑挡墙，一般多设置于滑坡的前缘，基础埋入完整稳定的岩层或土层的一定深度。挡墙背后应设置顺墙的渗沟以排除墙后的地下水，同时在墙上还应设置泄水孔，以防止墙后积水泡软基础。

　　b. 抗滑桩（图 5-2-27）。用来治理滑坡既要保证桩不被剪断、推弯或推倒，也要保证桩间土体不会从桩间滑走或因桩高不够导致土体从桩顶滑出。抗滑桩应设置在滑体中下部，滑动面接近于水

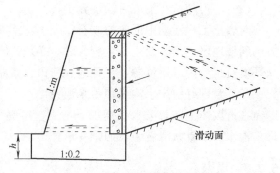

图 5-2-26 抗滑挡墙示意图

平，而且也是滑动层较厚的部位。一定要保证桩身有足够的强度和锚固深度、桩高和桩间距离都要适当。抗滑桩的施工方法主要有打入法、钻孔法和挖孔法三种。对于浅层的黏性土和黄土滑坡，可直接用重锤把木桩、钢轨桩、钢管桩、钢筋混凝土管桩等打入，简单易行；对于中厚层的大型滑坡，则多采用钻孔法和挖孔法施工。

　　c. 锚固（图 5-2-28）。利用穿过软弱结构面、深入至完整岩体内一定深度的钻孔，插入钢筋、钢棒、钢索、预应力钢筋及回填混凝土，借以提高岩体的摩擦阻力、整体性与抗剪强度，这种措施统称为锚固。如长江南岸链子崖危岩体治理和会同县中心街滑坡治理中都采用了此种锚索。预应力锚索是一种较复杂的锚固工程，需要专门知识与经验，施工监理人员应具有丰富的理论和经验。

6. 滑坡体作为建设用地必须注意的问题

在山区，由于古老滑坡堆积形成的地形较为平坦，常常作为农村居民点、村、乡镇甚至县城的场址。在利用古老滑坡作为新址时，应注意以下几个方面的问题：

（1）不可在滑坡前缘随意开挖坡脚

在滑坡体上修房、筑路、场地整平、挖砂采石和取土等活动中，不能随意开挖滑坡体坡脚。如果必须开挖且挖方规模较大时，应事先由相关专业部门制定开挖施工方案，并经过专业技术论证和主管部门批准，方能开挖。坡脚开挖后，应根据施工方案和开挖后的实际情况对边坡进行及时支挡。

137

图 5-2-27　抗滑桩　　　　　　　　　图 5-2-28　锚固抑制滑坡

（2）不得随意在滑坡后缘堆弃土石

对岩土工程活动中形成的废石、废土，不能随意顺坡堆放，特别是不能堆砌在乡镇上方的斜坡地段。当废弃土石量较大时，必须设置专门的弃土场。最好的办法是把废弃土石从环境负担变为可用资源，在整地、造田、修路等需要填土的工程中加以充分利用。

（3）管理好引排水沟渠和蓄水池塘

在滑坡体上随意泼水会增加下滑力，容易引发灾害；滑坡后缘洼地水塘未经防渗处理，池水易于渗入滑坡中，加剧变形。

5.2.3　崩塌

1. 崩塌分类

（1）根据坡地物质组成划分

① 崩积物崩塌：山坡上已有的崩塌岩屑和沙土等物质，由于它们的质地很松散，当有雨水浸湿或受地震震动时，可再一次形成崩塌。

② 表层风化物崩塌：在地下水沿风化层下部的基岩面流动时，引起风化层沿基岩面崩塌。

③ 沉积物崩塌：有些由厚层的冰积物、冲击物或火山碎屑物组成的陡坡，由于结构疏散，形成崩塌。

④ 基岩崩塌：在基岩山坡面上，常沿节理面、地层面或断层面等发生崩塌。

2004 年 12 月 11 日 22 时 20 分甬台温高速公路乐清段发生山体崩塌，导致高速公路交通中断（图 5-2-29）。

（2）根据崩塌体的移动形式和速度划分

① 散落型崩塌：在节理或断层发育的陡坡，或是软硬岩层相间的陡坡，或是由松散沉积物组成的陡坡，常形成散落型崩塌。

② 滑动型崩塌：沿某一滑动面发生崩塌，有时崩塌体保持了整体形态，和滑坡很相似，但垂直移动距离往往大于水平移动距离。

③ 流动型崩塌：松散岩屑、砂、黏土，受水浸湿后产生流动崩塌。这种类型的崩塌和泥石流很相似。称为崩塌型泥石流。

2. 崩塌的形成条件

（1）内部条件

岩土类型、地质构造、地形地貌三个条件，又通称为地质条件，它是形成崩塌的基本条件。

① 岩土类型。岩土是产生崩塌的物质条件。不同类型、所形成崩塌的规模大小不同，通常岩性坚硬的各形成规模较大的岩崩，页岩、泥灰岩等互层岩石及松散土层等，往往以坠落和剥落为主。

图 5-2-29　甬台温高速公路乐清段山体崩塌

② 地质构造。各种构造面，如节理、裂隙、层面、断层等，对坡体的切割、分离，为崩塌的形成提供脱离体（山体）的边界条件。坡体中的裂隙越发育、越易产生崩塌，与坡体延伸方向近乎平行的陡倾角构造面，最有利于崩塌的形成。

③ 地形地貌。坡度大于 45°的高陡边坡，孤立山嘴或凹形陡坡均为崩塌形成的有利地形。

（2）外部条件

① 地震。地震引起坡体晃动，破坏坡体平衡，从而诱发坡体崩塌，一般烈度大于 7 度以上的地震都会诱发大量崩塌。

② 融雪、降雨。特别是大暴雨、暴雨和长时间的连续降雨，使地表水渗入坡体，软化岩土及其中软弱面，产生孔隙水压力从而诱发崩塌。

③ 地表冲刷、浸泡。河流等地表水体不断地冲刷边脚，也能诱发崩塌。

④ 不合理的人类活动。如开挖坡脚、地下采空、水库蓄水、泄水等改变坡体原始平衡状态的人类活动，都会诱发崩塌活动。

还有一些其他因素，如冻胀、昼夜温度变化等也会诱发崩塌。

3. 崩塌的特征

（1）速度快：崩塌历时较短，崩塌发生速度一般为 5～200m/s。

（2）规模差异大：崩塌岩体的规模大小不一，规模从 1～108m³ 不等，见表5-2-2。

崩塌规模等级　　　　　　　　　　　　　　　　　　　　　　　　表 5-2-2

灾害等级	特大型	大型	中型	小型
体积 $V(10^4 m^3)$	$V \geqslant 100$	$100 > V \geqslant 10$	$10 > V \geqslant 1$	$V < 1$

（3）崩塌下落后，崩塌体各部分相对位置完全打乱，大小混杂，形成较大石块翻滚较远的倒石堆。

4. 崩塌危害

崩塌是我国最为严重的地质灾害类型之一，每年都会发生数千起，在我国各类地质灾害中所占比例一直较大。尽管这种灾害突发性强，难以被准确预报，但其显著的空间和时间分布规律还是给我们的防灾救灾工作提供了一定帮助。在空间上，崩塌具有明显的区域性规律，在平原地区和城市中通常是碰不到崩塌的，主要发生在山区、丘陵区或黄土分布区。崩塌主要危害有：

（1）崩塌对乡村最主要的危害是摧毁农田、房舍、伤害人畜、毁坏森林、道路以及农业机械设施和水利水电设施等，有时甚至给乡村造成毁灭性灾害。例如 1984 年 12 月 20 日，陕西省高陵县蒋刘乡发生滑坡，死亡 22 人，毁坏耕地 245 亩，房屋 159 间，整个村庄被毁。

（2）位于城镇附近的崩塌常常砸埋房屋，伤亡人畜，毁坏田地，摧毁工厂、学校、机关单位等，并毁坏各种设施，造成停电、停水、停工，有时甚至毁灭整个城镇。例如，1987 年 9 月 17 日凌晨 四川巫溪县城龙头山发生岩崩，摧毁一栋 6 层的宿舍、两家旅舍、居民房 29 余户，掩埋公路干线 70 余米，造成 122 人死亡，直接经济损失达 270 万元左右。又如云南金沙江下游段大砂坝，历史上曾为米粮川，1754 年发生一次大滑坡，淤埋了古县城，从此变成荒沙滩，年年发生泥石流。

（3）发生在工矿区的崩塌，可摧毁矿山设施，伤亡职工，毁坏厂房，使矿山停工停产，常常造成重大损失。例如云南省威信县墨黑煤矿山区，近 40 年来分别于 1948 年、1984 年、1987 年 8 月、1987 年 12 月、1988 年 1 月发生较大崩塌。据不完全统计共毁坏民房 157 户，毁坏耕地 824 亩，损失粮食 22 万斤；摧毁煤矿通信井 2 处、回风巷 800m、运输巷 450m，损坏 10 万伏高压输电线 800m，造成煤矿停产的经济损失 113 万元。

（4）对水利水电工程、公路、铁路、河运及海洋工程方面也造成很大危害。

5. 崩塌灾害的防治措施和对策

（1）防治崩塌的工程措施

① 遮挡。即遮挡斜坡上部的崩塌物。这种措施常用于中、小型崩塌或人工边坡崩塌的防治中，通常采用修建明硐、棚硐等工程进行，在铁路工程中较为常用。

② 拦截。对于仅在雨后才有坠石、剥落和小型崩塌的地段，可在坡脚或半坡上设置拦截构筑物。如设置落石平台和落石槽以停积崩塌物质，修建挡石墙以拦坠石；利用废钢轨、钢钎及钢丝等编制钢轨或钢钎棚栏来拦截，这些措施也常用于铁路工程。

③ 支挡。在岩石突出或不稳定的大孤石下面修建支柱、支挡墙或用废钢轨支撑。

④ 护墙、护坡。在易风化剥落的边坡地段，修建护墙，对缓坡进行水泥护坡等。一般边坡均可采用。

⑤ 镶补沟缝。对坡体中的裂隙、缝、空洞，可用片石填补空洞、水泥砂浆勾缝等以防止裂隙、缝、洞的进一步发展。

⑥ 刷坡、削坡。在危石孤石突出的山嘴以及坡体风化破碎的地段，采用刷坡技术放缓边坡。

⑦ 排水。在有水活动的地段，布置排水构筑物，以进行拦截与疏导。

（2）崩塌防治对策

人为不合理活动是诱发崩塌发生的重要因素，为此，在山体坡脚和江河、湖库上严禁滥采、破坏植被等可能引起崩塌的工程活动。近年来，超量开采江沙，不仅破坏了河床结构，造成险沟险滩，而且使某些河段河流改道，影响安全航行和危及堤坝的安全。如长江航道上无序的采沙乱挖江沙，造成长江崩岸、淤积泥沙严重、堵塞航道、船舶搁浅、触礁等事件。因此，应做好山坡和岸坡稳定性的保护工作。

当崩塌发生时，现场人员应发出危险性警报。此外，当可能崩塌的山体上部的张性或张剪性裂缝不断扩大加宽、其速度突增并有小型坠落现象时，表现崩塌已处于临界状态，特别是在雨季，崩塌就会一触即发。在这种情况下，应发出崩塌警报，撤离其下居民和转移财物，从而减轻崩塌的灾害。

崩塌发生时，不但整体性岩土体崩落可引起灾害，而且伴有的滚石也可造成灾害。所以，当遭遇山体崩塌时，应保持冷静，采取因时因地的堤坝防护和躲避措施。在逃离、躲避时，应向两侧逃跑，来不及逃跑时，应就地躺在附近的地沟或陡坎下。

崩塌一旦将江河堵塞时，应尽快炸开崩塌构筑的"大坝"泻流，避免坝内集水过多后溃坝形成特大洪水，酿成下游的严重侵蚀和水灾。

6. 日常工程活动中如何避免崩塌滑坡灾害

（1）在工程选址中尽量避开已有或易于发生地质灾害的地段

在工程选址中，首先要看工程地基的好坏，同时也要看外围有无可能危及工程安全的崩塌滑坡等地质灾害，还要看工程建设本身是否会给当地或外围地质环境造成不良影响。工程选址阶段首先要做好工程地质工作，工程选址（选线）的地质工作范围应尽可能广些，广泛考虑所有可能遇到的问题和可供比选的地域。例如 1967 年发生于雅碧江畔的唐古栋滑坡，堵江造成 175m 高的堆石坝，迴水近百公里，7 天之后溃决，巨大的洪峰将沿途河谷中的什物一扫而光，下流约 500km 入金沙江，尚有水头高 15m，带动了成昆铁路沿江段沿线很多滑坡复活。

其次，工程选址阶段的工程地质工作必须达到足够的深度。地质情况，很多隐蔽于地下，不投入应有的工作量和进行较为深入细致的研究难以查清，对重要问题一旦有所疏漏，常会造成严重后果。例如三峡水库移民湖北省巴东县新城选址，看中了附近在水库迴水高程以上一片较缓山坡（黄土坡），孰料该处有一较大古滑坡存在。由于表部形迹已不太明显，在选址勘查中投入的工作量有限，只按一般工民建地基勘查，未能揭露滑坡，只作了正常情况的评价。待县政府大楼等很多高楼兴建后，才发现滑坡问题。虽经后来的勘查评价，在一般情况下滑坡尚较稳定，但毕竟受过滑动破坏，原有老滑床成为最敏感的易滑面，不能再作正常的稳定坡体对待，即使仍勉强加以利用，也要针对滑坡不同块段的稳定条件重新调整城建工程布局和基础施工方法，并需采取特殊严格的排水措施。对某些安全程度较低的块段，还需采取必要的防治工程措施。这就使城市建设陷入进退两难的被动局面。

（2）工程设计和施工中注意避免因开挖、弃土、排水而诱发崩塌滑坡

在预防因人类工程经济活动中而诱发崩塌滑坡灾害发生方面只要在各项工程建设设计和施工中加强地质环境保护，减少人为破坏，就可以防止一些致灾地质作用的发生。减少因人为因素（如开挖、弃土、排水等）而诱发崩塌坡灾害的发生。因开挖、弃土、排水等不当而诱发崩塌滑坡实例不少，典型事例是发生于 1980 年 6 月的湖北省远安县盐池河磷矿山崩。

5.3 泥石流灾害

1. 泥石流及其特点

泥石流（debris flow）是指在山区或者其他沟谷深壑，地形险峻的地区，因为暴雨暴

雪或其他自然灾害引发的山体滑坡并携带有大量泥沙以及石块的特殊洪流，如图 5-3-1 所示。泥石流具有突然性以及流速快，流量大，物质容量大和破坏力强等特点。发生泥石流常常会冲毁公路铁路等交通设施甚至村镇等，造成巨大损失。

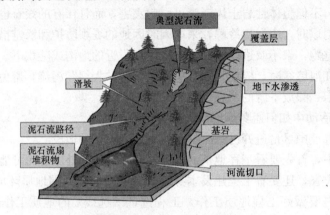

图 5-3-1　泥石流示意图

泥石流是含有大量固体物质（泥和砂、石）的洪流。有四大特点：

① 其容重一般在 $1.2 \sim 2.3 t/m^3$ 之间；

② 流的性质和流态都不稳定；

③ 常具突发性，运动速度快；

④ 能量巨大，因而破坏能力极强。

泥石流发生的时间具有一定规律性：

① 季节性。我国泥石流的暴发主要是受连续降雨、暴雨，尤其是特大暴雨集中降雨的激发，一般发生在多雨的夏秋季节，具有明显的季节性。

② 周期性。泥石流的发生和发展也具有一定的周期性，且其活动周期与暴雨、洪水的活动周期大体相一致。当暴雨、洪水两者的活动周期与季节性相叠加时，常常形成泥石流活动的一个高潮。

2. 泥石流形成条件

泥石流形成一般必须具备 3 个条件：①较陡峻的便于集水、集物的地形地貌；②后缘物源区流动路径基岩地表沉积物堆积区丰富的松散物质；③短时间内有大量水源。

（1）地形地貌条件：地形上，山高沟深、地势陡峻，沟床纵坡降大，流域形状便于水流汇集。上游形成区地形多为三面环山，一面出口的瓢状或漏斗状，地形比较开阔，周围山高坡陡，山体破碎，植被生长不良，有利于水和碎屑物质的集中；中游流通区，地形多为狭窄陡深的峡谷，谷床纵坡降大，使泥石流能够迅猛直泻；下游堆积区地形为开阔平坦的山前平原或河谷阶地，使碎屑物有堆积场所。

（2）松散物质来源条件：地表岩层破碎，滑坡、崩塌等不良地质现象发育，为泥石流提供了丰富的固体物质来源；另外，岩层结构疏松软弱，易于风化，节理发育，或软硬相间成层地区，因易受破坏，也能为泥石流提供丰富的碎屑物质来源；一些人类工程经济活动，如滥伐森林造成水土流失，采矿、采石形成的尾矿、弃渣等，往往也为泥石流提供大量的物质来源。

（3）水源条件：水既是泥石流的重要组成部分，又是泥石流的重要激发条件和搬运介质的动力来源。水源有暴雨、冰雪融水和溃决水体等。我国泥石流水源主要来自暴雨和长时间的连续降雨、高山融雪及冰湖溃决等。

3. 泥石流分类

（1）按泥石流体的物质组成分类

泥石流：这是由浆体和石块共同组成的特殊流体，固体成分从粒径小于 0.005mm 的黏土粉砂到几米至 10~20m 的大漂砾，黏性大，固体物质占 40%~60%，最高达 80%。其中的水不是搬运介质，而是组成物质，稠度大，石块呈悬浮状态，暴发突然，持续时间也短，破坏力大。这类泥石流在我国山区的分布范围比较广泛，对山区的经济建设和国防建设危害十分严重。

泥流：是指发育在我国黄土高原地区，以细粒泥石流为主要固体成分的泥质流。泥流中黏粒含量大于石质山区的泥石流，黏粒重量比可达 15% 以上。泥流含少量碎石、岩屑，黏度大，呈稠泥状，结构比泥石流更为明显。水为搬运介质，石块以滚动或跃移方式前进，具有强烈的下切作用。其堆积物在堆积区呈扇状散流，停积后似"石海"。我国黄河中游地区干流和支流中的泥沙，大多来自这些泥流沟。

水石流：是指发育在大理岩、白云岩、石灰岩、砾岩或部分花岗岩山区，由水和粗砂、砾石、大漂砾组成的特殊流体，黏粒含量小于泥石流和泥流。水石流的性质和形成类似山洪。

（2）按流域形态分类

沟谷型泥石流：流域呈有狭长条形，其形成区多为河流上游的沟谷，固体物质来源较分散，沟谷中有时常年有水，故水源较丰富，流通区与堆积区往往不能明显分出（图 5-3-2）。

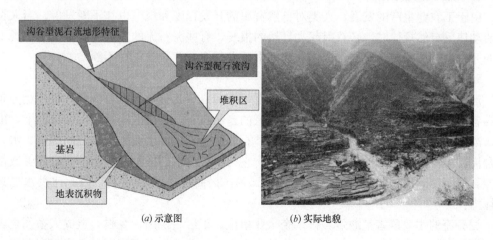

(a) 示意图　　　　(b) 实际地貌

图 5-3-2　沟谷型泥石流

山坡型泥石流：流域呈斗状，其面积一般小于 1000m²，无明显流通区，形成区与堆积区直接相连（图 5-3-3）。

（3）按泥石流流体性质分类

黏性泥石流：指呈层流状态，固体和液体物质作整体运动，无垂直交换的高容重（1.6~2.3t/m³）浓稠浆体。承浮和托悬力大，能使比重大于浆体的巨大石块或漂砾呈悬移状，在特殊情况下，人体也可被托浮悬移，1939 年 7 月四川汉源流沙河泥石流，将一

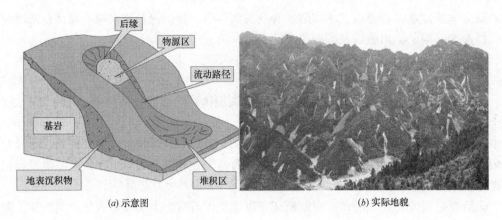

(a) 示意图　　　　　　　　　　　　　(b) 实际地貌

图 5-3-3　山坡型泥石流

位老人浮运 1.3km。

稀性泥石流：指呈紊流状态，固液两相作不等速运动，有垂直交换，石块在其中作翻滚或跃移前进的低容重（1.2～1.8t/m³）泥浆体。洪水后即可干涸通行，沉积物呈松散状，有分选性。

以上是我国常见的三种分类方案。除此之外，还有按水源类型划分为：降雨型、冰川型、溃坝型；按泥石流沟的发育阶段划分为发展期泥石流、旺盛期泥石流、衰退期泥石流、停歇期泥石流；按泥石流的固体物质来源划分为：滑坡泥石流、崩塌泥石流、沟床侵蚀泥石流、坡面侵蚀泥石流，等等。

4. 泥石流诱发因素

由于工农业生产的发展，人类对自然资源的开发程度和规模也在不断发展。当人类经济活动违反自然规律时，必然引起大自然的报复，有些泥石流的发生，就是由于人类不合理的开发而造成的。近年来，因为人为因素诱发的泥石流数量正在不断增加。

5. 泥石流危害

泥石流流动的全过程一般只有几个小时，短的只有几分钟。泥石流是一种广泛分布于世界各国一些具有特殊地形、地貌状况地区的自然灾害。是山区沟谷或山地坡面上，由暴雨、冰雪融化等水源激发的、含有大量泥沙石块的介于挟沙水流和滑坡之间的土、水、气混合流。泥石流大多伴随山区洪水而发生。它与一般洪水的区别是洪流中含有足够数量的泥沙石等固体碎屑物，其体积含量最少为 15%，最高可达 80% 左右，因此比洪水更具有破坏力。

泥石流的主要危害是冲毁城镇、企事业单位、工厂、矿山、乡村，造成人畜伤亡，破坏房屋及其他工程设施，破坏农作物、林木及耕地。此外，泥石流有时也会淤塞河道，不但阻断航运，还可能引起水灾。影响泥石流强度的因素较多，如泥石流容量、流速、流量等，其中泥石流流量对泥石流成灾程度的影响最大。此外，多种人为活动也在多方面加剧着上述因素的作用，促进泥石流的形成。

泥石流常常具有暴发突然、来势凶猛、迅速的特点。并兼有崩塌、滑坡和洪水破坏的双重作用，其危害程度比单一的崩塌、滑坡和洪水的危害更为广泛和严重。它对人类的危害具体表现在四个方面：

（1）对居民点的危害

泥石流最常见的危害之一，是冲进乡村、城镇，摧毁房屋、工厂、企事业单位及其他场所设施，淹没人畜、毁坏土地，甚至造成村毁人亡的灾难。如2010年8月7日22点左右甘南藏族自治州舟曲县突降强降雨，县城北面的罗家峪、三眼峪泥石流下泄，由北向南冲向县城，造成沿河房屋被冲毁，泥石流阻断白龙江、形成堰塞湖，另据甘南藏族自治州州长毛生武现场的电话介绍，形成堰塞体的泥石流掩埋了一个300余户群众的村庄。舟曲县内三分之二区域已被水淹没，甘肃舟曲县城主街道泥石流堆积达2m，县城多幢大楼损毁，舟曲"8·8"特大泥石流灾害中遇难1471人，失踪294人，5万人受灾，水毁农田1417亩，水毁房屋307户、5508间，其中农村民房235户，城镇职工及居民住房72户；进水房屋4189户、20945间，其中农村民房1503户，城镇民房2686户；机关单位办公楼水毁21栋，损坏车辆18辆，如图5-3-4所示。

图 5-3-4　舟曲泥石流破坏景况

（2）对公路和铁路的危害

泥石流可直接埋没车站、铁路、公路、摧毁路基、桥涵等设施，致使交通中断，还可引起正在运行的火车、汽车颠覆，造成重大的人身伤亡事故。有时泥石流汇入河道，引起河道大幅度变迁，间接毁坏公路、铁路及其他构筑物，甚至迫使道路改线，造成巨大的经济损失。

世界铁路史上损失最大的泥石流灾害发生在四川省大渡河利子依达大桥：1981年7月9日凌晨1时44分，泥石流将原利子依达大桥冲垮，1时46分，由格里坪发往成都的442次旅客列车经过奶奶包隧道后坠入大渡河，由于之前曾经发生过紧急制动行为，列车并未全部坠入河中，此次事故共计300余人死亡或失踪。机车乘务员王明儒等四人失踪并认定死亡，他们在事故发生时不顾个人安危，采取紧急制动措施，减小了事故伤亡和损失（图5-3-5）。

（3）对水利水电工程的危害。主要是冲毁水电站、引水渠道及过沟建筑物，淤埋水电站尾水渠，并淤积水库、磨蚀坝面等。

（4）对矿山的危害。主要是摧毁矿山及其设施，淤埋矿山坑道、伤害矿山人员、造成停工停产，甚至使矿山报废。

图 5-3-5　泥石流冲垮桥梁导致列车坠河

6. 泥石流灾害防治

（1）预防措施

① 房屋不要建在沟口和沟道上。在村庄选址和规划建设过程中，房屋不能占据泄水

沟道，也不宜离沟岸过近，如 2006 年四川盐源由于选址不当导致泥石流冲毁房屋，11 人死亡。已经占据沟道的房屋应迁移到安全地带。在沟道两侧修筑防护堤和营造防护林，可以避免或减轻因泥石流溢出沟槽而对两岸居民造成的伤害。

②　不能把冲沟当作垃圾排放场。在冲沟中随意弃土、弃渣、堆放垃圾，将给泥石流的发生提供固体物源，促进泥石流的活动。当弃土、弃渣量很大时，可能在沟谷中形成堆积坝，堆积坝溃决时必然发生泥石流。因此，在雨季到来之前，最好能主动清除沟道中的障碍物，保证沟道有良好的泄洪能力。

③　保护和改善山区生态环境。一般来说，生态环境好的区域，泥石流发生的频度低、影响范围小。生态环境差的区域，泥石流发生频度高、危害范围大。提高小流域植被覆盖率，在村庄附近营造一定规模的防护林，可以抑制泥石流形成，降低泥石流发生频率。

④　泥石流监测预警。对城镇、村庄、厂矿上游的水库和尾矿库经常进行巡查，发现坝体不稳时，要及时采取避灾措施，防止坝体溃决引发泥石流灾害。

（2）治理措施

泥石流有不同的特点，相应的治理措施也应有所不同。在以坡面侵蚀及沟谷侵蚀为主的泥石流地区、应以生物措施为主、辅以工程措施；在崩塌、滑坡强烈活动的泥石流发生（形成）区，应以工程措施为主，兼用生物措施，而在坡面侵蚀和重力侵蚀兼有的泥石流地区，则以综合治理效果最佳。

1）生物措施

泥石流防治的生物措施是包括恢复植被和合理耕牧。一般采用乔、灌、草等植物进行科学地配置营造，充分发挥其滞留降水、保持水土、调节径流等功能，从而达到预防和制止泥石流发生或减小泥石流规模，减轻其危害程度的目的。生物措施一般需要在泥石流沟的全流域实施，对宜林荒坡更需采取此种措施。但要正确地解决好农、林、牧、薪之间的矛盾，如果管理不善，很难收到预期的效果。

2）工程措施

①　跨越工程。是指修建桥梁、涵洞，从泥石流沟的上方跨越通过，让泥石流在其下方排泄，用以避防泥石流。这是铁道和公路交通部门为了保障交通安全常用的措施。

②　穿过工程。指修隧道、明硐或渡槽，从泥石流的下方通过，而让泥石流从其上方排泄。这也是铁路和公路通过泥石流地区的主要工程形式。

③　防护工程。指对泥石流地区的桥梁、隧道、路基及泥石流集中的山区变迁型河流的沿河线路或其他主要工程措施，作一定的防护建筑物，用以抵御或消除泥石流对主体建筑物的冲刷、冲击、侧蚀和淤埋等危害。防护工程主要有：护坡、挡墙、顺坝和丁坝等。

④　排导工程。其作用是改善泥石流流势，增大桥梁等建筑物的排泄能力，使泥石流按设计意图顺利排泄。排导工程，包括导流堤、急流槽、束流堤等。

⑤　拦挡工程。用以控制泥石流的固体物质和暴雨、洪水径流，削弱泥石流的流量、下泄量和能量，以减少泥石流对下游建筑工程的冲刷、撞击和淤埋等危害的工程措施。拦挡措施有：拦渣坝、储淤场、支挡工程、截洪工程等。

对于防治泥石流，采用多种措施相结合，比用单一措施更为有效。

3）全流域综合治理

泥石流的全流域综合治理，目的是按照泥石流的基本性质，采用多种工程措施和生物措施相结合，上、中、下游统一规划，山、水、林、田综合整治，以制止泥石流形成或控制泥石流危害。这是大规模、长时期、多方面协调一致的统一行动。综合治理措施主要包括以下三个方面：

① 稳：主要是在泥石流形成区植树造林，在支、毛、冲沟中修建谷场，其目的在于增加地表植被、涵养水分、减缓暴雨径流对坡面的冲刷，增强坡体稳定性，抑制冲沟发展。

② 拦：主要是在沟谷中修建挡坝，用以拦截泥石流下泄的固体物质，防止沟床继续下切，抬高局部侵蚀基准面，加快淤积速度，以稳住山坡坡脚，减缓沟床纵坡降，抑制泥石流的进一步发展。

③ 排：主要是修建排导建筑物，防止泥石流对下游居民区、道路和农田的危害。这是改造和利用堆积扇，发展农业生产的重要工程措施。

（3）泥石流发生时自救措施

① 沿山谷徒步时，一旦遭遇大雨，要迅速转移到附近安全的高地，离山谷越远越好，不要在谷底过多停留。

② 注意观察周围环境，特别留意是否听到远处山谷传来打雷般声响，如听到要高度警惕，这很可能是泥石流将至的征兆。

③ 要选择平整的高地作为营地，尽可能避开有滚石和大量堆积物的山坡下面，不要在山谷和河沟底部扎营。

④ 发现泥石流后，要马上向与泥石流成垂直方向的两边山坡上爬，爬得越高越好，跑得越快越好，绝对不能往泥石流的下游走。

5.4 火山灾害

1. 火山及火山灾害

火山（Volcano）一词来自意大利的"Vulcano"，原是意大利地中海内利巴里群岛（Lipari Islands）一个火山的名称，后来成为火山代名词。火山是指岩浆活动穿过地壳，到达地面或伴随有水气和灰渣喷出地表，形成特殊结构和锥状形态的山体（图5-4-1）。

火山灾害是指因火山爆发而酿成灾害，其灾害有两大类：一类是由于火山喷发本身造成直接灾害，另一类是由于火山喷发而引起的间接灾害，实际上，在火山喷发时，这两类灾害常常是兼而有之。火山碎屑流、火山熔岩流、火山喷发物（包括火山碎屑和火山灰）、火山喷发引起的泥石流、滑坡、地震、海啸等都能造成火山灾害。

2. 火山的形成条件

一个地方能否形成火山主要在于是否具备以下条件：①部分熔融体的形成，必须有较高的地热（自身积累的或外边界条件产生的），或隆起减压过程，或脱

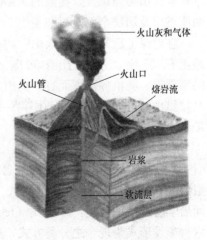

图5-4-1 火山剖面示意图

水而减低固相线。②岩浆在地壳中的富集，或岩浆囊形成的位置与中性浮力面的深度有关，而中性浮力面的深度又与地壳流变学间断面有关。③岩浆囊中的物理化学过程，主要是结晶体、挥发物与流体组成的混合物。它也是形成爆炸式火山喷发的重要条件。④岩浆囊的存在对岩浆通道的形成有促进作用，而构造活动产生的引张应力场是形成岩浆通道的主要原因。⑤岩浆离开岩浆囊后的上升受到压力梯度与浮力的双重驱动。

3. 火山分类

（1）按活动情况分类

① 活火山

指现代尚在活动或周期性发生喷发活动的火山。这类火山正处于活动的旺盛时期。如爪哇岛上的梅拉皮火山，本世纪以来，平均间隔两三年就要持续喷发一个时期。我国近期火山活动以台湾岛大屯火山群的主峰七星山最为有名。大陆上，仅 6 年前在新疆昆仑山西段于田的卡尔达西火山群有过火山喷发记录。火山喷发形成了一个平顶火山锥。

② 死火山

指史前曾发生过喷发，但有史以来一直未活动过的火山。此类火山已丧失了活动能力。有的火山仍保持着完整的火山形态，有的则已遭受风化侵蚀，只剩下残缺不全的火山遗迹、我国山西大同火山群在方圆约 123 平方公里的范围内，分布着 99 个孤立的火山锥，其中狼窝山火山锥高将近 1900m。

③ 休眠火山

指有史以来曾经喷发过，但长期以来处于相对静止状态的火山。此类火山都保存有完好的火山锥形态，仍具有火山活动能力，或尚不能断定其已丧失火山活动能力。如我国长白山天池，曾于 1327 年和 1658 年两度喷发，在此之前还有多次活动。目前虽然没有喷发活动，但从山坡上一些深不可测的喷气孔中不断喷出高温气体，可见该火山目前正处于休眠状态。

应该说明的是，这三种类型的火山之间没有严格的界限。休眠火山可以复苏，死火山也可以"复活"，相互间并不是一成不变的。过去一直认为意大利的维苏威火山是一个死火山，在火山脚下，人们建筑起许多的城镇，在火山坡上开辟了葡萄园，但在公元 79 年维苏威火山突然爆发，高温的火山喷发物袭占了毫无防备的庞贝和赫拉古农姆两座古城，两座城市及居民全部毁灭和丧生。

在地球上已知的"死火山"约有 2000 座；已发现的"活火山"共有 523 座，其中陆地上有 455 座，海底火山有 68 座。火山在地球上分布是不均匀的，它们都出现在地壳中的断裂带。就世界范围而言，火山主要集中在环太平洋一带和印度尼西亚向北经缅甸、喜马拉雅山脉、中亚细亚到地中海一带，现今地球上的活火山百分之八十都分布在这两个带上。

（2）按喷发类型分类

1908 年，阿尔弗莱德·拉克鲁瓦（Alfred Lacroix）将火山的喷发分为四种类型：夏威夷式（Hawaiian）、史冲包连式（Strombolian）、伏尔坎宁式（Vulcanian）及培雷式。而后学者又增加两类：冰岛式（Icelandic，或称苏特塞式）及普林尼式（Plinian）。以上六种喷发形式为现今之分类方式，这些分类皆以其代表火山命名。但这仍不是最完善的分类方式，实际调查显示，一座火山即使以某一种类型为主，并不代表它不会出现其他类型的喷发。

① 夏威夷式。代表性火山：夏威夷的基拉韦厄火山。

此类火山的喷发物为大量基性熔岩流，岩浆黏度小，流动性大，故爆裂较少。熔岩通常从火山口和山腰裂隙溢出，气体释放量不定。由于喷发时岩浆受到压力作用，到达地表时会形成熔岩喷泉。夏威夷式喷发通常会形成火红的"熔岩河"，熔岩往往是多次溢流，而且有许多裂隙作为通道。最后通常形成平坦的熔岩穹丘。1942 年夏威夷的冒纳罗亚火山（Mauna Loa）的爆发为此种火山之范例。

② 史冲包连式。代表性火山：意大利的史冲包连火山。

史冲包连式的喷发是以意大利的史冲包连火山（史汤玻利火山）为范本。其喷发特征为炽热的熔岩"喷泉"，其熔岩的黏性比夏威夷式要大，喷发时通常伴随着白色蒸汽云。熔岩流厚而短，组成为玄武岩与安山岩。此种火山不断喷出红热的火山渣、火山砾和火山弹，爆炸较为温和。大部分的火山碎屑又落回火口，再次被喷出，其他的落到火山锥形成的坡上并滚下山坡。这种类型的喷发基本上不会有人员伤亡，但会造成农田村庄的损坏及财产损失。

③ 伏尔坎宁式。代表火山：巴布亚新几内亚的塔乌鲁火山。

这种形式的火山喷发出的熔岩，较史冲包连式火山的熔岩黏度更大，喷发更为猛烈。不喷发时，熔岩在岩浆库的出口处堆积，形成厚重的凝结外壳，气体会在其下聚集。气体的压力增大到某个极限时，会发生猛烈的爆炸（有时足以摧毁一部分火山锥）。这个爆炸使阻塞物被炸开，一些碎片和熔岩组成的火山弹和火山渣会被喷出。同时会伴随含火山灰的"花椰菜状"喷发云，这种乌云在黑夜中非常黑暗。当火山口的"阻塞物"都被喷出后，就会有熔岩流从火山口或火山锥侧缘的裂隙中涌出。

④ 培雷式。代表性火山：菲律宾马瑶火山。

培雷式喷发的范本是西印度群岛马丁尼克岛的培雷火山在 1902 年的喷发。培雷式喷发的岩浆黏度很高，爆炸特别强烈。明显的特征为炽热的火山碎屑流，一种温度非常高的气体，夹杂大量的碎屑及岩石，沿着山坡向下移动，产生类似台风的破坏。

⑤ 普林尼式。代表性火山：美国圣海伦火山。

普林尼式喷发是目前已知最猛烈的喷发态势。尽管与培雷式喷发有些类似，但它们是不同的。普林尼式喷发有两个最主要的特征，一是非常强烈的气体喷发（产生数十公里高的烟柱），二是喷发会伴随大量浮石的生成。普林尼式喷发的岩浆黏度非常高，火山碎屑物通常占总喷出物的 90％以上。喷出物以浮石、火山灰为主，分布区域广大。喷发烟柱因重力牵引下降时形成大规模的火山碎屑流，仅喷出极少量的熔岩。由于爆发强烈及物质大量抛出，常形成锥顶崩塌的破火山口。"普林尼式喷发"这个名字是为了纪念古罗马的老普林尼。此种喷发的范本是西元 79 年维苏威火山的爆发，这次爆发使庞贝被埋在平均 7m 厚的浮石层之下。

⑥ 冰岛式。冰岛式喷发的火山通常是位于浅海中的火山。其玄武岩岩浆与海水接触，产生水蒸气爆炸，散布大量火山灰。冰岛式喷发可归类为水火山式喷发的一种。

（3）按火山锥分类

火山锥以火山口为中心，四周堆积着由火山熔岩及火山碎屑物（包括火山灰、火山砂、火山砾、火山渣和火山弹等）组成的山体。由于喷出物的性质、多少不同和喷发方式的差异，火山锥具有多种形态和构造。以组成物质划分：有火山碎屑物构成的渣锥；熔岩构成的熔岩锥或称熔岩丘；碎屑物与熔岩混合构成的混合锥。以形态来分：有盾形、穹形、钟状等火山锥。圆锥状的火山锥是标准的火山锥形式。

4. 火山灾害与资源

（1）火山灾害

根据资料统计，全球目前有大约 500 座活火山，其中有近 70 座在水下，其余均分布在陆地上。在地球上几乎每年都有规模和程度不同的火山喷发，给人类活动和生存带来了很大的危害。全球大约四分之一的人口生活在火山活动区的危险地带。据统计，在近 400 年的时间里，火山喷发已经夺去了大约 27 万人的生命。特别是在活火山集中的环太平洋地区，火山灾害更为突出。因此，火山灾害被列为世界主要自然灾害之一。在 1991～2000 年"国际减轻自然灾害十年"计划中，减轻火山灾害也是其中一项重要的内容，火山灾害在主要自然灾害已经排在第六位。

1）原生（直接）灾害

① 熔岩流灾害。火山喷发，特别是裂隙式喷发，熔岩流经过的地域多，覆盖面积大，造成危害也很严重。1783 年冰岛拉基火山喷发，岩浆沿着 16 公里长的裂隙喷出，淹没了周围的村庄，覆盖面积达 565 平方公里，造成冰岛人口减少五分之一，家畜死亡一半。

② 碎屑流灾害。火山碎屑流是大规模火山喷发比较常见的产物。公元 79 年意大利维苏威火山喷发就是火山碎屑流灾害的典型实例，也是有史以来规模最大的火山喷发事件之一。当时，六条炽热的火山碎屑流，很快埋没了繁华的庞贝城，使庞贝城瞬间就在历史上绝迹，直到 1689 年这座古城才被后人发现。

③ 喷发物降落。通常，火山爆发会抛出大量的火山碎屑，按粒径大小分为火山尘、火山灰、火山砾和火山块（火山弹），如表 5-4-1 所示。

火山碎屑　　　　　　　　　　　　　　　　　　表 5-4-1

粒径大小(cm)	名　　称	粒径大小(cm)	名　　称
<0.25	火山尘	4～32	火山砾
0.25～4	火山灰	>32	火山块、火山弹

④ 有害气体：火山爆发时常伴有大量气体喷出，火山气体有 H_2O、CO_2、H_2S、SO_2、HC_1、NH_4、H_2、O_2、N_2、CH_4 等。其中水（H_2O）几乎占了 90%。前 5 种占了 95% 以上，而 H、O、C、S_4 种元素占了 98% 以上。其中 CO、H_2S、SO_2 等有毒气体足以致人于死地，对人类威胁很大，被称为"冒着浓烟的魔鬼"。1986 年 8 月喀麦隆尼沃斯火山喷发，喷出二氧化碳等大量有害气体，厚度约 50m，运动速度达到 72km/h，扩展了 25km，覆盖了 4 个村庄，导致 1740 人、8300 头牲畜窒息死亡，鸟类、昆虫等所有动物无一幸免。

2）次生（间接）灾害

火山喷发导致的次生灾害主要有：气候灾害、滑坡泥石流、洪水、海啸、地震、饥荒等。

① 气候灾害。火山爆发引起的全球性气候变化，已为人们所注意。火山喷发出的火山灰阻挡阳光、火山喷发的二氧化碳导致温室效应、农作物大量减产。

② 火山喷出物加重斜坡荷载，融化积雪，导致滑坡和泥石流。1919 年爪哇 Kelut 火山喷发，引起泥石流，摧毁 $130km^2$ 农田，死亡 5500 人。1985 年哥伦比亚 Nevado del Ruiz 火山喷发导致山顶积雪融化而使周围几条河流的水位猛涨并泛滥成灾，泥石流埋葬了一个城镇的 3 万人口。

③ 洪水。1991 年菲律宾皮纳图博火山喷发火山喷出物质堵塞河道，导致河流改道，引起严重洪水。

④ 海啸。1883 年印尼 Krakatau 火山喷发，不但喷出 $6km^3$ 的岩浆，还把直径 8km 的火山口炸到海里，激起 3 次大海啸，最大海浪超出海面 40m，把一条船冲到内陆 2.5km 的地方，淹死 36417 人，摧毁 165 个村庄。

⑤ 引发地震。2006 年 5 月印度尼西亚中爪哇发生地震，造成 5000 人死亡，地震还引发了默拉皮火山岩浆活动，引起人们对其大规模喷发的担忧。

⑥ 引发饥荒。1783 年日本天明 3 年浅间火山大爆发，死于火山灾害者仅 1151 人，但当年和次年因饥荒而死亡的人口远远超过此数。

（2）火山资源

① 增加资源。火山资源的利用也可以带给我们生活的乐趣与便利。一般来说，火山资源主要体现在它的旅游价值（图 5-4-2）、地热利用和火山岩材料方面。地热能是一种廉价的新能源，同时无污染，因而得到了广泛的应用。现在，从医疗、旅游、农用温室、水产养殖一直到民用采暖、工业加工、发电方面，都可见到地热能的应用。人们曾对卡迈特火山区进行过地热能的计算，那里有成千上万个天然蒸汽和热水喷口，平均每秒喷出的热水和蒸汽达 2 万 m^3，一年内可从地球内部带出热量 40 万亿 K，相当于 600 万 t 煤的能

图 5-4-2　长白山天池

量。冰岛由于地处火山活动频繁地带，可开发的地热能为 450 亿千瓦时，地热能年发电量可达 72 亿千瓦时，那里的人们很好地利用了这一资源，虽然目前开发的仅占其中的 7%，但已经给当地人们带来了很多效益。其中，雷克雅未克市周围的 3 座地热电站为 15 万冰岛人提供热水和电力，而整个冰岛有 85% 的居民都通过地热取暖。地热资源干净卫生，大大减少了石油等能源进口。

火山活动还可以形成多种矿产，最常见的是硫磺矿的形成。陆地喷发的玄武岩，常结晶出自然铜和方解石，海底火山喷发的玄武岩，常可形成规模巨大的铁矿和铜矿。另外，我们熟知的钻石，其形成也和火山有关。玄武岩是分布最广的一种火山岩，同时它又是良好的建筑材料。熔炼后的玄武岩称为"铸石"，可以制成各种板材、器具等。铸石最大的特点是坚硬耐磨、耐酸、耐碱、不导电和可作保温材料。

② 重现生机。火山灰富含养分能使土地更肥沃。

③ 制造奇观。间歇泉是火喷发后期的一种自然现象。当地下的高温将地下水加温到一定压力后，水和蒸汽就会从喷口处冲出，压力降低后便停止喷出，进入下一个过程。美

国黄石公园的间歇泉是很著名的，其中有些可射到 100 多米高，其惊涛骇浪般的吼声使人惊心动魄。如老忠实泉，它喷出的水柱可达 180m 左右，沸水散发出的蒸汽像一团洁白的云挂在蓝天上。它每一小时喷射一次，每次历时 5min，非常准时，由此得名。

5. 火山灾害防治

预报火山灾害的第一步是对火山进行监测。然而，要对每一座火山都进行全天候的监测，在人力和设备上都是不可能的。世界上有 500 多座活火山，对这么多火山进行监测就是一项极其庞大的工作。因此，往往只是对即将活动的火山进行严密的监测。实际上，休眠火山也可能随时变成活火山，也应该受到监测。

（1）火山前兆

① 地震活动。许多火山的喷发是以频繁的地震活动为前兆的。连续监测地震活动，是预报火山活动的重要方法，在大多数情况下，火山喷发前会有一个持续 20min 左右 0.5～10Hz 的颤动，且有增大的趋势。

② 地形变化。火山表面的膨胀、倾斜或抬升同样是一种前兆，它通常预示着上升的岩浆或积聚的气体出现，或两者兼而有之。而当火山喷发、熔岩溢流，地面恢复原状，或因岩浆房空虚，失去支撑力而使地面下沉。如 1980 年美国圣海伦斯火山喷发前山体抬高了 150m，肉眼可见火山膨胀。

③ 火山喷气成分的变化。许多火山学家认为，火山喷发产生的气体成分的变化可能为即将产生的喷发提供线索。因为一些火山喷发前，火山喷出气体的化学成分曾发生过明显的变化，如 HCl、SO_2 的浓度增高，水蒸气含量降低。

④ 温度、地磁场和地电场的变化。火山地区地表温度升高预示岩浆接近地表，并且即将破地而出。但对这些变化规律的研究尚有待进一步深入。1965 年菲律宾 Taal 火山喷发，火山口湖 6 月水温 33℃，7 月上升到 45℃，9 月猛烈喷发。

⑤ 动物异常现象。

但是，火山监测指标的异常并不等于火山在短时间内爆发，有时会导致火山喷发误报的发生，如 1976 年 Guadaloupe 岛上 Lasoufriere 火山异常活动了一年，包括地震、气爆和降尘，科学家预测该火山可能会大爆发，紧急疏散了 7.2 万人，但是却始终没有喷发，致使该岛经济损失惨重。

（2）火山灾害防治的工程措施

在火山监测基础上，采取必要工程措施可以显著降低火山灾害的发生。常用措施有：

① 阻隔熔岩流。可采用爆破法，在火山口上炸个缺口，让熔岩流向无害区域，适用于火山爆发前。对于黏度小、冲撞力小的熔岩流，可采用筑堤法减小灾害的发生。

② 喷水冷却法。火山爆发时，对流淌的岩浆采取喷水降温，减缓并阻止其流动，在一定程度上可降低灾害程度。如 1973 年冰岛连续 150 天每天喷水冷却了 $6 \times 10^4 m^3$ 的熔岩，有效地保护了城市。

③ 阻断火山泥石流。1919 年爪哇 Kelut 火山喷发使火山口湖溢出，形成泥石流导致 5000 人死亡，后来修建隧道排除了火山口湖里的水，1951 年再度喷发就没有形成泥石流。

5.5　地面沉降与地面塌陷

中国是地质灾害最为严重的国家之一，随着经济的发展，过量开采和不合理开采地下资源，引发了地面沉降、地裂缝、地面塌陷等环境工程地质问题。2002 年全国地下水资源评价结果显示，全国已形成区域地下水降落漏斗 100 多个，致使取水工程的出水量减少，水井报废，沿海地区则出现了海水入侵，水质恶化的现象。每年因地面沉降、地面塌陷及地裂缝引发地表建筑物破坏人员伤亡的事件不断发生，并呈增大趋势。

5.5.1 地面沉降灾害

1. 概述

地面沉降（land subsidence）是指地层在各种因素的作用下，造成地层压密变形或下沉，从而引起区域性的地面标高下降。地面沉降灾害（land subsidence disaster）是指由于局部地表高程下降的地质活动造成的人员伤亡和财产损失的一种地质灾害。

2. 地面沉降的原因

（1）自然因素：①新构造运动以及地震、火山活动引起的地面沉降；②海平面上升导致地面的相对下降（沿海）；③土层的天然固结（次固结土在自重压密下的固结作用）。

自然因素所形成的地面沉降范围大，速率小。自然因素主要是构造升降运动以及地震、火山活动等一般情况下，把自然因素引起的地面沉降归属于地壳形变或构造运动的范畴，作为一种自然动力现象加以研究。

（2）人为因素：①大量开采地下水、气体或液体矿产资源。形成空隙，空隙被压缩，引发地面变形或沉降，这是产生地面沉降的最主要原因；②开采固体矿产，形成大面积的地下采空区，导致地面变形下沉；③大型的工程建筑物对地基施加的巨大静荷载，使地基土体发生变形；④土体的蠕变也可引起地基土的缓慢变形；⑤工程降水致地面沉陷。

3. 地面沉降危害

目前，我国在 19 个省份中超过 50 个城市发生了不同程度的地面沉降，累计沉降量超过 200mm 的总面积超过 7.9 万平方公里。从成因上看，我国地面沉降绝大多数是因地下水超量开采所致。从沉降面积和沉降中心最大累积降深来看，以天津、上海、西安、太原等城市较为严重，最大累积沉降量均在 1m 以上；如按最大沉降速率来衡量，天津（最大沉降速率 80mm/年）、安徽阜阳（60～110mm/年）和山西太原（114mm/年）等地的发展趋势最为严峻。

世界范围内，地面沉降灾害也非常严重。如美国的大部分地区都发生了地面沉降，有些地区还相当严重。美国已经有遍及 45 个州超过 44030 平方公里的土地受到了地面沉降的影响，由此造成的经济损失更是惊人。

地面沉降主要危害可归纳为三个方面：第一，破坏城市设施，导致房屋等工程设施沉陷、开裂、变形甚至倾倒；道路凹凸不平或开裂；桥梁下沉变形，净空减小，航运受阻；地下管道破裂失效；码头及其他港口设施下沉、变形，甚至被淹没；抽水井管上升，甚至报废等。第二，地面高程降低，江河行洪能力下降，海平面相对上升，加上堤防、涵闸等工程下沉、开裂、防洪排涝和防潮能力下降，积洪滞涝，水患潮灾加剧。第三，破坏国土资源和环境，促进土地盐渍化等次生灾害的发展。

地面沉降是一种累进性地质灾害，会给滨海平原防洪排涝、土地利用、城市规划建设、航运交通等造成严重危害，其破坏和影响是多方面的。其中主要危害表现为：地面标高损失，继而造成雨季地表积水，防泄洪能力下降；沿海城市低地面积扩大、海堤高度下降而引起海水倒灌；海港建筑物破坏，装卸能力降低；地面运输线和地下管线扭曲断裂；城市建筑物基础下沉脱空开裂；桥梁净空减小影响通航；深井井管上升，井台破坏，城市供水及排水系统失效；农村低洼地区洪涝积水使农作物减产等。

4. 地面沉降防治

地面沉降的防治可以分为治标（表面治理）和治本（根本治理）两大类。

（1）表面治理措施。采取人工填土加高地表、堤坝，可以防止洪水泛滥和海水入侵。采取修复或改建管线、修改城市规划避让沉降区域等方法，可以暂时避免地面沉降对地表建筑物或构筑物的伤害。

（2）根本治理措施。地面沉降与地下水过度开采紧密相关，只要地下水位以下存在可压缩地层就会因过量开采地下水而出现地面沉降，而地面沉降一旦出现则很难治理，因此地面沉降主要在于预防。

目前，国内外预防地面沉降的主要技术措施大同小异，主要包括建立健全地面沉降监测网络，加强地下水动态和地面沉降监测工作；开辟新的替代水源、推广节水技术；调整地下水开采布局，控制地下水开采量；对地下水开采层位进行人工回灌；实行地下水开采总量控制、计划开采和目标管理。例如，上海市为合理开采使用地下水有效控制地面沉降，近年来坚持"严格控制、合理开采"的原则，加大对地下水开发、利用和管理的力度，取得了显著的成效，地下水的开采量从 1996 年的 $1.5 \times 10^{12} \, \text{m}^3$，缩减到 1999 年的 $1.04 \times 10^{12} \, \text{m}^3$，1999 年平均地面沉降量比 1998 年减少 1.94mm。

5.5.2　地面塌陷灾害

1. 概述

地面塌陷（Earth sinking）是指地表岩、土体在自然或人为因素作用下，向下陷落，并在地面形成塌陷坑（洞）的一种地质现象。当这种现象发生在有人类活动的地区时，造成人员伤亡和财产损失的即称为地面塌陷灾害，如图 5-5-1 所示。

图 5-5-1　地面塌陷

常见的分类方式有以下几种：

（1）根据塌陷形成的主要原因分类

① 自然塌陷：是指地表岩、土体由于自然因素作用，如地震、降雨、自重等，向下陷落而成，是为"天灾"；

② 人为塌陷：是指由于地下水超采、不合理开矿及工程建设等人为作用导致的地面塌落，即是"人祸"。

（2）根据塌陷区是否有岩溶发育分类

① 岩溶地面塌陷。是由于可溶岩（以碳酸岩为主，其次有石膏、岩盐等）中存在的岩溶洞隙而产生的。在可溶岩上有松散土层覆盖岩溶区，塌陷主要产生在土层中，称为"土层塌陷"，其发育数量最多、分布最广；当组成洞隙顶板的各类岩石较破碎时，也可发生顶板陷落的"基岩塌陷"。我国岩溶塌陷分布广泛，除天津、上海、甘肃、宁夏以外的 26 个省（区、市）中都有发生，其中

以广西、湖南、贵州、湖北、江西、广东、云南、四川、河北、辽宁等省（区、市）最为发育。据统计，全国岩溶塌陷总数达 2841 处，塌陷坑 33192 个，塌陷面积约 332km²，造成年经济损失达 1.2 亿元以上。

② 非岩溶地面塌陷。由于非岩溶洞穴产生的塌陷，如采空塌陷，黄土地区黄土陷穴引起的塌陷，玄武岩地区其通道顶板产生的塌陷等。后两者分布较局限。采空塌陷指煤矿及金属矿山的地下采空区顶板易落塌陷，在我国分布较广泛，目前已见于除天津、上海、内蒙古、福建、海南、西藏以外的 24 个省区（包括台湾省），其中黑龙江、山西、安徽、江苏、山东等省发育较严重，据不完全统计，在全国 21 个省区内，共发生采空塌陷 182 处以上，塌坑超过 1592 个，塌陷面积大于 1150 km²，年经济损失达 3.17 亿元。

根据塌陷或变形面积分级，地面塌陷可以分为：巨型（≥10km²）、大型（1～10km²）、中型（0.1～1km²）和小型（<0.1km²）。

2. 地面塌陷主要危害

据《中国地质环境公报》的数据显示，2006 年，全国共发生地面塌陷灾害 398 起，2007 年，共发生地面塌陷灾害 578 起，2008 年仅上半年全国就发生地面塌陷 466 起。地面塌陷主要危害体现在以下几个方面：

（1）对地面建筑物和构筑物造成破坏。

自然塌陷引发建筑破坏。2010 年 1 月 17 日，一声巨响之后，湖南宁乡县大成桥镇福泉小学一栋单层教学楼突然从地面上消失，连同垮塌的还有 2 栋教学楼之间的操场，开始直径只有 30m 左右，事故发生时，正值周末，学校师生都不在校，无人员伤亡。近几个月不断扩大，发展成现在 80 多 m 的天坑（图 5-5-2）。

(a) 1月30m天坑　　　　　　　　　　　　　　　(b) 6月80m天坑

图 5-5-2　福建地面塌陷

工程施工引起的地面建筑伤害。2003 年 7 月 1 日，上海轨道交通 4 号线（浦东南路至南浦大桥）区间隧道浦西联络通道发生渗水，随后出现大量流砂涌入，引起地面大幅沉降。地面建筑物中山南路 847 号 8 层楼房发生倾斜，其主楼裙房部分倒塌（图 5-5-3）。

（2）造成人员伤亡。

2007 年 3 月 15 日，辽宁省葫芦岛市南票区沙金沟村，几位村民正在一片已经收割的玉米茬地里拣煤渣，不料，大地就像怪兽一样，突然张开大口，短短的几秒钟就将他们吞

图 5-5-3　地铁施工导致的地面塌陷

没腹中，造成 6 人死亡，此次地面塌陷，形成了一个直径约 10m、深约 7m 的塌陷区。

（3）交通设施受损。

3. 地面塌陷防治

虽然地面塌陷具有随机、突发的特点，有时防不胜防，但它的发生是有其内在和外部原因的。我们可以针对塌陷的原因，事前采取一些必要的措施，以避免或减少灾害的损失。这些预防措施主要包括以下几方面：

（1）控水措施

① 地表水防水措施

在潜在的塌陷区周围修建排水沟，防止地表水进入塌陷区，减少向地下的渗入量。在地势低洼、洪水严重的地区围堤筑坝，防止洪水灌入岩溶孔洞。

对塌陷区内严重淤塞的河道进行清理疏通，加速泄流，减少对岩溶水的渗漏补给。对严重漏水的河溪、库塘进行铺底防漏或者人工改道，以减少地表水的渗入。对严重漏水的塌陷洞隙采用黏土或水泥灌注填实，采用混凝土、石灰土、水泥土、氯丁橡胶、玻璃纤维涂料等封闭地面，增强地表土层抗蚀强度，均可有效防止地表水入渗。

② 地下水控水措施

根据水资源条件规划地下水开采层位、开采强度和开采时间，合理开采地下水。在浅部岩溶发育，并有洞口或裂隙与覆盖层相连通的地区开采地下水时，应主要开采深层地下水，将浅层水封住，这样可以避免地面塌陷的产生。在矿山疏干排水时，在预测可能出现塌陷的地段，对地下岩溶通道进行局部注浆或灌浆处理，减小矿井外围地段地下水位下降幅度，这样既可避免塌陷的产生，也可减小矿坑涌水量。

开采地下水时，要加强动态观测工作，以此来指导合理开采地下水，避免产生岩溶地面塌陷。必要时进行人工回灌，控制地下水水位的频繁升降，保持岩溶水的承压状态。在地下水主要径流带修建堵水帷幕，减少区域地下水补给。在矿区修建井下防水闸门，建立有效的排水系统，对水量较大的突水点进行注浆封闭，控制矿井突水、溃泥。

（2）工程加固措施

① 清除填堵法。常用于相对较浅的塌坑或埋藏浅的土洞。首先清除其中的松土，填入块石、碎石形成反滤层，其上覆盖黏土并夯实。对于重要建筑物，一般需要将坑底与基岩面的通道堵塞，可先开挖然后回填混凝土或设置钢筋混凝土板，也可灌浆处理。

② 跨越法。用于比较深大的塌陷坑或土洞。对于大的塌陷坑，当开挖回填有困难时，一般采用梁板跨越，两端支承在坚固岩、土体上的方法。对建筑物地基而言，可采用梁式基础、拱形结构，或以刚性大的平板基础跨越、遮盖溶洞，避免塌陷危害。对道路路基而言，可选择塌陷坑直径较小的部位，采用整体网格垫层的措施进行整治。若覆盖层塌陷的周围基岩稳定性良好，也可采用桩基栈桥方式使道路通过。

③ 强夯法。在土体厚度较小、地形平坦的情况下，采用强夯砸实覆盖层的方法消除土洞，提高土层的强度。通常利用 10～12t 的夯锤对土体进行强力夯实，可压密塌陷后松软的土层或洞内的回填土、提高土体强度，同时消除隐伏土洞和松软带，是一种预防与治

理相结合的措施。

④ 钻孔充气法。随着地下水位的下降，溶洞空腔小的水气压力产生变化、经常出现气爆或冲爆塌陷，因此，在查明地下岩溶通道的情况下，将钻孔深入到基岩面下溶洞裂隙或溶洞的适当深度，设置各种岩溶管道的通气调压装置、破坏真空腔的岩溶封闭条件，平衡其水、气压力，减少发生冲爆塌陷的机会。

⑤ 灌注填充法。在溶洞埋藏较深时，通过钻孔灌注水泥砂浆、填充岩溶孔洞或缝隙、隔断地下水流通道，达到加固建筑物地基目的。灌注材料主要是水泥、碎料（砂、矿渣等）和速凝剂（水玻璃、氧化钙）等。

⑥ 深基础法。对于一些深度较大，跨越结构无能为力的土洞、塌陷，通常采用桩基工程，将荷载传递到基岩上。

⑦ 旋喷加固法。在浅部用旋喷桩形成"硬壳层"，在其上再设置筏板基础。"硬壳层"厚度根据具体地质条件和建筑物的设计而定，一般 10～20m 即可。

（3）非工程性的防治措施

① 开展岩溶地面塌陷风险评价

在岩溶地面塌陷评价中，需开展环境地质学、土木工程学、地理学、城市规划与社会经济学等多领域、多学科协作，对潜在塌陷的危险性、生态系统的敏感性、经济与社会结构的脆弱性进行综合分析，才能达到对岩溶地面塌陷进行风险评价的目的。

② 开展岩溶地面塌陷试验研究

开展室内模拟试验，确定在不同条件下岩溶地面塌陷发育的机理、主要影响因素以及塌陷发育的临界条件，进一步揭示岩溶地面塌陷发育的内在规律，为岩溶地面塌陷防治提供理论依据。

③ 增强防灾意识，建立防灾体系

建立防治岩溶地面塌陷灾害的信息系统和决策系统。在此基础上，按轻重缓急对岩溶地面塌陷灾害开展分级、分期的整治计划。同时，充分运用现代科学技术手段，积极推广岩溶地面塌陷灾害综合勘查、评价、预测预报和防治的新技术与新方法，逐步建立岩溶地面塌陷灾害的评估体系及监测预报网络。

5.6 地质灾害防治

地质灾害是可以监测、预报的，许多地质灾害也是可以预防和治理的。而且随着科学技术的发展和人类认识能力的提高，对地质灾害的防治能力将进一步增强。对地质灾害的监测和防治，既是经济问题又是社会问题，关系到经济发展和社会稳定。

1. 地质灾害调查与勘查治理的主要工作程序

（1）地质灾害调查

地质灾害调查分常规地质灾害调查和汛期地质灾害调查两种。常规地质灾害调查一般以行政区或流域为单位展开。其主要目的是查清工作区的地质环境条件、地质灾害隐患点的分布规律，为区域地质灾害的防治提供防灾减灾的依据。汛期地质灾害调查是在查明灾害隐患点的基础上，每年的 5～10 月开展对地质灾害隐患点的巡回调查，目的是在以往灾害发展和现状变形特征的基础上，评价灾害隐患点的变化趋势，提出汛期地质灾害防治对策，编制汛期地质灾害防灾预案。

（2）建设用地地质灾害危险性评估

地质灾害危险性评估是对地质灾害的活动程度进行调查、监测、分析、评估的工作，主要评估地质灾害的破坏能力。地质灾害危险性通过各种危险性要素体现，分为历史灾害危险性和潜在灾害危险性。地质灾害危险性评估的方法主要有：发生概率及发展速率的确定方法、危害范围及危害强度分区、区域危险性区划等。2004 年 3 月 1 日开始执行的《地质灾害防治条例》第二十一条明确规定"在地质灾害易发区内进行工程建设，应当在可行性研究阶段进行地质灾害危险性评估，并将评估结果作为可行性研究报告的组成部分"。

（3）地质灾害防治工程的工作程序

地质灾害勘察治理项目立项申请→地质灾害勘查地质灾害防治工程的可行性研究→地质灾害防治工程初步设计→地质灾害防治工程施工设计→防治工程施工、监理→竣工验收。

2. 地质灾害监测预警

（1）地质灾害监测

主要是指对由于自然和人为因素所造成和引起各类地质体的变化情况实施监控。

地质灾害监测网是指以监测各类地质灾害变化为目的而布设的监测网。按其监测的灾种可分为滑坡监测、泥石流监测、地面塌陷监测、地裂缝监测、地面沉降监测、矿区地质灾害监测等。按其监测方法及手段可分为巡回监测、示范区监测、定点监测及群测群防。常用的群测群防的监测方法有：

① 埋桩法。埋桩法适合对崩塌、滑坡体上发生的裂缝进行观测。在斜坡上横跨裂缝两侧埋桩，用钢卷尺测量桩之间的距离，可以了解滑坡变形滑动过程（图 5-6-1）。对于土体裂缝，埋桩不能离裂缝太近。

② 埋钉法。在建筑物裂缝两侧各钉一颗钉子，通过测量两侧两颗钉子之间的距离变化来判断滑坡的变形滑动（图 5-6-2）。这种方法对于临灾前兆的判断是非常有效的。

图 5-6-1　埋桩法

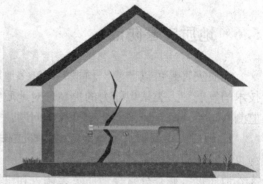

图 5-6-2　埋钉法

③ 上漆法。在建筑物裂缝的两侧用油漆各画上一道标记，与埋钉法原理是相同的，通过测量两侧标记之间的距离来判断裂缝是否存在扩大（图 5-6-3）。

图 5-6-3　上漆法

图 5-6-4　贴片法

④ 贴片法。横跨建筑物裂缝粘贴水泥砂浆片或纸片（图 5-6-4），如果砂浆片或纸片被拉断，说明滑坡发生了明显变形，须严加防范。与上面三种方法相比，这种方法不能获得具体数据，但是，可以非常直接地判断滑坡的突然变化情况。

地质灾害群测群防监测方法除了采用埋桩法、贴片法和灾害前兆观察等简单方法外，还可以借助简易、快捷、实用、易于掌握的位移、地声、雨量等群测群防预警装置和简单的声、光、电警报信号发生装置，来提高预警的准确性和临灾的快速反应能力。

（2）地质灾害监测信息系统

地质环境监测信息系统是指利用计算机技术对地质环境监测工作所产生的监测动态数据和基础信息数据进行存储管理、综合分析，利用网络通信技术进行数据的传输、交换，最终为国民经济建设提供地质灾害防治辅助决策信息及地质环境保护管理辅助决策信息。

（3）地质灾害预警体系的构成

地质灾害预警包括地质灾害调查、监测网络建设与运行、灾害发展趋势分析与会商、通信系统和应急指挥系统。建立公众报告与专业人员监测相结合的工作体制，建立包括乡村群测点、县级监测站、重点地区监测预警研究中心、省级地质环境监测院和国家地质环境监测院的组织工作体系。

3. 地质灾害的应急避险、临灾处置及灾后对策

避免受灾对象与致灾作用遭遇，分为主动和被动两种情况，就是指主动的躲避与被动式的撤离。对于处于危险区的工程及人员，所采用的方法是：预防、躲避、撤离、治理，这四个环节每一个都含有很大的防灾减灾的机会。

临时避灾不是灾难临头才想起避灾，而是要从发现灾害前兆之时起，就要有所准备，因为"有备"，才能"无患"。躲避地质灾害应做好以下几方面的准备：

（1）预先选定临时避灾场地

在危险区之外选择一处或几处安全场地，作为避灾的临时用地。要把地质安全放在第一位，避免从危险区又迁到另一处地质灾害危险区内。

（2）预先选定撤离路线、规定预警信号

通过实地踏勘选择好转移路线，转移路线要尽量少穿越危险区，沿山脊展布的道路比沿山谷展布的道路更安全。事先约定好撤离信号（如广播、敲锣、击鼓、吹号等），同时还要规定信号管制办法，以免误发信号造成混乱。

（3）落实公布责任人

要事先落实并公布地质灾害防灾避灾总负责人，以及疏散撤离、救护抢险、生活保障等各项具体工作的负责人。通过村民大会、有线广播等办法，对拟定的避灾措施进行广泛宣传，做到家喻户晓；必要时还应组织模拟演习，以检验避灾措施的实用性，针对发现的问题，对方案进行完善。

（4）预先做好必要的物资储备

有条件时，应在避灾场地预先搭建临时住所，使群众在避灾过程中拥有基本的生活条件。群众的财产和生活用品可以提前转移到避灾场所，这样既能方便群众生活又可减少财产损失。交通工具、通信器材、雨具和常用药品等，也应根据具体情况提前做好准备。地质灾害大多发生在雨季，特别是夜深入睡时造成的损失更大。因此，暴雨期间，夜晚不要在高危险区内留宿。

地质灾害发生后，不要立即进入灾害区搜寻财物，以免再次发生灾害，立即派人将灾情报告政府，迅速组织人员查看是否还有发生灾害的危险，查看天气，收听广播电视，关注是否还有暴雨，有组织地搜寻附近受伤和被困的人。

第6章 气象灾害与防灾减灾

6.1 气象灾害及其危害

6.1.1 概述

1. 含义

气象灾害（Meteorological disaster）是指大气对人类的生命财产和国民经济建设及国防建设等造成的直接或间接的损害。它是自然灾害中的原生灾害之一。一般包括天气、气候灾害和气象次生、衍生灾害。气象灾害是自然灾害中最为频繁而又严重的灾害。中国是世界上自然灾害发生十分频繁、灾害种类甚多，造成损失十分严重的少数国家之一。

2. 特点

气象灾害是自然灾害中的原生灾害之一。气象灾害的特点是：

（1）种类多。主要有暴雨洪涝、干旱、热带气旋、霜冻低温等冷冻害、风雹、连阴雨和浓雾及沙尘暴共7大类20余种，如果细分；可达数十种甚至上百种。

（2）范围广。一年四季都可出现气象灾害；无论在高山、平原、高原、海岛，还是在江、河、湖、海以及空中，处处都有气象灾害。

（3）频率高。我国从1950～1988年的38年内每年都出现旱、涝和台风等多种灾害，平均每年出现旱灾7.5次，涝灾5.8次，登陆我国的热带气旋6.9个。

（4）持续时间长。同一种灾害常常连季、连年出现。例如，1951～1980年华北地区出现春夏连旱或伏秋连旱的年份有14年。

（5）群发性突出。某些灾害往往在同一时段内发生在许多地区，如雷雨、冰雹、大风、龙卷风等强对流性天气在每年3、5月常有群发现象。1972年4月15～22日，从辽宁到广东共有16个省、自治区的350多个县、市先后出现冰雹，部分地区出现10级以上大风以及龙卷风等灾害天气。

（6）连锁反应显著。天气气候条件往往能形成或引发、加重洪水、泥石流和植物病虫害等自然灾害，产生连锁反应。

（7）灾情重。联合国公布的1947～1980年全球因自然灾害造成人员死亡达121.3万人，其中61%是由气象灾害造成的。

3. 分类

气象灾害，一般包括天气、气候直接灾害和气象次生、衍生灾害。主要气象灾害及危害见表6-1-1。

天气、气候直接灾害，是指因台风（热带风暴、强热带风暴）、暴雨（雪）、雷暴、冰雹、大风、沙尘、龙卷、大（浓）雾、高温、低温、连阴雨、冻雨、霜冻、结（积）冰、

主要气象灾害及其危害　　　　　　　　　　　　　表 6-1-1

类	种	天气现象	直接危害	次生、衍生灾害
洪涝	洪水 雨涝	暴雨 大雨	河水泛滥、山洪暴发、城市积水、内涝、毁坏农作物、建筑、造成人员伤亡、疾病、交通、通信受阻	农林灾害、泥石流、滑坡、水土流失、洪水、内涝
干旱	干旱 干热风 热浪	少雨 久晴 高温	旱灾、用水缺乏、干旱风、焚风、疾病、灼伤	农林灾害、土地荒漠化
台风	台风	狂风 暴雨	河滩、河水泛滥、山洪暴发、城市积水、内涝、毁坏农作物、建筑、造成人员伤亡、疾病、交通、通信受阻	泥石流、滑坡、水土流失、洪水、内涝、风暴潮
冷冻害	冷害 冻害 冰害 冻雨 雪灾 风灾	强冷空气 寒潮 雨凇 霜冻 积雪 大风	作物歉收，人畜、农作物、林木冻害，牧场积雪牲畜死亡，雪崩，电线、道路结冰，交通、通信受阻，海难	农林灾害、江河湖海结冰，巨浪
局部风暴	雹害 风害 龙卷风 雷击	强对流天气	毁坏农作物、建筑，人畜伤亡，山洪暴发、交通、通信受阻，交通事故，火灾	森林火灾、草原火灾、泥石流、滑坡、地表土流失
其他	沙尘暴 浓雾	强风 浓雾	淹没农田、毁坏农作物、建筑，人畜伤亡，危及人体健康、交通、通信受阻，交通事故，空难，疾病	土壤沙化

寒潮、干旱、干热风、热浪、洪涝、积涝等因素直接造成的灾害。

气象次生、衍生灾害，是指因气象因素引起的山体滑坡、泥石流、风暴潮、森林火灾、酸雨、空气污染等灾害。

6.1.2 气象灾害危害

随着全球气候变化和经济总量的扩大，气象灾害发生的频率会越来越高，据统计资料显示，1992 年至 2001 年期间全球水文气象灾害事件占各类灾害的 90％左右，导致 62.2 万人死亡，20 多亿人受影响，估计经济损失 4500 亿美元，占所有自然灾害损失的 65％左右。根据联合国的统计资料，全球洪水致人死亡的风险从 1990 年到 2007 年增加了 13％，经济风险增加了 33％。截至 2009 年，1975 年以来死亡人数最高的 10 起灾害，一半以上发生在 2003 年至 2008 年。对 12 个亚洲和拉丁美洲国家的取样调查显示，1970 年至 2007 年期间，84％的因灾死亡人口及 75％的被毁房屋集中在 0.7％的巨灾事件。因灾死亡主要发生在发展中国家，而灾害经济损失以发达国家为主。

在我国，据气象部门统计，在各类自然灾害中，70％以上是气象灾害，给农牧业、生态环境、经济社会发展、人民生产生活带来了严重的影响（图 6-1-1、图 6-1-2）。气象灾害造成的直接经济损失每年在数百亿到数千亿之间，占 GDP 的比例 3％～6％（20 世纪80 年代），通过长期不懈的努力，目前占 GDP 比例已降至 1％～3％。

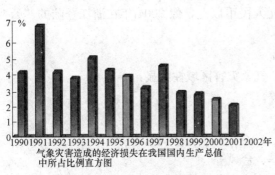

图 6-1-1 气象灾害损失

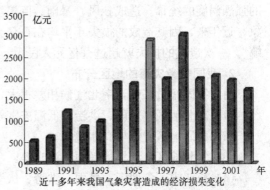

图 6-1-2 我国近十年气象灾害损失变化

1. 我国的主要气象灾害

干旱、暴雨洪涝以及热带气旋导致的台风是我国最为常见、危害程度最为严重的灾害种类。其中，干旱也是我国影响面最大、最为严重的灾害。旱灾的特点是范围广、时间长、影响远。因此，旱灾也是我国气象灾害中损失最为严重的一类灾害。暴雨洪涝灾害是仅次于旱灾的气象灾害。此外，雷击、沙尘暴、霜冻、冰雹、雾灾等在我国也是经常发生的危害较大的气象灾害。

（1）洪涝灾害

是短时内或连续的一次强降水过程，在地势低洼、地形闭塞的地区，雨水不能迅速排泄造成农田积水和土壤水分过度饱和给农业带来灾害。暴雨甚至会引起山洪暴发、江河泛滥、堤坝决口给人民和国家造成重大经济损失。长江流域是暴雨、洪涝灾害的多发地区，其中两湖盆地和长江三角洲地区受灾尤为频繁。1983、1988、1991、1998 和 1999 年等都发生过严重的暴雨洪涝灾害。

（2）冰冻雨雪灾害

低温冷冻灾害主要是冷空气及寒潮侵入造成的连续多日气温下降，致使作物损伤及减产的农业气象灾害。1977 年 10 月 25～29 日强寒潮使内蒙古、新疆积雪深 0.5m，草场被掩埋，牲畜大量死亡。

长时间大量降雪造成大范围积雪成灾的自然现象。危害有：严重影响甚至破坏交通、通信、输电线路等生命线工程，对人民生产、生活影响巨大。2005 年 12 月山东威海、烟台遭遇 40 年来最大暴风雪，此次暴风雪造成直接经济损失达 3.7143 亿元。

（3）干旱和沙尘暴

干旱是在足够长的时期内，降水量严重不足，致使土壤因蒸发而水分亏损，河川流量减少，破坏了正常的作物生长和人类活动的灾害性天气现象。其结果造成农作物、果树减产，人民、牲畜饮水困难，以及工业用水缺乏等灾害。干旱是影响我国农业最为严重的气象灾害，造成的损失相当严重。据统计，我国农作物平均每年受旱面积达 3 亿多亩，成灾面积达 1.2 亿亩，每年因旱减产平均达 100 亿～150 亿公斤，每年由于缺水造成的经济损失达 2000 亿元。目前，全国 420 多个城市存在干旱缺水问题，缺水比较严重的城市有110 个。全国每年因城市缺水影响产值达 2000 亿元至 3000 亿元。

（4）台风

台风属于热带气旋的一种，热带气旋是在热带海洋大气中形成的中心温度高、气压低的强烈涡旋的统称。造成狂风、暴雨、巨浪和风暴潮等恶劣天气，是破坏力很强的天气现象。近年来，因其造成的损失年平均在百亿元人民币以上，像 2004 年在浙江登陆的"云娜"，一次造成的损失就超过百亿元人民币。

2. 我国气象灾害的地区分布

由于我国幅员广阔，南北气候相差很大，气象灾害区域性明显：

(1) 东北地区：暴雨、洪涝、低温冻害等。

(2) 西北地区：干旱、冰雹等。

(3) 华北地区：干旱、暴雨、洪涝等。

(4) 长江中下游地区：暴雨、洪涝、伏旱、台风等。

(5) 西南地区：暴雨、干旱、低温冻害、冰雹、台风等。

(6) 华南地区：暴雨、冰雹、台风等。

3. 灾害分级

按照灾害性天气气候强度标准和重大气象灾害造成的人员伤亡和财产损失程度，重大气象灾害分为一般（Ⅳ级）、较重（Ⅲ级）、严重（Ⅱ级）和特别严重（Ⅰ级）四级。

4. 气象灾害对交通影响

海、陆、空交通都受风、浓雾、能见度、暴雨、冰雪、雷暴、积水等气象条件的影响，海雾能使客船、商船、渔船和舰艇等有偏航、触礁、搁浅、相撞的危险。据统计，日本 1948 年至 1953 年的 6 年中发生的 910 次海损事故中，由于浓雾及低气压的暴风天气而引起的占总数的 60%。能见度差易使飞机产生偏航和迷航，降落时影响安全着陆。暴雨可引起洪水害。

5. 气象对工业的影响

气象对工业生产的影响是非常广泛的。无论是厂址的选择、厂房的设计，还是原料储存、制造、产品保管和运输等各个环节，都受温度、湿度、降水、风、日射等气象条件的影响。特别是灾害性天气，如热带风暴和台风、暴雨洪水引起输电线路中断或厂房、设备损坏，仓库被淹以及工人伤亡、不能上班等；由干旱引起供水不足；雷电等引起火灾；低温造成的水管和输油管冻裂及其他冻害；高温低湿容易诱发火灾和爆炸；高温高湿易造成原材料等的腐蚀、霉烂，以及影响工人的身体健康和生产效率等，这些都直接或间接地影响着工业生产。有人通过调查分析得出，高温时节的工伤事故多于其他时节；当棉纺厂车间内温度、湿度突然下降时，棉纱断头增多。据河北省沧州地区气象局的调查研究，海盐的生产，不仅受到降水天气的影响，而且也受到温度的影响。当冷空气侵袭时，日降温大于 8℃，且最低气温在 5℃ 以下时，可产生芒硝，减少产盐量；当最高气温大于 33℃，相对湿度在 30% 以下，风速在 8m/s 以上时，由于蒸发量增大，迅速改变卤水比重，容易产生氯化镁，影响盐的产量。总之，气象影响着工业生产的方方面面。

6.2　洪涝灾害

6.2.1　概述

1. 定义

洪涝灾害（Flood disasters）即水灾，是暴雨、急剧融化的冰雪、风暴潮等自然因素引起的江河湖海水量迅速增加或水位迅猛上涨的自然现象。分为"洪"和"涝"两种。"洪",指大雨、暴雨引起水道急流、山洪暴发、河水泛滥、淹没农田、毁坏环境与各种设施等。"涝",指水过多或过于集中或返浆水过多造成的积水成灾。

2. 分类

洪涝灾害主要类型:

(1)暴雨洪灾:由较大强度的降雨形成,集中在雨季。峰高、强度大、持续时间长、波及面广。我国气象部门规定,24h 降水量为 50mm 或以上的雨称为"暴雨"。我国受暴雨洪水威胁的主要地区有 73.8 万 km²。

(2)山洪:山区溪沟中由于地面、河床较陡,降雨后形成的急剧涨落的洪水。山洪灾害的特点:突发、水量集中、破坏力强。

(3)融雪洪水:急剧融化的积雪形成的洪水。发生在高纬度积雪地区或高山积雪区,时间较有规律。易发地点:西藏、新疆、甘肃、青海。

(4)冰凌洪水:在某些由低纬度流向高纬度的河段,当河流开冻时,低纬度的上游河段先开冻,而高纬度的下游河段仍封冻,上游河水和冰块堆积在下游河床形成冰坝,引起的洪水。

(5)溃坝洪水:大坝或其他挡水建筑物发生瞬时溃决,水体突然涌出,造成下游地区灾害。破坏力很大。

(6)风暴潮洪水:由强烈大气扰动,如热带气旋、温带气旋等引起的海面异常升高现象。

3. 洪涝灾害特点

(1)发生频繁

据《明史》和《清史稿》资料统计,明清两代(1368~1911 年)的 543 年中,范围涉及数州县到 30 州县的水灾共有 424 次,平均每 4 年发生 3 次。新中国成立以来,洪涝灾害年年都有发生,只是大小有所不同而已。特别是 20 世纪 50 年代,10 年中就发生大洪水 11 次。

(2)突发性强

中国东部地区常常发生强度大、范围广的暴雨,而江河防洪能力又较低,因此洪涝灾害的突发性强。山区泥石流突发性更强,一旦发生,人民群众往往来不及撤退,造成重大伤亡和经济损失。如 1991 年四川华蓥山一次泥石流死亡 200 多人,1991 年云南昭通一次也死亡 200 多人。

(3)损失大

如 1991 年,中国淮河、太湖、松花江等部分江河发生了较大的洪水,尽管在党中央和国务院的领导下,各族人民进行了卓有成效的抗洪斗争,尽可能地减轻了灾害损失,全国洪涝受灾面积仍达 3.68 亿亩,直接经济损失高达 779 亿元。其中安徽省的直接经济损失达 249 亿元,约占全年工农业总产值的 23%,受灾人口 4400 万,占全省总人口的 76%。

4. 洪涝灾害等级划分

洪涝灾害按特大灾、大灾、中灾分为三个等级,划分标准:

(1)一次性灾害造成下列后果之一的为特大灾:

① 在县级行政区域造成农作物绝收面积(指减产八成以上,下同)占播种面积

的 30％；

②在县级行政区域倒塌房屋间数占房屋总数的 1％以上，损坏房屋间数占房屋总间数的 2％以上；

③灾害死亡 100 人以上；

④灾区直接经济损失 3 亿元以上。

(2) 一次性灾害造成下列后果之一的为大灾：

①在县级行政区域造成农作物绝收面积占播种面积的 10％；

②在县级行政区域倒塌房屋间数占房屋总数的 0.3％以上，损坏房屋间数占房屋总间数的 1.5％以上；

③灾害死亡 30 人以上；

④灾区直接经济损失 3 亿元以上。

(3) 一次性灾害造成下列后果之一的为中灾：

①在县级行政区域造成农作物绝收面积占播种面积的 1.1％；

②在县级行政区域倒塌房屋间数占房屋总数的 0.3％以上，损坏房屋间数占房屋总间数的 1％以上；

③灾害死亡 10 人以上；

④灾区直接经济损失 5000 万元以上。

等级为轻灾的洪涝灾害，进一步细分为以下三个等级：

①轻灾一级：灾区死亡和失踪 8 人以上；洪涝灾情直接威胁 100 人以上群众生命财产安全；直接经济损失 3000 万元以上。

②轻灾二级：灾区死亡和失踪人数 5 人以上；洪涝灾情直接威胁 50 人以上群众生命财产安全；直接经济损失 1000 万元以上。

③轻灾三级：灾区死亡和失踪人数 3 人以上；洪涝灾情直接威胁 30 人以上群众生命财产安全；直接经济损失 500 万元以上。

5. 洪涝灾害成因

我国地处东亚大陆，面积辽阔，地形复杂，气候差异较大。

(1) 地形条件。我国的大江大河，如长江、黄河、淮河、海河、辽河、松花江、珠江七大河流，流域面积的 60％～80％为山区和丘陵区，这些地区暴雨引发的山洪来势凶猛，河水陡涨陡落，常常造成洪水灾害。

(2) 气候条件。我国的降雨受太平洋副热带高压的影响，一般年份 4 月初至 6 月初，副热带高压脊线在北纬 15°～20°，故珠江流域和沿海地带发生暴雨洪水；6 月中旬至 7 月初，副热带高压脊线移至北纬 20°～30°，江淮一带产生梅雨，引起河道水位上涨；7 月下旬至 8 月中旬，副热带高压脊线移至北纬 30°以北，降雨带移至海河流域、河套地区和东北一带，而此时热带风暴和台风不断登陆，使华南一带产生暴雨洪水。8 月下旬副热带高压脊线南移，故华北、华中地区雨季结束。

(3) 地质条件。我国西北、华北和东北的西部地区为黄土区，土质均匀，缺乏团粒结构，土粒主要靠易溶解于水的碳酸钙聚在一起，抗冲能力极差。在暴雨时大量泥沙的冲蚀和山坡的坍塌和崩塌，极易产生泥石流。黄河中游流经黄土高原，水土流失面积达 43 万 km^2，大量泥沙随地表径流进入河道，使黄河河水的含沙量很高，以致河流的中下游河床淤积严重，由于河床淤积使得河底高出两岸地面达 5～10m，而且这种多沙河流的河床极不稳定，如遇特大洪水，河堤极易漫溢和溃决，泛滥成灾。

（4）人为因素。

① 林木的滥伐，不合理的耕作和放牧，使植被减少；

② 在河湖内围垦或筑围养殖，致使湖泊面积减少，调蓄洪水的能力下降，河道的行洪发生障碍；

③ 在河滩擅自围堤，占地建房，修建建筑物，甚至发展城镇；

④ 在河滩上修建阻水道路、桥梁、码头、抽水站、灌溉渠道，影响河道正常行洪；

⑤ 擅自向河道排渣，倾倒垃圾，修筑梯田，种植高秆作物，使河道过水断面减小。

6.2.2 洪涝灾害严重性

1. 我国洪涝灾害

我国是个多洪水的国家，十分之一国土、5 亿人口、100 多座大中城市、70％的工农业总产值不同程度地受到洪水威胁。

（1）新中国成立前

我国是洪水灾害频繁的国家。据史书记载，从公元前 206 年至公元 1949 年中华人民共和国成立的 2155 年间，大水灾就发生了 1029 次，几乎每两年就有一次。1931 年，中国发生特大水灾，有 16 个省受灾，其中最严重的是安徽、江西、江苏、湖北、湖南五省，山东、河北、浙江次之。8 省受灾面积达 14170 万亩。据统计，半数房屋被冲，近半数的人流离失所，不少人举家逃难。这次大水灾祸不单行，还伴有其他自然灾害，加上社会动荡，受灾人口达 1 亿人，死亡 370 万人，令人触目惊心。

（2）新中国成立后

目前，我国平均每年受洪涝灾害面积约一亿亩，成灾 6000 万亩，因灾害造成粮食减产上百亿公斤。20 世纪 90 年代以来，年均洪涝灾害损失超千亿元（表 6-2-1），粮食每年减产 90 亿公斤（等于一个中等国家的全年用粮），经济损失（单位面积经济损失值）20 世纪 50 年代为 2190 元/hm²、60 年代为 3255 元/hm²、70 年代为 5880 元/hm²、80 年代为 12120 元/hm²。

1991～2010 年中国洪涝灾害损失　　　　　　　　表 6-2-1

年份	死亡	直接经济损失(亿元)	年份	死亡	直接经济损失(亿元)
1991	5113	779.08	2001	1605	623.03
1992	3012	412.44	2002	1819	838.00
1993	3499	641.74	2003	1551	1300.5
1994	5340	1796.55	2004	1282	713
1995	3852	1653.30	2005	1247	1360
1996	5840	2208.36	2006	1231	919
1997	2799	923.88	2007	715	750
1998	4150	2550.90	2008	436	721
1999	1896	930.23	2009	538	845.96
2000	1942	711.63	2010	3222	3745

2. 全球洪涝灾害

在全球气候变暖的大背景下，近年来全球暴雨等极端天气不断增多，洪涝灾害出现频率与强度明显上升，局部地区强暴雨事件呈现多发、并发的趋势。就全球范围来说，洪涝灾害主要发生在多台风暴雨的地区。这些地区主要包括：孟加拉北部及沿海地区、日本和东南亚国家、加勒比海地区和美国东部近海岸地区。此外，在一些国家的内陆大江大河流域，也容易出现洪涝灾害。表 6-2-2 和表 6-2-3 列出了 1950～2004 年全球洪灾损失及地区分布情况。

全球 1950～2004 重大洪水灾害统计 表 6-2-2

时间段	发生次数	受灾人口(百万)	经济损失(亿美元)
1950～1959	81	13.0	17.79
1960～1969	157	41.17	49.95
1970～1979	265	207.89	84.23
1980～1989	537	497.59	460.14
1990～1999	795	1438.61	2075.21
2000～2004	771	552.52	785.03
合计	2606	2750.78	3472.35

全球 1950～2004 年重大洪水灾害地区分布 表 6-2-3

受灾次数	国家	受灾人口(百万)	国家	受灾损失(亿美元)	国家
158	印度	1464.79	中国	116.75	中国
125	中国	684.29	印度	31.43	美国
113	美国	329.57	孟加拉	20.32	俄罗斯
93	印尼	40.07	巴基斯坦	16.71	朝鲜
83	巴西	27.29	越南	15.91	意大利
64	孟加拉	27.19	泰国	14.36	孟加拉
63	菲律宾	13.49	阿根廷	12.13	德国
60	伊朗	13.16	巴西	11.47	日本
47	哥伦比亚	10.43	菲律宾	10.61	印度
47	泰国	9.99	朝鲜	9.83	阿根廷

3. 洪涝灾害对基础设施影响

洪涝灾害对城市基础设施影响很大，特别是对公路、铁路、通信、堤岸等设施破坏严重。一个城市的基础设施建设，是按十年一遇的洪水防范，还是百年一遇的洪水防范，这是两个完全不同的概念。如果按照百年一遇的情况去建设，我国的财力物力根本无法支撑。因此，每当洪灾发生时，基础设施的因灾损失非常大。

据统计，2010 年，全国因洪涝停产工矿企业 35260 个，铁路中断 83 条次，公路中断 58606 条次，机场、港口关停 108 个次，供电中断 23063 条次，通信中断 16098 条次，工业交通运输业直接经济损失 867.85 亿元。全国因洪涝造成 4 座（小一型）水库、7 座（小二型）水库垮坝，损坏大中型水库 57 座、小型水库 3694 座；损坏堤防 81824 处、19146km，堤防决口 8780 处、1599km，损坏护岸 85366 处，损坏水闸 21154 座，冲毁塘坝 97679 座，损坏灌溉设施 321461 处，损坏机电井 36179 眼，损坏水文测站 1362 个、损坏机电泵站 10854 座、水电站 2652 座，水利设施直接经济损失 691.68 亿元。

6.2.3　工程水文与结构防洪设计

1. 水文基本知识

自然界水循环中（图 6-2-1），海洋和陆地上的水分蒸发到大气中形成水汽，遇到冷空气凝结为雨滴并降落在地表，除去蒸发和下渗以外，在重力作用下沿着一定的方向和路径流动，这种水流称为地面径流。地面径流长期侵蚀地面，冲成沟壑，形成溪流，最后汇集而成为河流。河流某断面的集水区域称为该断面的流域。河流水量多少与该河流对应的流域面积相关。一般天然河流从河源到河口的距离称为河流长度。世界上，尼罗河是世界上最长的河流，全长6670km，我国的长江全长6300km，排名第三，黄河全长5464km排名第五。

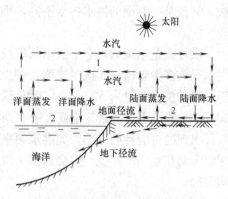

图 6-2-1 自然界水循环示意图
1—大循环；2—小循环

为研究河流的水文特征，一般取垂直于水流方向的断面称为河流横断面。容纳水流的称为河槽（也称河床），枯水期水流所占部位为基本河床，或称主槽；洪水泛滥及部位为洪水河床，或称滩地。横断面内，自由水面高出某一水准基面的高程称为水位，其水面高程所依据的水准基面，一般由水文站按实际情况选定，并可能变动，一般以黄海平均海平面（青岛站）作为我国陆地高程的起算面，即0点基准面。水位是河流最基本的水位因素，河流的水位变化反映河道中水量的增减，是工程建设中不可缺少的水文资料，并可用以推算流量。河流流量 Q 是指单位时间通过某一断面的水量，单位为 m^3/s 或 L/s，是过水断面面积与断面平均流速的乘积。断面平均流速不能直接测量，原因是过水断面内的流速分布不均匀，通常实测流速的方法（流速仪法和浮标法，见图6-2-2）只能测定某点的流速或水面流速，应首先将河流横断面划分为较小面积（称为部分面积），其次根据各点实测流速计算各部分面积上测速垂线的平均流速，各部分面积与部分面积平均流速相乘再累加求和得到全断面流量。

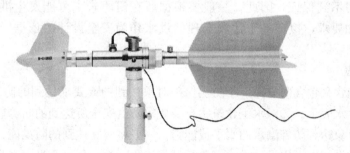

图 6-2-2 旋桨式流速仪

由于河流的分类依据和目的不同，河流的分类也各不相同。根据河流流域地形特点，一般分为山区河流和平原河流两大类。山区河流河床一般为基岩，流速较快（可高达6～8m/s），平原河流由于地势平坦，河床多为冲积层，流速相对较慢。由于河流水流流量和流速不断变化，河流断面始终处于动态变化中，判断河段的稳定性及其变形大小，通常以50年左右作为衡量标准。

2. 设计洪水频率与设计流量

每当河流涨水时，我们常常会听到"100年一遇"、"10年一遇"、"50年一遇"等说法。河流某一断面的洪水各年不同，小流量的洪峰出现机会较多，而大流量洪峰出现机会较少。

洪峰流量出现的机会一般用频率或用重现期来表示。重现期是指等于和大于某频率的洪水平均多少年出现 1 次（或称为多少年一遇），常用 T 表示。例如，某河流断面处 100 年一遇的洪峰流量为 500m^3/s，就是说在多年期间平均 100 年可能出现 1 次等于或大于 500m^3/s 的洪水，或者等于或大于 500m^3/s 的洪水的频率是 1%。频率值的大小反映了该条件出现的可能性的大小，如洪水频率为 1%，就是表示此洪水为 100 年一遇。但绝不能理解为每相隔 100 年就一定会遇到 1 次，只是说有这种可能，因为实际出现的情况并不是均匀的。

在水文计算时，常用到重现期来表示各种水文现象发生的可能性。

对于洪水频率：
$$T_{(Q \geqslant Q_i)} = \frac{1}{P_{(Q \geqslant Q_i)}} \tag{6-2-1}$$

对于枯水频率：
$$T_{(Q \leqslant Q_i)} = \frac{1}{1 - P_{(Q \geqslant Q_i)}} \tag{6-2-2}$$

式中　　$P_{(Q \geqslant Q_i)}$——设计流量 Q 大于等于 Q_i 的概率；

$T_{(Q \geqslant Q_i)}$、$T_{(Q \leqslant Q_i)}$——对应于设计概率 $P_{(Q \geqslant Q_i)}$ 的洪水和枯水重现周期。

例如，对于概率为 $P = 80\%$ 枯水流量，$T = 5$ 年，称此为五年一遇的枯水流量。或称为保证率为 80% 的设计流量。

弄清楚洪峰流量出现的频率或重现期，密切关系到水利规划和工程设计的安全与经济，对防治水灾害，发展水利事业十分重要。

因为当设计某项水利工程时，首先要确定应以能抗御多大的洪水作为设计的标准，如果以出现机会不多的大洪水作为设计标准，虽然工程规模要大，费用增加，但却安全可靠；如果以出现机会多的小洪水作为设计标准，则当遇上超过这个标准的洪水时，工程的安全将得不到保证。因此，一般要根据所在河段未来可能发生洪水的特性，按照工程的规模和要求，拟定一个比较合理的洪水作为安全设计的依据，这个洪水称为设计洪水。

3. 防洪标准

防洪标准的含义包含两方面：①防洪保护对象达到的或要求达到的防御水平或能力，一般以重现期洪水表示。②对水工建筑物自身要求防洪安全所达到的防御能力。

防洪保护对象达到防御洪水的水平或能力。一般将实际达到的防洪能力也称为已达到的防洪标准。防洪标准可用设计洪水（包括洪峰流量、洪水总量及洪水过程）或设计水位表示。一般以某一重现期的设计洪水为标准，也有以某一实际洪水为标准。在一般情况下，当实际发生的洪水不大于设计防洪标准时，通过防洪系统的正确运用，可保证防护对象的防洪安全。水工建筑物的安全设计洪水标准有时也称为防洪标准。

防洪标准的高低，与防洪保护对象的重要性、洪水灾害的严重性及其影响直接有关，并与国民经济的发展水平相联系。国家根据需要与可能，对不同保护对象颁布了不同防洪标准的等级划分。在防洪工程的规划设计中，一般按照规范选定防洪标准，并进行必要的论证。阐明工程选定的防洪标准的经济合理性。对于特殊情况，如洪水泛滥可能造成大量生命财产损失等严重后果时，经过充分论证，可采用高于规范规定的标准。如因投资、工程量等因素的限制一时难以达到规定的防洪标准时,经过论证可以分期达到。

世界各国所采用的防洪标准各有不同,有的用重现期表示,有的采用实际发生的洪水表示,但差别不大。例如日本对特别重要的城市要求防 200 年一遇洪水,重要城市防 100 年一遇洪水,一般城市防 50 年一遇洪水。印度要求重要城镇的堤防按 50 年一遇洪水设计,对农田的防洪标准一般为 10~20 年一遇洪水。澳大利亚农牧业区要求防 3~7 年一遇洪水。美国主要河道堤防防洪标准,比 1927 年洪水大 11%~38%,约相当于频率法的 100~500 年(随控制站而异)一遇洪水,但实际上许多河道都未能达到防御 100 年一遇洪水的标准。

(1)城市防洪标准

城市防洪标准,是指根据城市的重要程度、所在地域的洪灾类型,以及历史性洪水灾害等因素,而制定的城市防洪的设防标准。城市的重要程度是指该城市在国家政治、经济中的地位。洪灾类型是按洪灾成因分为河洪、海潮、山洪和泥石流四种类型。城市防洪标准通常分为设计标准和校核标准。设计标准表示当发生设计洪水流量时,防洪工程可正常运行,防护对象(如城镇、厂矿、农田等)可以安全排洪。校核标准是在洪水流量大于一定的设计洪水流量时,防洪工程不会发生决堤、垮坝、倒闸和河道漫溢等问题。

城市应根据其社会经济地位的重要性或非农业人口的数量分为四个等级,各等级防洪标准见表 6-2-4。

城市等级和防洪标准　　　　　　　　　　　　　　表 6-2-4

等　级	重要性	人口(万人)	防洪标准[重现期(年)]
Ⅰ	特别重要的城市	≥150	≥200
Ⅱ	重要的城市	150~50	200~100
Ⅲ	中等城市	50~20	100~50
Ⅳ	一般城市	≤20	50~20

(2)工矿企业

冶金、煤炭、石油、化工、林业、建材、机械、轻工、纺织、商业等工矿企业,根据其规模分为四个等级,各等级防洪标准见表 6-2-5。

工矿企业的等级和防洪标准　　　　　　　　　　表 6-2-5

等　级	工矿企业规模	防洪标准[重现期(年)]
Ⅰ	特大型	200~100
Ⅱ	大型	100~50
Ⅲ	中型	50~20
Ⅳ	小型	20~10

工矿企业的尾矿坝或尾矿库,根据其库容或坝高分为五个等级,各等级防洪标准见表 6-2-6。当尾矿坝或尾矿库一旦失事,对于下游的城镇、工矿企业和交通运输等设施造成严重危害,应在防洪标准基础上提高一等或二等。

尾矿坝或尾矿库的等级和防洪标准 表 6-2-6

等　级	工程规模		防洪标准[重现期(年)]	
	库容($10^8\,m^3$)	坝高(m)	设计	校核
Ⅰ	局部提高等级条件的Ⅱ、Ⅲ等工程			2000～1000
Ⅱ	≥1	≥100	200～100	1000～500
Ⅲ	1～0.10	100～60	100～50	500～200
Ⅳ	0.10～0.01	60～30	50～30	200～100
Ⅴ	≤0.01	≤30	30～20	100～50

(3) 交通设施防洪标准

铁路运输设施建筑物和构筑物，根据其重要程度或运输能力分为三个等级，各等级的防洪标准见表 6-2-7，并结合所在河段、地区的行洪和蓄滞洪的要求确定。

铁路各类建筑物、构筑物的等级和防洪标准 表 6-2-7

等级	重要程度	运输能力(10^4t/年)	防洪标准[重现期(年)]			
			设计			校核
			路基	涵洞	桥梁	技术复杂、修复困难或重要的大桥和特大桥
Ⅰ	骨干铁路和准高速铁路	≥1500	100	50	100	300
Ⅱ	次要骨干铁路和联络铁路	1500～750	100	50	100	300
Ⅲ	地区(地方)铁路	≤750	50	50	50	100

汽车专用公路的各类建筑物、构筑物，应根据其重要性和交通量分为高速、Ⅰ、Ⅱ三个等级，各等级的防洪标准见表 6-2-8。

公路各类建筑物、构筑物的等级和防洪标准 表 6-2-8

等级	重　要　性	防洪标准[重现期(年)]				
		路基	特大桥	大中桥	小桥	涵洞及小型排水构筑物
高速	政治、经济意义特别重要的，专供汽车分道高速行驶，并全部控制出入的公路	100	300	100	100	100
Ⅰ	连接重要的政治、经济中心，通往重点的工矿区港口、机场等地，专供汽车分道行驶，并部分控制出入的公路	100	300	100	100	100
Ⅱ	连接重要的政治、经济中心或大工矿区、港口机场等地，专供汽车行驶的公路	50	100	50	50	50
Ⅲ	沟通县城以上等地的公路	25	100	50	25	25
Ⅳ	沟通县、乡、村等地的公路		100	50	25	

6.2.4 洪涝灾害的防治

1. 防洪减灾措施

洪涝灾害的防治工作包括两个方面：一方面减少洪涝灾害发生的可能性，另一方面尽可能使已发生的洪涝灾害的损失降到最低。加强堤防建设、河道整治以及水库工程建设是避免洪涝灾害的直接措施，即工程措施，长期持久地推行水土保持可以从根本上减少发生洪涝的机会。切实做好洪水、天气的科学预报与滞洪区的合理规划可以减轻洪涝灾害的损失，建立防汛抢险的应急体系，是减轻灾害损失的最后措施，这些措施也称为非工程措施。

（1）工程措施

新中国成立以来，开展了规模空前的江河治理和防洪建设，洪患得到了初步控制，所取得的成就举世瞩目，全国已建成各类水库 8.5 万座，总库容 5200 亿 m³，建成江河堤防 27 万 km。

1）修建水库、堤防、蓄滞洪区

① 修建水库调节供水

在被保护区域的河道上游修建水库，调蓄洪水，削减洪峰；利用水库拦蓄的水量满足灌溉、发电、供水等发展经济的需要，达到兴利除害的目的。例如永定河在历史上称为无定河，常常造成下游堤防漫溢和溃决，从而造成水灾。1912～1949 卢沟桥以上的堤防 7 次发生大决口。1951 年修建官厅水库后，使永定河百年一遇的洪峰流量 7020m³/s 经水库调节后削减到 600m³/s，消除了洪水对京、津及下游地区的威胁。

② 利用相邻水库调蓄洪水

③ 利用流域内干、支流上的水库群联合调蓄洪水

2）沿河修建防护堤

沿河修建防护堤，提高河道的行洪能力。我国的长江、黄河、淮河、海河、辽河、松花江、珠江七大江河，沿江都修筑有防护堤，保护着全国一半以上人口的生命和财产安全及工农业经济的发展，抗拒了 1954、1980、1981 年长江的洪水，1957 年松花江的洪水，1958 年黄河中下游的洪水，1963 年海河的洪水，保障了武汉、哈尔滨、兰州、郑州、天津等城市的安全和经济的发展。

3）沿防护区修筑围堤

当防护区位于地势比较低洼平坦的地区时，为了缩短防护堤的长度或有效地保护防护区免遭洪水的侵袭，可以在保护区的四周修筑围堤，以保证防护区的安全。

4）进行分洪

5）修建排水工程

① 修建排水沟渠。

② 修建排水井。

③ 建抽水站。

6）整治河道

① 河道清障。

② 扩宽和疏浚河道。加大河道的过水能力，使河道上下水流顺畅。

③ 裁弯取直。

④ 稳定河床。在河滩上植树、加固滩地；对河岸进行加固，防止供水时受到冲刷，甚至被冲决；在河滩上修建防护堤，防止汛期时洪水漫溢；在河道中受冲刷的一岸修建丁坝、顺坝、格坝等工程，稳定河床。

⑤ 加固岸坡和堤防。

7）小流域综合治理

在小流域内植树种草、封山育林，进行沟壑治理；在山沟上修筑谷坊、拦沙坝，拦截泥沙，保持水土。

8）防止河道上形成冰坝和冰塞

（2）非工程措施

非工程措施是指为防止洪灾发生、发展和减灾而制定的法律法规、指挥系统、信息采集等软环境措施。

2. 防洪预案

防洪预案系指防御洪水的方案，即防御江河洪水灾害、山地灾害、台风暴潮灾害、冰凌洪水灾害以及垮坝洪水灾害等方案的统称，是在现有工程设施条件下，针对可能发生的各类洪水灾害而预先制定的防御方案、对策和措施，是防汛指挥部门实施指挥决策和防洪调度、抢险救灾的依据。

防洪预案的基本内容：

（1）概况：包括自然地理、气象、水文特征；社会经济状况，如耕地、人口、城镇、重要设施、资产、产值等。

（2）洪灾风险图。

（3）洪水调度方案：确定河道、堤防、水库、闸坝、湖泊、蓄滞洪区的调度运用方案。

（4）防御超标准洪水方案：防洪工程的标准是一定的、有限的，对防洪标准以内的洪水要确保安全，对超过防御标准的洪水要尽可能地降低危害和减少损失。

（5）防御突发性洪水方案。

（6）实施方案。

（7）保障措施。

3. 洪灾来临对策

洪水到来时应对措施：

（1）洪水到来时，来不及转移的人员，要就近迅速向山坡、高地、楼房、避洪台等地转移，或者立即爬上屋顶、楼房高层、大树、高墙等高的地方暂避。

（2）如洪水继续上涨，暂避的地方已难自保，则要充分利用准备好的救生器材逃生，或者迅速找一些门板、桌椅、木床、大块的泡沫塑料等能漂浮的材料扎成筏逃生。

（3）如果已被洪水包围，要设法尽快与当地政府防汛部门取得联系，报告自己的方位和险情，积极寻求救援。注意：千万不要游泳逃生，不可攀爬带电的电线杆、铁塔，也不要爬到泥坯房的屋顶。

（4）如已被卷入洪水中，一定要尽可能抓住固定的或能漂浮的东西，寻找机会逃生。

（5）发现高压线铁塔倾斜或者电线断头下垂时，一定要迅速远避，防止直接触电或因地面"跨步电压"触电。

（6）洪水过后，要做好各项卫生防疫工作，预防疫病的流行。

4. 灾后应对措施

（1）加强饮用水卫生管理

① 水源的选择与保护

应在洪水上游或内涝地区污染较少的水域选择饮用水水源取水点，并划出一定范围，严禁在此区域内排放粪便、污水与垃圾。有条件的地区宜在取水点设码头，以便离岸边一定距离处取水。

② 退水后水源的选择

无自来水的地区，尽可能利用井水为饮用水水源。水井应有井台、井栏、井盖，井的周围30m内禁止设有厕所猪圈以及其他可能污染地下水的设施。取水应有专用的取水桶。有条件的地区可延伸现有的自来水供水管线。

③ 对饮用水进行净化消毒

煮沸是十分有效的灭菌方法。在有条件时可采用过滤方法。但在洪涝灾害期间，最主要的饮用水消毒方法是采用消毒剂消毒。

（2）加强食品卫生管理

① 水灾地区需要重点预防食物中毒

② 加强灾区食品卫生监督管理

特别是水淹过的食品生产经营单位应做好食品设备、容器、环境的清洁消毒，经当地卫生行政部门验收合格后方可开业，并加强对其食品和原料的监督，防止食品污染和使用发霉变质原料。

③ 开展对预防食物中毒的宣传教育

（3）加强环境卫生

首先要选择安全和地势较高的地点，搭建帐篷、窝棚、简易住房等临时住所，做到先安置、后完善。其次注意居住环境卫生，不随地大小便和乱倒垃圾污水，不要在棚子内饲养畜禽。合理布设垃圾收集站点，

图 6-2-3　洪灾之后的消毒

及时清运和处理，对一些传染性垃圾可采用焚烧法处理。洪灾后做好消毒工作（图6-2-3）。

6.3　海洋灾害

海洋灾害（Marine disaster）是指海洋自然环境发生异常或激烈变化导致在海上或海岸发生的灾害。

海洋灾害主要指风暴潮灾害、海浪灾害、海冰灾害、海雾灾害、飓风灾害、地震海啸灾害及赤潮、海水入侵、溢油灾害等突发性的自然灾害。引发海洋灾害的原因主要有大气的强烈扰动，如热带气旋、温带气旋等；海洋水体本身的扰动或状态骤变；海底地震、火山爆发及其伴生的海底滑坡、地裂缝等。

海洋自然灾害不仅威胁海上及海岸，还危及沿岸城乡经济和人民生命财产的安全。图6-3-1和图6-3-2给出了1989～2007年间我国海洋灾害造成的经济损失和人员伤亡情况。下面重点介绍海啸、风暴潮、灾害性海浪三种灾害方面的知识。

6.3.1　海啸

1. 概述

海啸（Tsunami）词源自日语"津波"、"港边的波浪"，是指由海底地震、火山爆发、

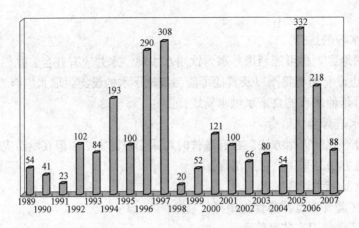

图 6-3-1 1989～2007 海洋灾害经济损失（亿元）

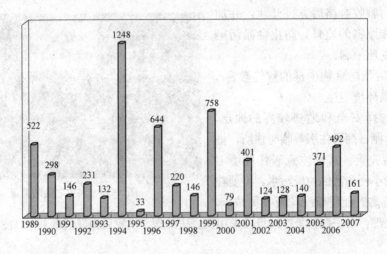

图 6-3-2 1989～2007 年海洋灾害死亡及失踪人数

海底滑坡等产生的超大波长的大洋行波。

在深海大洋，海啸波以很快的速度（800km/h 以上）传播，但波高却只有几十厘米或更小。当海啸波移近岸边浅水区时，波速会减慢，波高陡增，可形成十数米或更高的"水墙"，随着海啸波向陆地移动，受海湾、海港或泻湖等特殊地形的影响，海啸波的高度会进一步上升。据观测，较大的海啸浪高可超过 20m，甚至达 70m 以上，即使波高只有 3～6m 的海啸，也极具破坏力，可造成严重灾害。海啸可以高速度长距离传播，在开阔海域其速度常接近声音的传播速度，可达 700～800km/h。它携带着很大能量，能以 10％～80％的效率传播地震能量。

通常海啸按照空间位置可分两类：一类是"近海海啸"，或称本地海啸。海啸生成源地在近岸几十公里至 200 公里以内。海啸波到达沿岸的时间很短，只有几分钟或几十分钟，带有很强的突发性，无法防御，危害极大。另一类是"远洋海啸"，是从远洋甚至横越大洋传播过来的海啸。对于远洋海啸，海啸预警系统可发出海啸警报，可以有效地减少人员伤亡和财产损失，而近海海啸，由于发生于局地，很难进行准确的预警。

海啸按成因可分为4种类型，即由气象变化引起的风暴潮、火山爆发引起的火山海啸、海底滑坡引起的滑坡海啸和海底地震引起的地震海啸。

地震海啸是海底发生地震时，海底地形急剧升降变动引起海水强烈扰动（图6-3-3）。

图 6-3-3　地震引发海啸示意图

气象海啸是由于台风等气象因素引发的海啸，它是由台风、温带气旋、冷锋的强风作用和气压骤变等强烈的天气系统引起的海面异常升降现象，一般被称为"风暴增水"或"风暴海啸"，在气象上通称为风暴潮。

海底的火山喷发时也会造成海啸。如1883年，爪哇附近喀拉喀托岛上的火山喷发时，在海底裂开了300m的深坑，激起的海浪高达30m以上，有3万多人被浪涛卷到海里。火山在水下喷发，还会使海水沸腾，涌起水柱，使大量的鱼类和海洋生物死亡，漂浮于海面。

2. 海啸危害

灾害性海啸的产生对太平洋沿岸的大多数国家是一个重大的威胁。此外，地中海沿岸国家和世界上其他地区也曾受到海啸灾害的危害。

海啸由于携带着极大的能量，当其接近浅水区或冲上海岸时可以产生很大的破坏力。海啸的破坏力直接由三种因素产生：洪水泛滥、波浪对建筑物的冲击和对海岸的冲蚀。这些都会引起大量的人员伤亡与经济损失。

在公元前47年（即西汉初元二年）和公元173年（东汉熹平二年），我国就记载了莱州湾和山东黄县海啸。这些记载被认定是世界上最早的两次海啸记载。从总体上讲，中国海域海水较浅（200m以内），大陆架延伸较宽，沿海岛屿屏障作用较大，发生严重地震海啸灾害的概率较小。1949年后，有记录的海啸有3次：第一次发生在1969年7月18日，由发生在渤海中部的7.4级地震引起海啸，海啸波高约为0.2m。此次海啸对河北唐山造成一定损失。第二次发生在海南岛南端，是1992年1月4日～5日，波高0.78m的海啸，三亚港也出现波高0.5～0.8m的海啸，造成一定损失。第三次是1994年发生在台湾海峡的海啸，未造成损失。

全球的海啸发生区大致与地震带一致。全球有记载的破坏性海啸大约有260次左右，平均大约6、7年发生一次（表6-3-1）。发生在环太平洋地区的地震海啸就占了约80%。而日本列岛及附近海域的地震又占太平洋地震海啸的60%左右，日本是全球发生地震海啸最多并且受害最深的国家。

历史上较大海啸灾害　　　　　　　　　　　　表 6-3-1

时间	地　点	特　征	损　失
1498.9.20	日本北海道	山崩引起海啸,最大波高 20m	死亡 20000 人
1792.5.21	日本明海	波高 50m	死亡 15000 人
1883.8.27	印度尼西亚	火山爆发引发海啸,15～42m 高的海浪	3.6 万人死亡
1896.6.15	日本三陆	地震引起海啸,最大波高达 25m	卷倒房屋 1.4 万多间,流失船只 3 万余艘,死亡 27000 多人
1933.3.3	日本三陆	地震海啸,最大波高 24m	死亡 3000 人
1960.5.22	智利中南部	地震海啸,最大波高 25m	智利 900 多人丧生 美国 61 人死亡,伤 282 人 日本 800 人死亡,15 万人无家可归
1964.3.28	阿拉斯加湾	海底运动引起海啸,最大波高达 30m	死亡 150 人
1998.7	巴布亚新几内亚	海底地震引发海啸	2100 人丧生
2001.6	秘鲁南部	地震引发海啸	78 人死亡,经济损失约 3 亿美元
2004.12.26	印度尼西亚	地震引发海啸	30 余万人丧生
2006.7.17	爪哇岛	地震引发海啸	死亡 668 人,失踪 300 多人,900 多人受伤,10 万人流离失所
2007.4.2	所罗门群岛	地震引发海啸	50 多人死亡,数千人失去家园
2009.9.29	萨摩亚群岛	地震引发海啸	184 人死亡
2009.9.30	萨摩亚和美属萨摩亚群岛	地震引发海啸	33 人死亡
2010.10.27	印度尼西亚	地震引发海啸,掀起 3m 高巨浪	272 人死亡,412 人失踪
2011.3.11	日本福岛	地震引发 10m 高海啸	14704 人遇难,10969 人失踪

　　2004 年 12 月 26 日于印度尼西亚的苏门答腊外海发生里氏地震 9 级海底地震。海啸袭击斯里兰卡、印度、泰国、印度尼西亚、马来西亚、孟加拉国、马尔代夫、缅甸和非洲东岸等国,造成约 30 万人丧生,如图 6-3-4、图 6-3-5 所示。

图 6-3-4　海啸之后的海岸

图 6-3-5　海啸造成的危害

3. 海啸灾害防治对策

　　海啸的发生往往与地震密切相关,因此海啸的防治首先要从地震监测与预报入手,建设地震监测预警中心、海域地震监测设施,同时采取构筑堤坝工程措施,辅以改善海岸环境,以增强减轻地震灾害和地震海啸灾害的能力。

（1）监测与预报

从科学技术的角度讲，地震海啸预警是完全可以实现的。因为，地震波在地壳中的传播速度约为6km/s，地震海啸产生的声波的传播速度为5400km/h，海浪的传播速度为200m/s，地震声波比海啸波传播的速度快得多，可根据接收到海啸声音的时刻，推算地震海啸波到达的时间，这就为利用地震台网进行地震海啸预警提供了可能。2004年印度西尼亚8.7级地震海啸在震后两个半小时才到达印度，如果建立了预警机制，印度通过地震台网的地震记录即可在海啸到达之前两个半小时预测到海啸灾难即将发生，甚至可以再用数分钟核实印尼已经遭到海啸袭击，足以采取措施使人们逃避这场灾难。

海啸发生前是有征兆的，比如，海底的突然下沉，会引起水流向下沉的方向流动，从而出现快速的退潮。由于海啸能量的传播要作用于水，一个波与另一个波之间有一个距离，这个距离，就为那些有知识的人留下了逃生的时间。英国海事学会向一名11岁的英国女童颁发奖状，以表彰她利用课堂所学知识，在2004年年底印度洋海啸来临前及时发现海啸征兆，成功拯救100多名游客生命的事迹。这名小女孩名叫蒂利。2004年圣诞节期间，她与家人正在泰国普吉岛度假。12月26日那天，他们一家在海边玩耍时，蒂利在麦拷海滩玩着沙子，她突然发现一个古怪的现象：海面上出现了不少的气泡，潮水也突然退去，将船只和海鱼留在沙滩上。见此情景，沉醉于海边美丽风光的游客们都感到不解。唯有这位小女孩想起了老师在课堂教过的海啸知识。一旦遇上这种迹象，说明要有海啸发生。她立即告诉了母亲。女孩的妈妈聪慧而理性，当她听完孩子的叙述之后，立即和麦拷（Maikhao）海滩饭店的工作人员，火速把海滩边100多名游客撤离到安全地区。就在游客离开海滩不到几分钟，十几米高的海浪突然从岸边袭来。但万幸的是，因为有了小女孩的预报，麦拷海滩成为这场海啸中少数几个没有出现人员伤亡的海滩之一。

（2）修筑堤坝

荷兰国土有一半以上低于或几乎水平于海平面。为了生存和发展，荷兰人从13世纪起筑堤坝拦海水，几百年来修筑的拦海堤坝长达1800公里，增加土地面积60多万公顷。在1/4个世纪内，荷兰耗资大约80亿美元，设立了一道海岸防御体系，是迄今为止世界上最好的海防工程之一（巴里尔大坝），能够抵御万年一遇的风暴洪灾。

（3）营造沿海湿地环境

在海岸线和岛岸线种植红树林、海草和珊瑚礁，形成海上森林，从而减轻地震海啸灾害的危害。

6.3.2 风暴潮

1. 含义与分类

（1）含义

风暴潮（Storm surge）是一种灾害性的自然现象。由于剧烈的大气扰动，如强风和气压骤变（通常指台风和温带气旋等灾害性天气系统）导致海水异常升降，使受其影响的海区的潮位大大地超过平常潮位的现象，称为风暴潮。又可称"风暴增水"、"风暴海啸"、"气象海啸"或"风潮"。强烈的大气扰动引起的增水虽只有几米（世界上最高的风暴潮增水达6m以上），但总是叠加着几米高的巨浪，而且其发生几率比海啸高得多。其影响范围一般为数十千米至上千千米，持续时间为1~100个小时。

（2）分类

风暴潮根据风暴的性质，通常分为由温带气旋引起的温带风暴潮和由台风引起的台风风暴潮两大类。

① 温带风暴潮。由温带气旋、强冷空气、寒潮等温带天气系统所引起的风暴潮，各国统称为温带风暴潮。多发生于春秋季节，夏季也时有发生。其特点是：增水过程比较平缓，增水高度低于台风风暴潮。主要发生在中纬度沿海地区，以欧洲北海沿岸、美国东海岸以及我国北方海区沿岸为多。

② 台风风暴潮。由热带气旋（热带风暴、强热带风暴、台风等）所引起，在北美地区称为飓风风暴潮，在印度洋沿岸称热带气旋风暴潮。多见于夏秋季节。其特点是：来势猛、速度快、强度大、破坏力强。凡是有台风影响的海洋国家、沿海地区均有台风风暴潮发生。

风暴潮的命名一般以诱发它的天气系统来命名，例如：由 1980 年第 7 号强台风引起的风暴潮，称为 8007 台风风暴潮或 Joe 风暴潮；由 1969 年登陆北美的 Camille 飓风引起的风暴潮，称为 Camille 风暴潮等。温带风暴潮大多以发生日期命名，如 2003 年 10 月 11 日发生的温带风暴潮称为"03.10.11"温带风暴潮，2007 年 3 月 3 日发生的温带风暴潮称为"07.03.03"温带风暴潮。

（3）风暴潮预警级别

按照国务院颁布的《风暴潮、海啸、海冰应急预案》中的规定，风暴潮预警级别分为 I、II、III、IV 四级，分别表示特别严重、严重、较重、一般，颜色依次为红色、橙色、黄色和蓝色。

2. 风暴潮危害

风暴潮能否成灾，在很大程度上取决于其最大风暴潮位是否与天文潮高潮相叠，尤其是与天文大潮期的高潮相叠。当然，也决定于受灾地区的地理位置、海岸形状、岸上及海底地形，尤其是滨海地区的社会及经济（承灾体）情况。如果最大风暴潮位恰与天文大潮的高潮相叠，则会导致发生特大潮灾，风暴潮灾害居海洋灾害之首位，世界上绝大多数因强风暴引起的特大海岸灾害都是由风暴潮造成的。依国内外风暴潮专家的意见，一般把风暴潮灾害划分为四个等级，即特大潮灾、严重潮灾、较大潮灾和轻度潮灾。

我国海岸线长达 18000 公里，南北纵跨温、热两带，风暴潮灾害可遍布各个沿海地区，但灾害的发生频率、严重程度都大不相同。渤、黄海沿岸由于处在高纬度地区主要以温带风暴潮灾害为主，偶有台风风暴潮灾害发生，春秋季节，我国渤黄海沿岸是冷暖空气频繁交汇的地方，据统计 100cm 以上温带风暴潮过程平均每年 12 次（1950～2008 年），150cm 以上的平均每年 3 次，200cm 以上的平均每年 1 次。我国有验潮记录以来的最高温带风暴潮值为 352cm（1969 年 4 月 23 日发生在山东羊角沟站，是一次北高南低过程），为世界第一高值。东南沿海则主要是台风风暴潮灾害，西北太平洋沿岸国家中，我国是受台风袭击最多的国家，登陆的台风高达 34%。在我国引起的 100cm 以上风暴潮的台风平均每年 5 次（1949～2008 年），150cm 以上的平均每年 2 次，200cm 以上的约每年 1 次。我国有验潮记录以来的台风最高风暴潮为 575cm（广东南渡站监测到，由 8007 号台风引发的），为世界第三大值。成灾率较高、灾害较严重的岸段主要集中在以下几个岸段：渤海湾至莱州湾沿岸、江苏省小洋河口至浙江省中部、福建宁德至闽江口沿岸等海域。

中国是世界上受风暴潮危害最严重的国家之一。

随着濒海城乡工农业的发展和沿海基础设施的增加，承灾体的日趋庞大，每次风暴潮的直接和间接损失却正在加重。据统计，中国风暴潮的年均经济损失已由20世纪50年代的1亿元左右，增至80年代后期的平均每年约20亿元，90年代的每年平均76亿元，进入21世纪，风暴潮损失呈增大趋势，风暴潮正成为沿海对外开放和社会经济发展的一大制约因素。

2007年3月4日，渤海湾、莱州湾发生了一次强温带风暴潮过程，辽宁、河北、山东省海洋灾害直接经济损失40.65亿元。辽宁省大连市海洋灾害直接经济损失18.60亿元，损毁船只3128艘（建筑工程现场的8台塔吊和4台物料提升机倒塌。3台塔吊起重臂折断，直接损失700多万元，特别是3月5日凌晨，一续建工程的近百米高塔吊倒塌，造成工地周边建筑物的毁坏和人员伤亡）。河北省沧州市海域受风暴潮影响，损毁海塘堤防及海洋工程20公里，直接经济损失0.30亿元；风暴潮造成神华集团黄骅港机械受损停产直接经济损失0.10亿元。山东省死亡7人，6700多公顷筏式养殖受损，2000多公顷虾池、鱼塘冲毁，10公里防浪堤坍塌，损毁船只1900艘，海洋灾害直接经济损失21亿元（图6-3-6）。

(a) 海边路石   *(b)* 候车亭

图 6-3-6　风暴潮过后的海边

全球范围内，风暴潮引起的灾难也时有发生。在孟加拉湾沿岸，1970年11月13日发生了一次震惊世界的热带气旋风暴潮灾害。这次风暴增水超过6m的风暴潮夺去了恒河三角洲一带30万人的生命，溺死牲畜50万头，使100多万人无家可归。1991年4月的又一次特大风暴潮，在有了热带气旋及风暴潮警报的情况下，仍然夺去了13万人的生命。

3. 防御风暴潮的主要措施

我国对风暴潮灾的防范工作，随着事业的发展和客观的需要，也日益得到重视和加强。风暴潮的防治措施可以分为工程措施和非工程措施。工程措施是指在可能遭受风暴潮灾的沿海地区修筑防潮工程。如大力兴建沿海防护林、整修、扩建海堤。非工程措施是建立海洋灾害综合防治系统，包含监测预报和紧急疏散计划等。大力进行风暴潮预报和预报技术的研究工作。运用法律、行政、经济、科研、教育和工程技术手段，大力提高防灾、减灾和灾后恢复和重建能力。监测预报系统，负责风暴潮的监测和预报警报的发布。防潮指挥部门依据预报警报实施恰当的防潮指挥，必要时按照疏散计划确定的路线将人员和贵重的物质财产转移到预先确定的"避难所"。这些减轻风暴潮灾害的非工程措施在减灾中也发挥了很好的作用。

目前在沿海已建立了由 280 多个海洋站、验潮站组成的监测网络，配备比较先进的仪器和计算机设备，利用电话、无线电、电视和基层广播网等传媒手段，进行灾害信息的传输。风暴潮预报业务系统比较好地发布了特大风暴潮预报和警报，同时沿海省市有关部门和大中型企业也积极加强防范并制订了一些有效的对策，如一些低洼港口和城市根据当地社会经济发展状况结合历来风暴潮侵袭资料，重新确定了警戒水位。位于黄河三角洲的胜利油田和东营市政府投入巨资，兴建几百公里的防潮海堤。随着沿海经济发展的需要，抗御潮灾已是实施未来发展的一项重要战略任务。

6.3.3 灾难性海浪

1. 定义

海浪是海水的波动现象，海浪分为三种：风浪、涌浪、近岸浪。风浪顾名思义就是风引起的浪，它是在风的直接作用下产生的，外形很不规则，风力达到 5 级时，海面上就会出现风已把波面撕得破裂成碎浪的"白浪"。风浪的传播方向和风向是一致的。涌浪是在风停后，海面上仍有余浪，浪离开风作用的区域继续向外传播的浪。人们所说的"无风三尺浪"就是指这种浪。近岸浪是当风浪和涌浪传播到岸边和浅水区时受海底的摩擦，能量迅速减小，几乎成为一条直线的浪。

海浪的传播是让人难以想象的，它可水平方向传播，也可垂直向下传播。水平方向传播时，在北半球的英国可测到来自南大西洋风暴区的海浪。在太平洋北部的阿拉斯加海岸，可测量到从万里以外南极风暴区传来的海浪。可见海浪在水平传播时不但传播如此之远，还能维持一定的波高，其破坏力当然是巨大的。

当然并不是所有的海浪都对人类造成损害，20 世纪兴起的冲浪运动就是人们利用海浪开展的运动。只有波高在 6m 以上的海浪才引起灾害。而我们所说的灾害性海浪一般指海上波高达 6m 以上的海浪，即国际波级表中"狂浪"以上的海浪。"灾害性海浪"是海洋中由风产生的具有灾害性破坏的波浪，其作用力可达 $30\sim40t/m^2$，也称为巨浪灾害。但必须明确指出，对于灾害性海浪世界上至今仍没有一个确切的定义，上述定义只是相对当今世界科学技术水平和人们在海上与大自然抗争能力而言的相对定义。通常，6m 以上波高的海浪对航行在海洋上的绝大多数船只已构成威胁。

根据国际波级表规定，海浪级别按照有效波高（指在给定波列中的 1/3 大波波高的平均值）进行划分，假设 H_s 为有效波高，将海浪级别划分为 9 级，见表 6-3-2。

海浪级别划分 表 6-3-2

序号	海浪级别	有效波高（m）	序号	海浪级别	有效波高（m）
1	微浪	$H_s<0.1$	6	巨浪	$4{\leqslant}H_s<6$
2	小浪	$0.1{\leqslant}H_s<0.5$	7	狂浪	$6{\leqslant}H_s<9$
3	轻浪	$0.5{\leqslant}H_s<1.25$	8	狂涛	$9{\leqslant}H_s<14$
4	中浪	$1.25{\leqslant}H_s<2.5$	9	怒涛	$14{\leqslant}H_s$
5	大浪	$2.5{\leqslant}H_s<4$			

2. 危害

灾害性海浪在近海常能掀翻船舶，摧毁海上工程，给海上航行、海上施工、海上军事活动、渔业捕捞等带来危害，其导致的泥沙运动也会使海港和航道淤塞。第二次世界大战太平洋战争期间，美国第三舰队经过浴血奋战后，打败了日本军队占领了菲律宾的民都洛岛。当美军舰队返航添加燃料时，由于没有海浪预报，舰队遭到了强风浪的袭击。咆哮而来的风浪铺天盖地，浪头最高的达 18m 以上，2 艘航空母舰，8 艘战列舰，24 艘加油船被大浪掀翻，沉入海底，800 多名官兵遇难。这损失对美军来说，只比日本袭击珍珠港造成的损失稍小一点。

灾害性海浪在岸边不仅冲击摧毁沿海的堤岸、海塘、码头和各类构筑物，还伴随风暴潮，沉损船只、席卷人畜，并致使大片农作物受淹和各种水产养殖受损。

2000 年以来 4m 以上巨浪灾害造成经济损失和人员伤亡情况见表 6-3-3。

2000 年以来海浪灾害造成经济损失和人员伤亡　　　　表 6-3-3

序号	年度	次数	直接经济损失(亿元)	死亡人数(含失踪)
1	2000 年	31	1.7	63
2	2001 年	34	3.1	265
3	2002 年	35	2.5	94
4	2003 年	33	1.15	103
5	2004 年	35	2.07	91
6	2005 年	36	1.91	234
7	2006 年	38	1.34	165
8	2007 年	35	1.16	143

20 世纪新兴的海上石油开采平台，常常遭受一个或几个大的海浪波群的破坏和摧毁。据不完全统计，世界上已有 60 多座海上平台翻沉。1955 年到 1982 年的 28 年中，由狂风巨浪在全球范围内翻沉的石油钻井平台有 36 座。

6.4　冰冻雨雪灾害

冰雪灾害，是指因长时间大量降冻雨或降雪造成大范围积雪结冰成灾的自然现象。

6.4.1　冻雨

1. 概述

冻雨（Freezing rain）是由过冷水滴组成，与温度低于 0℃ 的物体碰撞立即冻结的降水，是初冬或冬末春初时节见到的一种灾害性天气。低于 0℃ 的雨滴在温度略低于 0℃ 的空气中能够保持过冷状态，其外观同一般雨滴相同，当它落到温度为 0℃ 以下的物体上时，立刻冻结成外表光滑而透明的冰层，称为雨凇。严重的雨凇会压断树木、电线杆，使通信、供电中止，妨碍公路和铁路交通，威胁飞机的飞行安全。

要使过冷水滴顺利地降落到地面，往往离不开特定的天气条件：近地面 2000m 左右的空气层温度稍低于 0℃；2000～4000m 的空气层温度高于 0℃，比较暖一点；再往上一层又低于 0℃，这样的大气层结构，使得上层云中的过冷却水滴、冰晶和雪花，掉进比较暖一点的气层，都变成液态水滴。再向下掉，又进入不算厚的冻结层。当它们随风下落，正准备冻结的时候，已经以过冷却的形式接触到冰冷的物体，转眼形成坚实的"冻雨"。

2. 冻雨危害

冻雨风光值得观赏，但它毕竟是一种灾害性天气，它所造成的危害是不可忽视的。冻雨厚度一般可达 10～20mm，最厚的有 30～40mm。冻雨发生时，风力往往较大，所以冻雨对交通运输，特别对通信和输电线路影响更大。其危害表现在以下几个方面：

（1）对供电网的危害，由于天上落下冻雨，掉在电线上马上就结成坚实的冰，这样累积下来，结的冰柱会越来越大，电线结冰后，遇冷收缩，加上冻雨重量的影响，供电网就承受不了，就会绷断。有时，成排的电线杆被拉倒或输电塔倒塌，使电讯和输电中断（图 6-4-1）。

(a) 输电线　　　　　　　　　　　　　　　　(b) 输电塔

图 6-4-1　破坏的电力设施

（2）对于交通运输的危害，由于路面结冰，易出现交通事故。如果飞机飞行在过冷云中，不慎进入过冷却水丰水区后，以 60～100m/s 的高速度撞上大量过冷却水，机身大量覆冰后，极易酿成机毁人亡的空难。

（3）对于农作物，大田结冰，会冻断返青的冬麦，或冻死早春播种的作物幼苗，会造成严重的霜冻灾害。另外，冻雨还能大面积地破坏幼林、冻伤果树等。

（4）严重的冻雨会把建筑物压坍。

（5）山区可能会引发滑坡、泥石流等。

2008 年 1 月 13 日起，罕见的冰雪天气袭击贵州省，黔东南大地遭受 1984 年以来最大的冰雪灾害。到 1 月 21 日中午，黔东南州下辖的三穗、天柱、锦屏、黎平、从江、榕江、雷山 7 个县供电陆续出现中断，累计受灾户数达 12.98 万多户。江西南昌曾因冻雨，市区 3 小时停电，火车因铁轨冻冰无法驶出，进入南昌火车站，致使几万人拥堵在火车站。我国湖南省遭遇冻雨，导致路面结冰，我国南北大动脉京珠高速湖南段出现交通堵塞。湖南郴州市电缆、电塔等大部分压断、倒塌（图 6-4-2），导致郴州市停水停电 8 天，此次灾害导致贵州黔东南大部分农村停电长达 20 天以上。2008 年冰雪灾害因灾直接经济损失 1516.5 亿元。

6.4.2　雪灾

1. 含义、分类

（1）雪灾含义

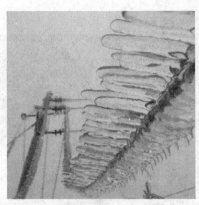

图 6-4-2　结冰的输电线

雪灾（Snow damage）亦称白灾，是因长时间大量降雪造成大范围积雪成灾的自然现象。它是中国牧区常发生的一种畜牧气象灾害，主要是指依靠天然草场放牧的畜牧业地区，由于冬半年降雪量过多和积雪过厚，雪层维持时间长，影响畜牧正常放牧活动的一种灾害。对畜牧业的危害，主要是积雪掩盖草场，且超过一定深度，有的积雪虽不深，但密度较大，或者雪面覆冰形成冰壳，牲畜难以扒开雪层吃草，造成饥饿，有时冰壳还易划破羊和马的蹄腕，造成冻伤，致使牲畜瘦弱，常常造成牧畜流产，仔畜成活率低，老弱幼畜饥寒交迫，死亡增多。同时还严重影响甚至破坏交通、通信、输电线路等生命线工程，对牧民的生命安全和生活造成威胁。雪灾主要发生在稳定积雪地区和不稳定积雪山区，偶尔出现在瞬时积雪地区。中国牧区的雪灾主要发生在内蒙古草原、西北和青藏高原的部分地区。

（2）分类。

根据我国雪灾的形成条件、分布范围和表现形式，将雪灾分为 3 种类型：雪崩、风吹雪灾害（风雪流）和牧区雪灾。

2. 雪灾危害

（1）雪灾的指标

人们通常用草场的积雪深度作为雪灾的首要标志。由于各地草场差异、牧草生长高度不等，因此形成雪灾的积雪深度是不一样的。内蒙古和新疆根据多年观察调查资料分析，对历年降雪量和雪灾形成的关系进行比较，得出雪灾的指标为：

轻雪灾：冬春降雪量相当于常年同期降雪量的120％以上；

中雪灾：冬春降雪量相当于常年同期降雪量的140％以上；

重雪灾：冬春降雪量相当于常年同期降雪量的160％以上。

雪灾的指标也可以用其他物理量来表示，诸如积雪深度、密度、温度等，不过上述指标的最大优点是使用简便，且资料易于获得。

（2）雪灾严重性

《资治通鉴》中记载，长沙地区最早的大雪记录在 2000 年前，即公元前 37 年，包括湖南长沙在内的楚地，降了一场深五尺，形成灾害性大雪。因为文献失记，直到五代十国时期（950 年），史书才第一次明确标记发生在长沙城的大雪，即："潭州大雪，盈四尺"，潭州治地即今天的长沙。

2008 年雪灾导致房屋倒塌 48.5 万间，损坏房屋 168.6 万间。因积雪过厚导致加油站

（图 6-4-3）、体育场屋顶坍塌（图 6-4-4）。

图 6-4-3　大雪压塌的加油站

图 6-4-4　湖北咸宁学院篮球场因风雪重压坍塌

（3）雪灾对建筑的影响

2008 年，在我国南方地区发生的 50 年不遇的雨雪冰冻灾害使大量建筑设施受损，因灾造成的直接经济损失达 537.9 亿元。之所以能够造成如此巨大数量的建筑物损害或倒塌，就是因为大量的冰冻雨雪累积在建筑物之上，已经超出了建筑物自身所能承受的最大负荷。建筑物不堪重负，就导致了灾害的发生。我国南方建筑和北方建筑，在建造时的设计荷载标准是不同的。正是因为在南方极少遇到像北方一样极端恶劣的冰雪天气，所以南方的建筑在设计标准上，雪荷载要求比北方的建筑要低，人们在建造房屋及其他建筑设施的时候，没有考虑到天气变化给建筑物带来如此大的负荷。而这次南方长时间的雨雪冰冻天气，造成大量冰冻雨雪累积在建筑物上，使得建筑物的负荷过大，其自身的结构强度已经不能承受这样的负担，所以就发生了受损和倒塌。

雪荷载是指房屋上由积雪而产生的荷载，雪荷载是作用在屋面上的。《建筑结构荷载规范》GB 50009—2001 规定，屋面水平投影面上的雪荷载标准值，应按下式计算：

$$S_k = \mu_r S_0 \tag{6-4-1}$$

式中　μ_r——屋面积雪分布系数；

　　　S_0——基本雪压，是雪荷载的基准压力，一般按当地空旷平坦地面上积雪自重的观
　　　　　　测数据，经概率统计得出 50 年一遇最大值确定。

屋面积雪分布系数 μ_r 的意义是基本雪压换算为屋面水平投影面上的雪荷载的换算系数。具体数值参见有关规范。

基本雪压按下式计算：

$$S_0 = \gamma d \tag{6-4-2}$$

式中　γ——雪的重度（kN/m³）；

　　　d——积雪深度（m）。

当前，我国大部分气象台（站）收集的都是雪深数据，而相应的积雪重度（或密度）数据不齐全。在统计中，当缺乏平行观测的积雪密度时，均以当地的平均密度来估算雪压值。

3. 雪灾"后遗症"

抗击雪灾期间，为了加快道路融雪，各地比较普遍的做法是向路面洒放融雪剂或工业

盐，南京市城区十分之一的道路撒了工业盐，每升雪水中的含盐量达 0.26g，冰雪融化后，这些工业盐会使土壤碱性偏高，不利于植被生长。

（1）大量的树木已经折断，就算没折断的，也由于冻死了树干树根，树叶虽然还是绿的，但是也会在两三年内死掉。

（2）食物链遭到破坏。植物是食物链的第一环，植物的消失必然引起食物链之上的其他物种的消失。融雪剂引起路边植物泛黄枯萎。

（3）病虫害的肆虐。死去的植物会在地表形成一个肥沃保护层，从而为病虫害提供了一个滋生繁衍的合适环境。

（4）冰雪加速融化会改变地表岩石和土壤的结构，很可能诱发大面积崩塌、滑坡、泥石流和地面塌陷，冰雪融化期也可能成为地质灾害多发期。没有了植被的保护，雨水直接会把泥土冲到江河里面，水夹泥的冲击下面，人们的生命财产会面临严重威胁。加上水混进泥土，冲进江河，更容易形成大面积洪水。

（5）公路工程遭到破坏。2008 年雪灾过后，南京长江大桥公路桥面铁链防滑压出"8000 多个坑"。原本平整坚硬的公路上留下了一条又一条明显的车辙，有一些还可以明显看出是履带型车辆留下的痕迹，公路坑坑洼洼。在一些路面上，则出现了细小的龟裂状的细缝。灾害原因调查表明，是冰雪灾害加长期负重引起的，其中一部分是冰雪灾害期间重型除冰设备所造成的。

6.5 沙尘暴及雷暴

6.5.1 沙尘暴

1. 定义、成因及分类

（1）定义

沙尘暴（Sand duststorm）是沙暴和尘暴两者兼有的总称，是指强风把地面大量沙尘物质吹起并卷入空中，使空气特别混浊，水平能见度小于 100m 的严重风沙天气现象。其中沙暴系指大风把大量沙粒吹入近地层所形成的挟沙风暴；尘暴则是大风把大量尘埃及其他细粒物质卷入高空所形成的风暴。

沙尘天气分为浮尘、扬沙、沙尘暴和强沙尘暴四类：

浮尘：尘土、细沙均匀地浮游在空中，使水平能见度小于 10km 的天气现象；

扬沙：风将地面尘沙吹起，使空气相当混浊，水平能见度在 1～10km 以内的天气现象；

沙尘暴：强风将地面大量尘沙吹起，使空气很混浊，水平能见度小于 1km 的天气现象；

强沙尘暴：大风将地面尘沙吹起，使空气模糊不清，浑浊不堪，水平能见度小于 500m 的天气现象。

（2）成因

① 沙尘暴天气成因

有利于产生大风或强风的天气形势，有利的沙、尘源分布和有利的空气不稳定条件是沙尘暴或强沙尘暴形成的主要原因。

② 沙尘暴形成的物理机制

在极有利的大尺度环境、高空干冷急流和强垂直风速、风向切变及热力不稳定层结条件下，引起锋区附近中小尺度系统生成、发展，加剧了锋区前后的气压、温度梯度，形成了锋区前后的巨大压温梯度。在动量下传和梯度偏差风的共同作用下，使近地层风速陡升，掀起地表沙尘，形成沙尘暴或强沙尘暴天气。

（3）分类

沙尘暴按照强度划分为 4 个等级：

① 4 级≤风速≤6 级，500m≤能见度≤1000m，称为弱沙尘暴；

② 6 级≤风速≤8 级，200m≤能见度≤500m，称为中等强度沙尘暴；

③ 风速≥9 级，50m≤能见度≤200m，称为强沙尘暴；

④ 当其达到最大强度（瞬时最大风速≥25m/s，能见度≤50m，甚至降低到 0m）时，称为特强沙尘暴（或黑风暴，俗称"黑风"）。

2. 沙尘暴灾害

沙尘暴天气是我国西北地区和华北北部地区出现的强灾害性天气，可造成房屋倒塌、交通供电受阻或中断、火灾、人畜伤亡等，污染自然环境，破坏作物生长，给国民经济建设和人民生命财产安全造成严重的损失和极大的危害。沙尘暴危害主要在以下几方面：

（1）生态环境恶化。出现沙尘暴天气时狂风裹的沙石、浮尘到处弥漫，凡是经过地区空气浑浊，呛鼻迷眼，呼吸道等疾病人数增加。如 1993 年 5 月 5 日发生在金昌市的强沙尘暴天气，监测到的室外空气含尘量为 1016mm/cm³，室内为 80mm/cm³，超过国家规定的生活区内空气含尘量标准的 40 倍。

图 6-5-1　沙尘暴暴发时情景

（2）生产生活受影响。沙尘暴天气携带的大量沙尘蔽日遮光，天气阴沉，造成太阳辐射减少，几小时到十几个小时恶劣的能见度（图 6-5-1）。沙尘暴还会使地表层土壤风蚀、沙漠化加剧，覆盖在植物叶面上厚厚的沙尘，影响正常的光合作用，造成作物减产。沙尘暴还使气温急剧下降，天空如同撑起了一把遮阳伞，地面处于阴影之下变得昏暗、阴冷。

（3）生命财产损失。1993 年 5 月 5 日，发生在甘肃省金昌市、武威市、武威市民勤县、白银市等地市的强沙尘暴天气，受灾农田 253.55 万亩，损失树木 4.28 万株，造成直接经济损失达 2.36 亿元，死亡 50 人，重伤 153 人。

（4）影响交通安全。沙尘暴天气经常影响交通安全，造成飞机不能正常起飞或降落，使汽车、火车车厢玻璃破损、停运或脱轨。

（5）危害人体健康。当人暴露于沙尘天气中时，含有各种有毒化学物质、病菌等的尘土可透过层层防护进入到口、鼻、眼、耳中。这些含有大量有害物质的尘土若得不到及时清理将对这些器官造成损害或病菌以这些器官为侵入点（图6-5-2），引发各种疾病。

经统计，20世纪60年代特大沙尘暴在我国发生过8次，70年代发生过13次，80年代发生过14次，而90年代至今已发生过20多次，并且波及的范围愈来愈广，损失愈来愈重。

图6-5-2　沙尘暴带来的灰尘

3. 防尘减灾措施

（1）加强环境的保护，把环境的保护提到法制的高度上来。

（2）恢复植被，加强防止风沙尘暴的生物防护体系。实行依法保护和恢复林草植被，防止土地沙化进一步扩大，尽可能减少沙尘源地。

（3）根据不同地区因地制宜制定防灾、抗灾、救灾规划，积极推广各种减灾技术，并建设一批示范工程，以点带面逐步推广，进一步完善区域综合防御体系。

（4）控制人口增长，减轻人为因素对土地的压力，保护好环境。

（5）加强沙尘暴的发生、危害与人类活动的关系的科普宣传，使人们认识到所生活的环境一旦破坏，就很难恢复，不仅加剧沙尘暴等自然灾害，还会形成恶性循环，所以人们要自觉地保护自己的生存环境。

6.5.2　雷电灾害

1. 雷电概述

雷电是伴有闪电和雷鸣的一种雄伟壮观而又有点令人生畏的放电现象。雷电灾害泛指雷击或雷电电磁脉冲入侵和影响造成人员伤亡或物体受损，其部分或全部功能丧失，酿成不良的社会和经济后果的事件。云层之间的放电主要对飞行器有危害，对地面上的建筑物和人、畜没有很大影响，云层对大地的放电，则对建筑物、电子电气设备和人、畜危害甚大。

2. 雷击危害

自然界每年都有几百万次闪电。雷电灾害是"联合国国际减灾十年"公布的最严重的十种自然灾害之一。最新统计资料表明，雷电造成的损失已经上升到自然灾害的第三位。现今全球平均每年因雷电灾害造成的直接经济损失就超过10亿美元，死亡人数在3000人以上。据不完全统计，我国每年因雷击以及雷击负效应造成伤亡人数均超过1万，其中死亡3000～4000人，财产损失在50亿元到100亿元人民币。雷电可造成建筑物和森林火灾，仅美国山林火灾中70%以上由雷电引起，每年烧掉近400万英亩的林木；雷电造成航空航天事故更严重，美国每年平均有55架次的各类飞机遭雷电。雷电还可引爆火箭的点火装置，使火箭自行升空，或使发射过程中的火箭爆炸。

（1）雷电对电业、铁路、通信等多种行业造成破坏。主要伤害方式有：

①直击雷：带电的云层对大地上的某一点发生猛烈的放电现象，称为直击雷。当雷电直接击在建筑物上，强大的雷电流使建（构）筑物水分受热汽化膨胀，从而产生很大的

机械力，导致建筑物燃烧或爆炸。它的破坏力十分巨大，若不能迅速将其泄放入大地，将导致放电通道内的物体、建筑物、设施、人畜遭受严重的破坏或损害，如火灾、建筑物损坏、电子电气系统摧毁，甚至危及人畜的生命安全。

② 感应雷破坏：感应雷破坏也称为二次破坏。它分为静电感应雷和电磁感应雷两种。静电感应雷带有大量负电荷产生的电场将会在金属导线上感应出被电场束缚的正电荷，沿着线路产生大电流冲击，对易燃易爆场所、计算机危害较大。电磁感应雷，雷击发生在供电线路附近，或击在避雷针上会产生强大的交变电磁场，此交变电磁场的能量将感应于线路并最终作用到设备上。由于避雷针的存在，建筑物上落雷机会反倒增加，内部设备遭感应雷危害的机会和程度一般来说是增加了，对用电设备造成极大危害。

③ 雷电波引入的破坏：当雷电接近架空管线时，高压冲击波会沿架空管线侵入室内，造成高电流引入，这样可能引起设备损坏或人身伤亡事故。如果附近有可燃物，容易酿成火灾。

据统计，雷电对建筑的伤害只要是直击雷和感应雷，直击雷的损坏仅占 15%，感应雷与地电位提高的损坏占 85%，直击雷主要是对建筑物伤害，易遭雷击的建筑物有：①高耸突出的建筑物，如水塔、电视塔等；②地下水位高或有金属矿床等地区的建筑物；③孤立突出在旷野的建筑物，如工棚、凉亭；④建筑物屋面的突出部位和物体，如烟囱、管道、太阳能热水器；⑤建筑物各种金属突出物，如旗杆、广告牌。建筑物要严格按照国家防雷法律法规安装防雷装置，避免遭受雷电直击。

图 6-5-3　被雷电破坏的墙体

2004 年 3 月 27 日，受西风槽影响，深圳出现雷雨天气，福田体育公园工地遭雷击，地下室一道砖墙被雷击塌（图 6-5-3）。

（2）雷电对人的伤害。

据不完全统计估算，我国每年因雷击伤亡 3000 人以上。如 2004 年 6 月 26 日，浙江省台州市临海市杜桥镇杜前村有 30 人在 5 棵大树下避雨，遭雷击，造成 17 人死 13 人伤；2005 年 8 月 13 日，观澜街道办西坑七村冠彰厂附近一名女子遭雷击当场死亡，一名男子受伤。

（3）雷击是森林火灾的重要原因之一，森林火灾有 30%～70% 是雷击造成的，雷击还同时破坏森林生态平衡。

（4）雷击事故一直是电力供应部门最重要的灾祸之一，供电线路和设备都是雷电的袭击对象。

供电设施易遭受雷击，轻则造成设备损坏，停电停产，重则造成人员伤亡。在 2005 年 8 月 15 日，广东电网公司深圳供电局 110kV 平凤Ⅱ线遭雷击跳闸，同时 110kV 凤凰站 1 号主变重瓦斯保护动作跳闸，造成 1 号主变损坏，雷灾造成直接经济损失 120 万元，如图 6-5-4 所示。

（5）雷击灾害新特点。

200 多年前，富兰克林发明避雷针以后，建筑物等设施已得到了一定的保护，人们认为可以防止雷害，对防雷问题有所松懈。80年代以后，雷灾出现新的特点，这主要是因为一些高大建筑的兴起，如高层智能大厦，微波站、天线塔等都会吸引落雷，从而使本身所在建筑及附近建筑遭到破坏。增设的各种架空长导线反倒引雷入室，使避雷装置失去作用。另外，随着微电子技术高度发展及广泛应用到各个领域，使雷害对象也发生了转移，从对建筑物本身的损害转移到对室内的电器、电子设备的损害。以至发生人身伤亡事故。随之防雷对象也由强电转移到弱电。雷电产生的电磁感应已成为主要危害。

图 6-5-4　被雷电击毁的电力设施

(6) 雷电还威胁着航天、航空、火箭发射等事业。

3. 结构防雷设计

建筑物应根据其重要性、使用性质、发生雷电事故的可能性和后果，按防雷要求分为三类。对每类建筑物的防雷措施规定如下：

(1) 第一类防雷建筑物的防雷措施，应装设独立避雷针或架空避雷线（网），使被保护的建筑物及风帽、放散管等突出屋面的物体均处于接闪器的保护范围内。架空避雷网的网格尺寸不应大于 5m×5m 或 6m×4m。排放爆炸危险气体、蒸气或粉尘的放散管、呼吸阀、排风管等的管口外的以下空间应处于接闪器的保护范围内。

(2) 第二类防雷建筑物防直击雷的措施，宜采用装设在建筑物上的避雷网（带）或避雷针或由其混合组成的接闪器。避雷网（带）应按规定沿屋角、屋脊、屋檐和檐角等易受雷击的部位敷设，并应在整个屋面组成不大于 10m×10m 或 12m×8m 的网格。所有避雷针应采用避雷带相互连接。

(3) 第三类防雷建筑物防直击雷的措施，宜采用装设在建筑物上的避雷网（带）或避雷针或由这两种混合组成的接闪器。避雷网（带）应按规定沿屋角、屋脊、屋檐和檐角等易受雷击的部位敷设。并应在整个屋面组成不大于 20m×20m 或 24m×16m 的网格。平屋面的建筑物，当其宽度不大于 20m 时，可仅沿网边敷设一圈避雷带。

4. 防雷减灾措施

防御和减轻雷电灾害的活动，包括雷电和雷电灾害的研究、监测、预警、防护以及雷电灾害的调查、鉴定和评估等。目前，我国已经有《防雷工程专业资质管理法》和《防雷装置设计审核和竣工验收规定》两部防雷规章，但触目惊心的雷电灾害损失说明在防御雷电灾害方面依然存在许多问题。

防雷减灾重在预防。现有的居民高楼，检测覆盖率连 30% 都达不到。另外，很多人对防雷的认识停留在避雷针阶段。虽然 1725 年富兰克林发明的避雷针到现在仍然是有效措施之一，但是弱电设备普及以后，雷击灾害就不那么简单了，如果没有良好的接地，有针仍然烧毁周围设施，研究发现，雷电在空气中产生聚变电磁场，感应金属导体、天线、电源线、电脑都会感应出电流，这就使感应雷击产生，直击雷好防，感应雷难防。会造成网络设备的损害很大，80％的人却不了解。

6.6　气象灾害的防灾减灾措施与对策

为了加强气象灾害的防御，避免、减轻气象灾害造成的损失，保障人民生命财产安全，《气象灾害防御条例》2010 年 4 月 1 日起施行。但是，气象灾害防御工作是一项复杂的系统工程，涉及的领域广、部门多，必须要有"政府组织、预警先导、部门联动、社会响应"这样的机制，形成政府统一领导、统一指挥，部门协同作战、各负其责，群众广泛参与、自救互救的防灾减灾工作格局，才能有效减轻气象灾害造成的损失。

1. 掌握气象防灾减灾知识

要科学、有效地组织气象灾害防御，首先要对我们组织防御的对象有所了解，掌握它的特点和规律。具体来说就是，了解气象灾害的变化规律，判断气象灾害的影响程度，科学正确利用天气预报预警，在减灾防灾中有效地利用气象信息趋利避害，减少或避免气象灾害所造成的损失。从事防灾减灾工作的基层工作人员，一般需掌握以下几方面的气象防灾减灾知识：

（1）气象基础知识。掌握一定的气象基础知识是必须的，这是做好气象防灾减灾工作的基础和前提。例如气温、降雨、风等基本气象术语，尤其是降雨和风的等级划分及所表示的含义。掌握这些基础知识，才能准确理解和应用气象部门发布的各类气象信息。

（2）气象灾害预警知识。首先，要了解暴雨、台风、雷电等各种灾害性天气过程的危害，特别是要结合本区域实际，了解当地气象灾害发生规律和致灾特点，以及可能产生的影响。其次，要掌握气象灾害预警信号，一旦台风、暴雨等灾害性天气过程来临，气象部门就会及时发布相关预警信号，提请有关单位和人员做好防范准备。基层工作人员除了要及时、正确接收预警信号外，还要对预警信号的含义，以及相应的防御措施有所了解，例如暴雨黄色预警信号，它的含义是什么？相应的防御措施又是什么，对这些都非常清楚了，自然就能迅速、科学地启动相关工作，取得防灾减灾的主动权。

2. 采取必要的措施，确保防灾减灾措施落到实处

（1）加强宣传，预防为主

社会公众既是气象灾害的主要受害者，同时又是防灾减灾的主体，防灾减灾需要广大社会公众广泛增强防灾意识，了解与掌握避灾知识，在气象灾害发生时，能够知道如何应对灾害，气象灾害所造成的损失较严重原因之一就是人们的气象灾害意识淡薄，不懂如何应对气象灾害进行自救和互救，因此造成了许多本来可以避免的损失。近年来，气象部门加大气象防灾减灾科普宣传力度，通过广播、电视、报刊、网络、手机短信等渠道，采取通俗易懂、形式多样的方式宣传各种气象防灾知识，起到了明显效果。

（2）建立和完善相应的应急预案

应急预案是开展气象防灾减灾应急管理和应急救援工作的基础，制定预案的过程就是建立应急机制和准备应急资源的过程。气象应急分预案应包括对气象灾害的应急组织体系及职责、预测预警、信息报告、应急响应、应急处置、应急保障、调查评估等机制，形成包含事前、事发、事中、事后等各环节的一整套工作运行机制。在建立预案的同时，结合本区域所发生气象灾害的实际情况，有计划、有重点地组织开展应急预案实战演练，通过预案演练使广大群众、灾害管理人员熟悉掌握预案，把应急预案落到实处，并在实践中不断修订与完善。

（3）建立顺畅信息传输渠道，及时获取信息上传下达

建立广泛、畅通的信息传输渠道，及时准确获取气象部门发布的各类气象信息，根据不同预警信息、不同预警级别，采取积极有效的应对措施。同时，在收到气象灾害预警信息时，还需将信息延伸面向全社会，使公众在尽可能短的时间内接收到气象灾害预警信息，采取相应的防御措施，达到减少人员伤亡和财产损失的目的。

3. 认真组织好重点部位的防御和抢险救援工作

不同气象灾害可产生不同的影响，防灾减灾的重点部位和措施也不同，如对台风灾害，重点是防御强风、暴雨、高潮位对沿海船只、沿海居民的影响，应根据台风预警级别，及时疏散台风可能影响的沿海地区居民，告知人员尽可能待在防风安全的地方，加固港口设施，防止船只走锚、搁浅和碰撞，拆除不牢固的高层建筑广告牌，预防强暴雨引发的山洪、泥石流灾害。再如对暴雨洪涝灾害，它容易造成水浸、边坡倒塌、山体滑坡，应根据雨情发展，及时转移滞洪区、泄洪区的人员及财产，及时转移低洼危险地带以及危房居民，切断低洼地带有危险的室外电源。另外，同一种灾害由于地域不同，它所造成的影响及防御重点也不尽相同，有的是重点关注港口、码头及渔船，有的重点关注地质灾害和洪涝，有的是重点关注工棚、学校、工厂等人口密集区域和弱势群体，总之，各单位需根据不同灾害特点以及本区域的实际情况，采取不同的分类应对措施，及时、科学组织防灾救灾和抢险及救援，将有限的人力资源集中到关键部位，提高防灾减灾工作的有效性。

第 7 章 生产事故灾害

7.1 生产事故灾害及类型

7.1.1 生产事故含义及分类

1. 事故与生产事故含义

事故是一项主观上不愿意出现、导致人员伤亡、健康损失、环境及商业机会损失的不期望事件。

所谓生产安全事故，是指在生产经营活动中发生的意外的突发事件，通常会造成人员伤亡或财产损失，使正常的生产经营活动中断。

2. 分类

（1）按照事故发生的行业和领域划分：建筑工程事故，交通事故，工业事故，农业事故，林业事故，渔业事故，商贸服务业事故，教育安全事故，医药卫生安全事故，食品安全事故，电力安全事故，矿业安全事故，信息安全事故，核安全事故等。

（2）安全生产事故灾难按照其性质、严重程度、可控性和影响范围等因素，一般分为四级：Ⅰ级（特别重大）、Ⅱ级（重大）、Ⅲ级（较大）和Ⅳ级（一般）。

（3）按照事故原因划分：物体打击事故、车辆伤害事故、机械伤害事故、起重伤害事故、触电事故、火灾事故、灼烫事故、淹溺事故、高处坠落事故、坍塌事故、冒顶片帮事故、透水事故、放炮事故、火药爆炸事故、瓦斯爆炸事故、锅炉爆炸事故、容器爆炸事故、其他爆炸事故、中毒和窒息事故、其他伤害事故 20 种。

（4）按照事故的等级划分

《生产安全事故报告和调查处理条例》第三条，根据生产安全事故（以下简称事故）造成的人员伤亡或者直接经济损失，分为以下四个等级：

① 特别重大事故，是指造成 30 人以上死亡，或者 100 人以上重伤（包括急性工业中毒，下同），或者 1 亿元以上直接经济损失的事故；

② 重大事故，是指造成 10 人以上 30 人以下死亡，或者 50 人以上 100 人以下重伤，或者 5000 万元以上 1 亿元以下直接经济损失的事故；

③ 较大事故，是指造成 3 人以上 10 人以下死亡，或者 10 人以上 50 人以下重伤，或者 1000 万元以上 5000 万元以下直接经济损失的事故；

④ 一般事故，是指造成 3 人以下死亡，或者 10 人以下重伤，或者 1000 万元以下直接经济损失的事故。

3. 事故原因

事故原因指由于企业安全生产管理方面存在的问题，即人的不安全行为和物（环境）

的不安全状态因素作用下，而造成的事故的直接原因。根据《非矿山企业职工伤亡事故月（年）报表》，事故原因有以下 11 种：

(1) 技术和设计上有缺陷；

(2) 设备、设施、工具、附件有缺陷；

(3) 安全设施缺少或有缺陷；

(4) 生产场地环境不良；

(5) 个人防护用品缺少或有缺陷；

(6) 没有安全操作规程或不健全；

(7) 违反操作规程或劳动纪律；

(8) 劳动组织不合理；

(9) 对现场工作缺乏检查或指导错误；

(10) 教育培训不够、缺乏安全操作知识；

(11) 其他。

7.1.2 生产事故灾害严重性

安全生产一般是指通过人、机、环境的和谐运作，社会生产活动中危及劳动者生命健康和财产价值的各种事故风险和伤害因素处于被有效控制的状态。但任何一个社会在其处于急剧变迁（社会转型）时期，社会问题、安全事故的发生总是表现得更加突出（如 1848 年前后的欧洲）。目前我国安全生产事故的频发性和重大特大事故的发生难以避免，较计划经济时期绝对数在上升（相对数在下降），比如我国目前煤矿安全事故死亡率是美国的 100 多倍，是印度的 10 多倍。我国安全生产形势严峻，统计资料显示，频频发生的安全生产事故每年造成的损失数百亿元，相当于中国 GDP（国民生产总值）的 2%，近年来，平均每年发生生产事故 80 万起，年均事故死亡 13 万人，因事故导致的伤残人员年均 70 万人。

世界卫生组织在 1997 年年底发表的一份调查报告宣布，全世界每年发生的工伤事故约有 1.2 亿起，根据国际劳工组织估算，全世界每年发生在生产岗位的死亡人数超过 100 万人。每年约有 17 万农业工人因工作而死亡，几百万农业工人因农药中毒或因农机事故造成严重受伤。建筑场所每年约有 5.5 万人死亡。

7.2 工程事故灾害

7.2.1 概念与分类

1. 概念

工程事故灾害是由于勘察、设计、施工和使用过程中存在重大失误造成工程倒塌（或失效）引起的人为灾害。也就是人们常说的"豆腐渣工程"，即劣质建筑工程引起的人员伤亡和经济上的巨大损失。

近几年我国新闻媒体披露的多起工程倒塌事故应引起人们高度重视。据有关部门调查，近几年，全国每年因建筑工程倒塌事故造成的损失和浪费在 1000 亿元左右。发生在

1999 年 12 月 1 日的广东东莞商业街房屋大坍塌事故，造成 10 余人死亡，房屋倒塌后覆盖了整个商业街。这是典型的人为灾害，据查该工程是典型的"豆腐渣"工程，无办理报建手续、无国土证、无规划许可证、无施工许可证。

2. 建筑工程事故级别

国家现行对工程质量事故通常采用按造成损失严重程度划分为：一般质量事故、严重质量事故和重大质量事故三类。建筑工程重大事故系指在工程建设过程中由于责任过失造成工程倒塌或报废、机械设备毁坏和安全设施失当造成人身伤亡或者重大经济损失的事故。重大质量事故又划分为：一级重大事故、二级重大事故、三级重大事故和四级重大事故。

(1) 具备下列条件之一者为一级重大事故：

① 死亡 30 人以上；

② 直接经济损失 300 万元以上。

(2) 具备下列条件之一者为二级重大事故：

① 死亡 10 人以上，29 人以下；

② 直接经济损失 100 万元以上，不满 300 万元。

(3) 具备下列条件之一者为三级重大事故：

① 死亡 3 人以上，9 人以下；

② 重伤 20 人以上；

③ 直接经济损失 30 万元以上，不满 100 万元。

(4) 具备下列条件之一者为四级重大事故：

① 死亡 2 人以下；

② 重伤 3 人以上，19 人以下；

③ 直接经济损失 10 万元以上，不满 30 万元。

重大事故发生后，事故发生单位必须及时报告。

① 特别重大事故、重大事故逐级上报至国务院安全生产监督管理部门和负有安全生产监督管理职责的有关部门；

② 较大事故逐级上报至省、自治区、直辖市人民政府安全生产监督管理部门和负有安全生产监督管理职责的有关部门；

③ 一般事故上报至设区的市级人民政府安全生产监督管理部门和负有安全生产监督管理职责的有关部门。

3. 工程事故发生原因

(1) 技术方面的原因：

① 地质资料勘察严重失误，或根本没有进行勘察；

② 地基承载力不够，同时基础设计又严重失误；

③ 结构方案、结构计算或结构施工图有重大错误，或凭"经验"、"想象"设计，无图施工；

④ 材料和半成品的质量严重低劣，甚至采用假冒伪劣的产品和半成品；

⑤ 施工和安装过程中偷工减料，粗制滥造；

⑥ 施工的技术方案和措施中有重大失误；

⑦ 使用中盲目增加使用荷载，随意变更使用环境和使用状态；

⑧ 任意对已建成工程打洞、拆墙、移柱、改造。

建筑工程的工程质量取决于专业的施工队伍、合理的施工组织程序及合理的工期，如果施工过程中没有遵循合理的工期和工序要求，或者采用不合格的原材料，结构或构件的强度在没有达到设计强度前，过早地承受较大荷载将导致工程事故的发生。如 2007 年 11 月 25 日凌晨 1 时，正在修建的山西侯马市西客站两层候车大厅坍塌，造成至少 2 人死亡，就在事故发生前 10 小时，该建筑刚刚举行了封顶仪式。事故的发生主要是工期要求太紧，周围的大楼建筑工地已经都全部建成进入装修阶段，这个车站也要赶在 2008 年 "五一" 前交付使用，前几天他们刚浇筑的主体支柱还没有晾干，混凝土还没有达到原来工程设计的强度，在工期紧的情况下使用钢管支架进行支撑封顶，钢管支架是有伸缩性的，在不堪负重的情况下发生了倒塌事故，如图 7-2-1 所示。

图 7-2-1　坍塌的西客站

(2) 管理方面的原因

① 由非相应资质的设计、施工单位（甚至无营业执照的设计、施工单位）进行设计、施工；

② 建筑市场混乱无序，出现前述的 "六无" 工程项目；

③ "层层分包" 现象普遍，使设计、施工的管理处于严重失控状态；

④ 企业经营思想不正，片面追求利润、产值，没有建立可靠的质量保证制度；

⑤ 无固定技工队伍，技术工人和管理人员素质太低。

台湾 9.21 大地震后，台中地方法院检察署对台中县太平市 "元宝天厦震害案" 侦查终结，认为建筑师与承建商等人未按图施工，依公共危险罪起诉。起诉书指出，芝柏公司负责人委托建筑师负责设计与监造台中县太平市元宝天厦大楼，在施工时，出现柱头搭接不当、钢筋用料不符等偷工减料或未按图施工等情况。

4. 工程建设中的危险源

工程事故的发生往往和施工现场不安全因素有关，工程建设中的重大危险源有：

(1) 与人有关的重大危险源主要是人的不安全行为。"三违"，即：违章指挥、违章作业、违反劳动纪律，集中表现在那些施工现场经验不丰富、素质较低的人员当中。事故原因统计分析表明，70%以上的事故是由 "三违" 造成的。

(2) 存在于分部、分项工艺过程、施工机械运行过程和物料的重大危险源。

① 脚手架、模板和支撑、起重塔吊、物料提升机、施工电梯安装与运行，人工挖孔桩、基坑施工等局部结构工程失稳，造成机械设备倾覆、结构坍塌、人员伤亡等事故。

② 施工高层建筑或高度大于 2m 的作业面（包括高空、四口、五临边作业），因安全防护不到位或安全兜网内积存建筑垃圾、人员未配系安全带等原因，造成人员踏空、滑倒等高处坠落摔伤或坠落物体打击下方人员等事故。

③ 焊接、金属切割、冲击钻孔、凿岩等施工时，由于临时电漏电遇地下室积水及各种施工电器设备的安全保护（如漏电、绝缘、接地保护、一机一闸）不符合要求，造成人员触电、局部火灾等事故。

④ 工程材料、构件及设备的堆放与频繁吊运、搬运等过程中，因各种原因发生堆放散落、高空坠落、撞击人员等事故。

（3）存在于施工自然环境中的重大危险源

① 人工挖孔桩、隧道掘进、地下市政工程接口、室内装修、挖掘机作业时，损坏地下燃气管道等，因通风排气不畅，造成人员窒息或中毒事故。

② 深基坑、隧道、地铁、竖井、大型管沟的施工，因为支护、支撑等设施失稳、坍塌，不但造成施工场所被破坏、人员伤亡，还会引起地面、周边建筑设施的倾斜、塌陷、坍塌、爆炸与火灾等意外事故。基坑开挖、人工挖孔桩等施工降水，造成周围建筑物因地基不均匀沉降而倾斜、开裂、倒塌等事故。

③ 海上施工作业由于受自然气象条件如台风、汛、雷电、风暴潮等侵袭，发生翻船等人亡、群死群伤事故。

全国建筑施工伤亡事故类别主要是高处坠落、施工坍塌、物体打击、机械伤害（含机具伤害和起重伤害）和触电等类型，这些类型事故的死亡人数分别占全部事故死亡人数的52.85%、14.87%、10.28%、9.3%和7.4%，合计占全部事故死亡人数的94.7%。

在事故部位方面：在临边洞口处作业发生的伤亡事故死亡人数占总人数的20.33%；在各类脚手架上作业的事故死亡人数占总数的13.29%；安装、拆除龙门架（井字架）物料提升机的事故死亡人数占总数的9.18%；安装、拆除塔吊的事故死亡人数占事故总数的8.15%；土石方坍塌事故死亡人数占总数的5.85%；因模板支撑失稳倒塌事故死亡人数占总数的5.62%；施工机具造成的伤亡事故死亡人数占总数的6.8%。

图 7-2-2 坍塌的沱江大桥

5. 桥梁施工事故

对于桥梁、特别是大跨度桥梁来说，施工是非常重要的一个环节，也是安全性最为脆弱的阶段，施工过程是否体现了设计者的意图，同时决定了工程的质量。桥梁施工技术水平，对于桥梁工程建设起着至关重要的作用，特别是对于结构形式复杂的桥梁，由于施工过程临时设施多、结构体系转换多、外界环境因素复杂，桥梁施工中的安全性低，易发生施工事故。

2007 年 8 月 13 日下午 4 时 40 分湖南凤凰沱江大桥发生坍塌事故（图 7-2-2），湖南省凤凰县正在建设的堤溪沱江大桥发生特别重大坍塌事故，造成 64 人死亡，4 人重伤，18 人轻伤，直接经济损失 3974.7 万元。

6. 建筑吊装中的施工事故

对于高层、超高层建筑施工中，为施工材料运输和人员作业需要往往需要使用塔吊或升降机，由于作业高度大、起吊重量巨大，吊装作业已经成为危险性极高的一种工作，加之设备因素、外界环境因素等影响导致的施工事故时有发生。

2010年8月16日，吉林省通化市梅河口市医院在建的住院部大楼正在进行外墙装饰施工。当运送作业人员的施工升降机升至10层（垂直高度约40m）时，升降机吊笼突然坠落，造成11人死亡。其原因是由于该升降机驱动减速机固定底板左上角的螺栓断裂后未及时更换新螺栓，而是采取违规焊接的方式代替螺栓固定，且焊接质量不符合相应技术要求，导致升降机在运行过程中因焊接处断裂而发生事故。同时，由于升降机的防坠落安全保护装置事先已被拆除，丧失了防坠落保护功能。

此外，起重吊装设备在吊装过程中，由于各种因素影响导致起重机械倾倒事故不断发生，如图7-2-3所示。

7.2.2 工程事故灾害的预防

1. 预防措施

根据工程事故发生的原因，主要有以下几个方面的解决办法：

（1）搭建施工现场安全生产的管理平台，建立建设单位、监理单位、施工单位三位一体的安全生产保证体系。

（2）实行建设工程安全监理制度，对监理单位及监理人员的安全监理业绩实行考评，作为年检或注册的依据，规定监理单位必须按规定配备专职安全监管人员。

图 7-2-3　吊装事故

（3）夯实企业基础工作，强化企业主体责任。安全生产的责任主体是企业自身，改善安全生产条件，提高企业安全生产水平，是实现安全生产长治久安的必由之路。

（4）各级政府应进一步高度重视建设安全生产工作，协调市、县、区有关部门，解决区、县安全生产管理机构"机构、人员、职能、经费"问题。

（5）加大建设工程施工机械管理力度，把好入场关，淘汰不符合要求的塔吊等起重机械，对起重机械的产权单位、租赁单位实行登记、验收、检测制度，使起重机械的管理逐步规范化。

（6）将安全工作的违章情况、评估评价与招标投标挂钩；对于"三类人员"不到位、无安全生产许可证的施工企业，不予办理招标投标手续；发生安全事故的企业，在参加工程投标时按相应规定扣减商务标书分；发生重大伤亡事故的企业，酌情给予暂停投标或降低资质等级处分。

（7）坚持以人为本理念，加强对农民工的安全教育，安全培训教育工作是安全管理的中心环节，也是一项基础性工作。

（8）建立长效机制，将各类开发区、工业园、旧村改造工程安全管理依法纳入管理的轨道；强化基本建设程序及手续的严肃性，各级各部门要严格把关，不允许无手续的工程开工；强化村镇建设单位的管理，进一步规范业主行为，取缔私自招标投标、非法招用无资质施工队伍的状况，严肃纪律、不允许施工队伍从事建设手续不齐全的建筑工程的施工。

（9）改进安全监管方式，加大行政执法力度。在安全监管工作中要统筹考虑对建筑市场和工程质量安全的监督，加强"市场"与"现场"联动，在施工资质的审查环节以及招标投标监管环节，切实行使安全生产一票否决权，严把建筑企业市场准入关。不断充实、优化、整合建筑监管资源，加快转变政府职能，彻底改变重审批轻监管的管理方式，将有限的监管资源调整到安全监管工作方面。逐步建立健全安全巡查制度，主动出击，改变单一的运动式检查，重点监督检查施工主体安全。

2. 国外的管理经验

建筑工程施工中，为防止工程事故的发生，国外的主要做法，归纳起来有五个方面：国家立法、政府执法、员工培训、技术支持及保险。

（1）从国家立法看，各国在安全生产方面都比较完善。各国都颁布有完整的安全生产法律体系，强制业主执行。如日本有《劳动安全卫生法》，政府发布《劳动安全卫生法实行令》，劳动省发布《劳动安全卫生法规则》，细化技术措施。

（2）从政府执法看，各国的体制不同，执法强度就有了较大差别。美国政府采取严格的日常检查制度确保法律的贯彻实施。尤其是对于煤矿，每天约有 5000 名检察员在工作场所检查；检查的时间安排可视伤害数量、员工投诉而定，亦可随机抽查。如在检查中发现违法行为，雇主将受到惩罚，最高罚款额可达 700 万美元。日本设立"中央劳动安全卫生委员会"，负责检查生产单位的安全措施落实情况，指导和督促生产单位履行各项责任和义务。我国则在机构上比较完善，各地建立了建筑安全监督站，有万名执法监督人员，还定期开展全国安全抽查、专项治理等。特别是监理企业要承担监理安全的责任，这是其他国家所没有的。

（3）从员工培训看，新加坡 1984 年起设立建筑业培训学校，开设了超过 80 种培训和测试科目，对工人和管理人员进行培训和测试，每一名员工平均花费 5％ 的工作时间用于培训。香港 1975 年起设立建造业训练局，为建造业提供训练课程。有些国家还从财政方面给予补贴，使培训更有吸引力：荷兰建筑企业以每一个员工缴纳一定的税金作为研究与培训基金，使研究发展活动和职业培训的成本和风险由整个行业来承担。新加坡实行建筑业奖学金制度，鼓励新工人积极参加建筑相关课程学习。香港则发给参加培训的人员津贴，如参加短期全日制课程，每人每月发给 2400～3300 元港币。当然，这些费用来自工程总价 0.25％ 的训练费。我国也很重视工人培训，各级建设主管部门每年都要强调施工人员培训问题。

（4）从新技术的推广和采用看，新技术大幅度降低了安全事故，如先进的盾构施工技术设备和各种措施保证了隧道施工的安全，安全高效的新型手持电动机具既提高了效率又减少了事故，信息化技术的广泛采用，增强了对安全隐患的预见性等。我国在施工新技术方面也在缩短与发达国家的差距，国外先进的机具广泛使用在工程中。

（5）从保险情况看，建筑行业安全保险广泛采用。发达国家保险公司通过与风险紧密相连的可变保金对建筑公司进行经济调节，并通过风险评估和管理咨询，促使并帮助其改进安全生产状况。安全生产的保金费率根据企业风险的大小灵活制定，工作环境不安全的代价就是支付昂贵的保险费用，而安全的工作条件将大大减少这笔支出。由于经济上的差异相当可观，在促进企业安全生产方面起到了重要的作用。法国的社会保险机构建立专门的工伤预防基金和专职的安全监督员，雇主缴纳的工伤保险税与其事故伤人率挂钩，这样，使雇主主动改善安全生产条件，控制事故风险，从而获得更大利润。我国建筑法规定：建筑施工企业必须为从事危险作业的职工办理意外伤害保险，支付保险费。

在德国，劳动部门代表国家对各行业的安全卫生状况进行监督检查。业主在向当地建管局报建的同时，还必须将建设项目以告知书的形式通知当地劳动局。劳动局将对建设项目建成后涉及使用安全的方面进行重点审查，如果发现其中有不符合《劳动保护法》要求的，就不予审批。此外，劳动部门还对施工中涉及个人劳动保护，即工人的安全防护情况进行检查，发现违章现象，如工人不戴安全帽，或者每名工人徒手搬运物体的重量超过25kg等，将对该工人和承包商各处以100马克的罚款。

7.3 道路交通事故

7.3.1 概念

1. 概念

交通事故（Traffic Accident）是指车辆在道路上因过错或者意外造成人身伤亡或者财产损失的事件。交通事故不仅是由不特定的人员违反交通管理法规造成的，也可以是由于地震、台风、山洪、雷击等不可抗拒的自然灾害造成的。

2. 道路交通事故分类

按照交通事故的人员伤亡和财产损失大小可以分为四类：轻微事故、一般事故、重大事故、特大事故。

（1）轻微事故：是指一次造成轻伤1至2人，或者财产损失机动车事故不足1000元，非机动车事故不足200元的事故。

（2）一般事故：是指一次造成重伤1至2人，或者轻伤3人以上，或者财产损失不足3万元的事故。

（3）重大事故：是指一次造成死亡1至2人，或者重伤3人以上10人以下，或者财产损失3万元以上不足6万元的事故。

（4）特大事故：是指一次造成死亡3人以上，或者重伤11人以上，或者死亡1人，同时重伤8人以上，或者死亡2人，同时重伤5人以上，或者财产损失6万元以上的事故。

7.3.2 交通事故严重性

1. 道路交通事故概况

随着社会经济的发展，我国道路通车里程逐年增长，机动车保有量不断增加，道路交通事故虽呈逐年下降趋势但绝对量仍相当大。表7-3-1给出了2001～2009年中国交通事故人员伤亡和财产损失统计情况。九年间平均每年交通事故约50万起，平均每年因交通事故死亡9万人，稳居世界第一。统计数据表明，约每5分钟就有一个人丧身车轮，约每1分钟会有一个人因交通事故而伤残。

2001～2009 年中国交通事故汇总表　　　　　　　　表 7-3-1

年度	事故数量(万起)	死亡(万人)	直接经济损失(亿元)
2001	75.5	10.6	30.9
2002	77.3	10.9	33.2
2003	66.7	10.4	33.7
2004	56.7	9.4	27.7
2005	45.0	9.8	18.8
2006	37.8	8.9	14.9
2007	32.7	8.1	12.0
2008	26.5	7.3	10.1
2009	23.8	6.8	9.1

图 7-3-1　胶济铁路火车相撞

铁路交通事故有时伴随着大量人员伤亡和重大经济损失，如 2008 年 4 月 28 日凌晨 4 时 48 分，北京至青岛的 T195 次客车下行至胶济线周村至王村区间时，尾部第 9 至 17 节车厢脱轨，与上行的烟台至徐州的 5034 次客车相撞，致使该客车机车和 5 节车厢脱轨，造成 70 人死亡，416 人受伤，如图 7-3-1 所示。

2. 交通事故对建筑物的损害

交通事故中往往表现为人的伤亡和车辆及货物的损失，但在某些情况下，对周围的建筑物也会造成极大伤害。近年来，由于自然因素或操作失误，水上交通事故导致桥梁受损和坍塌事件不断，如 2007 年 6 月 15 日，一艘运砂船偏离主航道航行，撞击九江大桥 23 号桥墩，致使九江大桥第 23 号、24 号、25 号三个桥墩倒塌，所承桥面约 200m 坍塌，正在桥上行驶的 4 辆汽车（共有司乘人员 7 人）及 2 名大桥施工人员坠入江中，造成 8 人死亡，1 人失踪（图 7-3-2）。

图 7-3-2　撞击后的九江大桥桥面

在陆路交通事故中，车辆引起周围房屋建筑的损害事例也并不少见。如 2010 年 3 月 26 日挪威首都奥斯陆发生的货运列车脱轨事故，一列停在奥斯陆阿尔那布鲁车站的货运列车突然溜车，沿着山坡轨道高速行驶了七八公里，部分车厢脱轨，主体列车在铁路尽头冲出轨道。列车共有 16 节车厢，车厢内没有装载货物或搭载乘客。后 9 节车厢在疾驰途中出轨，与车体分离，前 7 节车厢疾驰数百米，冲出铁轨末端障碍物，撞入奥斯陆港货物检查站一座单层建筑，前两节车厢穿出建筑坠入海中。

7.4 工矿生产事故

1. 工矿生产事故概况

工矿生产事故是指工矿商贸企业事故，即工业生产过程中由于人为原因或自然原因导致的人员伤亡和物质损失的事件，由此引起的灾害称为工矿生产事故灾害。2010年统计数据显示，全国工矿商贸企业事故总量和死亡人数分别为8431起、10616人，同比减少1111起、920人，分别下降11.6%和8%。煤矿事故起数和死亡人数分别为1403起、2433人，同比减少213起、198人，分别下降13.2%和7.5%。工矿商贸十万就业人员生产安全事故死亡率由2.4降到2.13。但是，我国的工矿企业生产事故发生频率较发达国家高得多，万人死亡率偏高。

（1）工业生产活动引起的事故灾害

2007年4月18日7时45分左右，辽宁省铁岭市清河特殊钢有限公司发生钢水包滑落事故（图7-4-1），装有30t钢水的钢包突然滑落，钢水洒出，造成32人死亡，6人受伤。

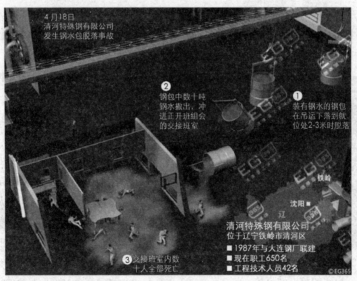

图7-4-1 高温钢包脱落示意图

（2）矿山事故灾难

矿山事故在我国主要表现为煤矿生产事故，经过多年的煤矿综合治理，目前我国煤矿的百万吨死亡率已经从2000年的6.096降低到2010年的0.49（表7-4-1），但是美国2004年到2006年的百万吨死亡率分别是0.027、0.021、0.045。从这个比较当中就可以看到，中国煤矿占全世界煤炭总量的37%左右，但是事故死亡率却占全世界煤矿死亡率的70%左右，煤矿生产仍然是一个高风险的行业，非常危险。

（3）核事故

核事故是指大型核设施（例如核燃料生产厂、核反应堆、核电厂、核动力舰船及后处理厂等）发生的意外事件，可能造成厂内人员受到放射损伤和放射性污染。严重时，放射性物质泄漏到厂外，污染周围环境，对公众健康造成危害。

我国近年来煤矿生产的百万吨死亡率　　　　　表 7-4-1

年度	煤炭产量	百万吨死亡率
2010	32.40	0.49
2009	30.50	0.892
2008	27.16	1.182
2007	25.36	1.485
2006	23.80	2.041
2005	21.90	2.811
2004	19.92	3.08
2003	17.22	4.17
2002	14.55	4.64
2001	13.81	5.07
2000	12.99	6.096

国际核事故分级标准（INES）制定于 1990 年。这个标准是由国际原子能机构（IAEA）起草并颁布，旨在设定通用标准以及方便国际核事故交流通信。核事故分为 7 级，类似于地震级别，灾难影响最小的级别位于最下方，影响最大的级别位于最上方。最低级别为 1 级核事故，最高级别为 7 级核事故。

图 7-4-2　日本 2011 年地震引发海啸导致的核电站事故

2011 年 3 月 11 日日本地震海啸引起的福岛第一核电站事故，于 4 月 12 号调整为第 7 级核事故（图 7-4-2）。

2. 原因

这些重大事故的原因可以归纳为人为失误、错误操作、技术失误和疲劳工作造成的。但是主要原因还是人为失误，这种失误不仅仅表现在现场的操作者身上，还表现在设备的维护者、管理者、设备的设计者和供应商身上。技术失误也是由于工人对设备缺乏维护或是漠视超期服役造成的。

3. 危害

（1）直接后果

重大事故的直接后果就是人员的伤亡、建筑和设备的损伤、环境的污染等。工人和设备均受到影响，一些重大的事故还将影响大气和环境。如核事故导致的放射性尘埃污染环境，影响人类健康。

（2）间接后果

一起严重事故的间接后果有以下三个方面：企业方面、邻居方面、环境方面。

① 对企业方面的影响有：不利的公众反应、媒体不利报道、巨额罚单和牢狱风险、

受害人以及受害人亲属的赔偿等。

② 对邻居方面的影响有：住在事故发生地的居民也许会残疾或是精神上受到严重伤害。某些化学物质能够导致疾病或是长潜伏期的疾病。除了事故发生地附近居民的财产受到伤害外，这个地区也会被认为是危险地带而地价猛跌。

③ 对环境方面的影响有：重大的事故也许会导致环境灾难、动物和植物受到伤害，比如农作物被破坏、水资源受到污染、土地在未来很长一段时间不再适合耕作和放牧。

第 8 章 爆炸灾害与防爆设计

8.1 爆炸灾害及其危害

爆炸灾害是防灾减灾领域的重要研究内容，爆炸灾害的来源非常广泛，如军事打击、恐怖袭击、矿山的生产爆破、煤矿的瓦斯爆炸、化工过程爆炸、粉尘爆炸、城市控制爆破设计不当导致的灾害以及其他意外导致的爆炸灾害等。爆炸灾害影响范围较大，尤其对于人口、财富集中的城市，爆炸灾害的危害性更为突出，爆炸灾害已经成为城市灾害中一种重要的灾害种类。爆炸灾害的表现形式多种多样，如爆炸冲击波、地震波、爆炸产物的撞击、爆炸有害气体的污染等，其中最直接也是最主要的危害为爆炸的冲击作用以及爆炸引发的地震动。爆炸灾害的直接危害对象为人员和结构、设施。因而爆炸灾害具有普遍性、多样性，灾害的发生具有突发性、灾难性、复杂性和社会性。

爆炸（Explosion）是指一个或一个以上的化学物质在极短时间内产生的火苗意识，并爆发出强大的火焰震慑力，释放出大量能量，产生高温，并放出大量气体，在周围介质中造成高压的化学反应或状态变化。由爆炸引起的人员伤亡和财产损失则称为爆炸灾害。

爆炸的破坏作用主要表现为 4 个方面：

（1）冲击波：冲击波是爆炸瞬间形成的高温火球猛烈向外膨胀、压缩周围空气形成的高压气浪，造成对附近建筑物的破坏（表 8-1-1）；冲击波以超音速向四周传播，随距离的增加，传播速度逐渐减慢，压力逐渐减小最后变成声波。

冲击波超压对建筑物的损坏作用 表 8-1-1

超压 Δp(MPa)	对建筑物破坏作用	超压 Δp(MPa)	对建筑物破坏作用
0.005～0.006	门、窗玻璃部分破碎	0.06～0.07	木建筑厂房方柱折断、房架松动
0.006～0.015	受压面的门窗玻璃大部分破碎	0.07～0.10	砖墙倒塌
0.015～0.02	窗框损坏	0.10～0.20	防震钢筋混凝土坏，小房屋倒塌
0.02～0.03	墙裂缝	0.20～0.30	大型钢架结构破坏
0.04～0.05	墙大裂缝，屋瓦掉下		

（2）碎片冲击：各种碎片飞散而造成的伤害，飞散距离可达 100～500m。

（3）震荡作用：爆炸使物体产生震荡，造成建筑物松散、开裂。

（4）造成二次事故：如高空作业人员受冲击波或震荡作用，会造成高空坠落事故。引起房屋倒塌、火灾、有害物质泄漏引起的中毒和环境污染等进一步伤害。

爆炸灾害破坏作用巨大，特大重大爆炸实例不断发生。1987 年 3 月 15 日，哈尔滨亚麻厂发生特大亚麻粉尘爆炸事故，死亡 58 人，受伤 177 人，直接经济损失 880 多万元。2004 年 10 月 20 日郑煤集团大平矿瓦斯爆炸死亡 168 人。2004 年 11 月 11 日铜川矿务局梁家湾矿瓦斯爆炸死亡 164 人。2006 年 4 月 10 日，山西省原平市轩岗煤电有限公司职工医院突然发生爆炸，31 人死亡。2007 年 12 月 6 日凌晨零时左右，山西临汾市洪洞县原新窑煤矿发生瓦斯爆炸事故，105 人遇难。2010 年 7 月 28 日，位于南京栖霞区已停产的原南京塑料四厂发生可燃气体泄漏爆炸事件，10 人死亡（图 8-1-1）。2010 年 8 月 16 日，黑龙江华利公司发生特别重大烟花爆竹爆炸事故，造成 34 人死亡、3 人失踪、152 人受伤，直接经济损失 6818.40 万元（图 8-1-2）。

图 8-1-1　南京塑料四厂发生爆炸

图 8-1-2　烟花爆竹爆炸

8.2　爆炸类型及特征

8.2.1　爆炸类型

爆炸本质上是一种能量快速释放的过程，由于爆炸过程的性质和发生机理不同，其分类方法也存在差别。目前有多种分类标准：按照爆炸的能量来源、爆炸反应相、爆炸燃烧速度及爆炸起因等进行分类。

1. 按照爆炸能量来源分类

（1）物理性爆炸

这种爆炸是由物理变化而引起的，物质因状态或压力发生突变而形成爆炸的现象称为物理性爆炸。例如容器内液体过热气化引起的爆炸，锅炉的爆炸，压缩气体、液化气体超压引起的爆炸等。物理性爆炸前后物质的性质及化学成分均不改变。

（2）化学性爆炸

由于物质发生极迅速的化学反应，产生高温、高压而引起的爆炸称为化学性爆炸。化学性爆炸前后物质的性质和成分均发生了根本的变化。

（3）核爆炸

某些物质的原子核发生裂变或聚变的连锁反应，在瞬时释放出巨大能量，形成高温高压并辐射多种射线，这种反应称为核爆炸。如原子弹和氢弹的爆炸，图 8-2-1 为核弹爆炸产生的蘑菇云。

核爆炸是核武器或核装置在几微秒的瞬间释放出大量能量的过程。为了便于和普通炸药比较，核武器的爆炸威力，即爆炸释放的能量，用释放相当能量的 TNT 炸药的重量表示，称为 TNT 当量。核反应释放的能量能使反应区（又称活性区）介质温度升高到数千

图 8-2-1　核爆炸

万 K，压强增到几十亿大气压，成为高温高压等离子体。反应区产生的高温高压等离子体辐射 X 射线，同时向外迅猛膨胀并压缩弹体，使整个弹体也变成高温高压等离子体并向外迅猛膨胀，发出光辐射，接着形成冲击波（即激波）向远处传播。

1952 年 11 月 1 日，代号"迈克"的 82 吨重核装置在太平洋的埃尼威托克珊瑚岛被引爆，产生了估计 10.4 兆吨的爆炸当量，几乎相当于投放在长崎的原子弹威力的近 500 倍。"迈克"一般被认为是世界上氢弹试验的首次成功。这次爆炸将伊鲁吉拉伯岛夷为平地，产生了一个宽 1.9km、深 50m 的大坑。"迈克"爆炸产生的火球直径约为 5.2km，蘑菇云在 90s 内升至 17km 的高度，进入同温层，一分钟后又升高至 33km，最终稳定在 37km 的高度。蘑菇云的冠部最终延伸至 160km 以外的区域，茎干宽度则达到 32km。这颗氢弹产生了大量放射性沉降物，即撒落于地球上的致命放射性微粒。

核爆炸是通过冲击波、光辐射、早期核辐射、核电磁脉冲和放射性污染等效应对人体和物体起杀伤和破坏作用的。前四者都只在爆炸后几十秒钟的短时间内起作用，后者能持续几十天甚至更长时间。冲击波可以摧毁地面构筑物和伤害人畜。光辐射主要是可见光和红外线，能烧伤人的眼睛和皮肤，并使物体燃烧，引起火灾。核爆炸早期裂变产物发射出贯穿能力很强的中子流和 γ 射线，可以贯穿并破坏人体和建筑物。裂变产物、未烧掉的核燃料和被中子活化的元素，都会由气化状态冷凝为尘粒，沉降到地面，造成地面和空气的放射性沾染，所发出的 γ 和 β 射线称为核爆炸的剩余辐射，也能对人体造成伤害。核爆炸发出的 γ 射线在空气分子上产生康普顿散射，散射出的非对称电子流在大气中激起向远方传播的电磁脉冲，可在大范围内对战略武器系统的控制和运行以及全球无线电通信构成干扰和威胁。核爆炸的杀伤和破坏程度同爆炸当量和爆炸高度有关。百万吨以上大当量的空中爆炸，起杀伤和破坏作用的主要是光辐射和冲击波，光辐射的杀伤和破坏范围尤其大，对于城市还会造成大面积的火灾。万吨以下的小当量空中爆炸，则以早期核辐射的杀伤范围为最大，冲击波次之，光辐射最小。空中爆炸一般只能摧毁较脆弱的目标，地面爆炸才能摧毁坚固的目标，如地下工事、导弹发射井等。触地爆炸形成弹坑，可破坏约两倍于弹坑范围内的地下工事，摧毁爆点附近的地面硬目标，但对脆弱目标的破坏范围则小得多。地面爆炸会造成下风方向大范围的放射性污染，无防护的居民会受到严重危害。

1945 年 8 月 6 日 8 时 15 分美军在日本广岛市区投掷了一颗代号为"小男孩"的原子弹。"小男孩"是一颗铀弹，长 3m，直径 0.7m，内装 60kg 高浓铀，重约 4t，TNT 当量为 1.5 万 t。原子弹在离地 600m 空中爆炸，当日死者计 8.8 万余人，负伤和失踪的为 5.1 万余人。

1986 年 4 月 25 日夜晚，切尔诺贝利核电站的爆炸，有 5.5 万人在抢险救援工作中死亡，15 万人残废，并且还造成了大量的生态难民。据有关数据统计显示：有 15 万平方公里的苏联领土受到了直接污染，其中乌克兰 26 个州中 12 个州的 4.4 万多平方公里的土地受到核污染，300 万人受害。由于有大剂量放射性碘的严重侵害导致约 15 万人的甲状腺受损，儿童得白血病的比率高出正常标准 2~4 倍。

除了上述核爆炸之外，世界大国进行了数以千计的核试验，据不完全统计，从 1940 年到 1990 年，不到半个世纪的时间，仅美国共进行了上千次核试验。其中，仅在马绍尔群岛就进行了 67 次核试验，而 23 次在比基尼环礁进行。在 1954 年的一年内，马绍尔群岛所属岛屿上就接连爆炸了三颗 1000 万 t 以上当量的核武器。这些核爆炸的放射性散落物飘落到了群岛的其他地区，使许多人都出现了皮肤烧伤、头发脱落、恶心、呕吐等现象，甲状腺疾病和恶性肿瘤也成为当地的常见病。

2. 按照爆炸燃烧速度分类

（1）轻爆。物质爆炸时的燃烧速度为每秒数米，爆炸时无多大破坏力，声响也不大。如无烟火药在空气中的快速燃烧，可燃气体混合物在接近爆炸浓度上限或下限时的爆炸即属于此类。

（2）爆炸。物质爆炸时的燃烧速度为每秒十几米至数百米，爆炸时能在爆炸点引起压力激增，有较大的破坏力，有震耳的声响。可燃气体混合物在多数情况下的爆炸，以及被压火药遇火源引起的爆炸即属于此类。

（3）爆轰。物质爆炸的燃烧速度为 1000~7000m/s。爆轰时的特点是突然引起极高压力，并产生超音速的"冲击波"。由于在极短时间内发生的燃烧产物急剧膨胀，像活塞一样挤压其周围气体，反应所产生的能量有一部分传给被压缩的气体层，于是形成的冲击波由它本身的能量所支持，迅速传播并能远离爆轰的发源地而独立存在，同时可引起该处的其他爆炸性气体混合物或炸药发生爆炸，从而发生一种"殉爆"现象。

3. 按照爆炸反应相不同分类

（1）气相爆炸：混合气体爆炸、气体的分解爆炸、粉尘爆炸和喷雾爆炸等。

（2）液相爆炸：聚合爆炸、蒸发爆炸和液体混合所引起的爆炸等。

（3）固相爆炸：爆炸性化合物及其他爆炸性物质的爆炸，导线爆炸。

4. 按照爆炸起因分类

根据爆炸的起因不同，可以分为人为故意制造和生产事故引起的两种类型：

（1）人为制造爆炸：战争、恐怖袭击引起的爆炸。

（2）生产事故引起的爆炸：可燃气体爆炸（瓦斯、煤气、天然气、粉尘等）、压力容器爆炸、油液爆炸等。

8.2.2 爆炸极限

1. 爆炸极限

可燃气体、可燃蒸气或可燃粉尘与空气构成的混合物，并不是在任何混合比例之下都有着火和爆炸的危险，而是必须在一定的浓度比例范围内混合才能发生燃爆。混合的比例不同，其爆炸的危险也不同。

混合物中可燃气体浓度减小到最小（或增加到最大），恰好不能发生爆炸时的可燃气体体积浓度分别叫爆炸下限和爆炸上限。爆炸上限和爆炸下限统称为爆炸极限。爆炸下限和爆炸上限之间的可燃气体浓度范围叫爆炸范围。

爆炸极限一般是用可燃气体或蒸气在空气中的体积百分比来表示。可燃粉尘以在混合物中的体积的重量比来表示（g/m³）。可燃物质的爆炸下限越低，爆炸极限范围越宽，爆炸的危险性越大。如天然气爆炸极限在常压下为 5%～15%，在 1MPa 时爆炸极限为 5.7%～17%，5 MPa 时爆炸极限为 5.7%～29.5%。

当氧浓度降低到低于某一个值时，无论可燃气体的浓度为多大，混合气体也不会发生爆炸，这一浓度称为极限氧浓度。极限氧浓度可以通过可燃气体的爆炸上限计算。如甲烷在 1 个大气压下的爆炸上限为 15%，当甲烷含量达到 15%，空气的含量占 85%，这时氧的含量为 17.85%，即甲烷与空气混合，当氧的含量低于 17.85% 时，便不会形成达到爆炸极限的混合气体。在实际应用中，对极限氧浓度取安全系数，得到最大允许氧含量。天然气的最大允许氧含量可取 2%。

2. 爆炸极限的应用

(1) 划分可燃物质的爆炸危险度
(2) 评定和划分可燃物质标准
(3) 根据爆炸极限选择防爆电器
(4) 确定建筑物耐火等级、层数
(5) 确定防爆措施和操作规程

8.2.3　常见的爆炸灾害及特征

1. 可燃气体爆炸（以瓦斯为例）

瓦斯爆炸就其本质来说，是一定浓度的甲烷和空气中氧气作用下产生的激烈氧化反应。矿井瓦斯的爆炸导致煤矿事故必须具备以下 3 个条件：①瓦斯浓度。当空气中的瓦斯浓度达到 5%～16% 时，就达到爆炸浓度，也称爆炸界限。在瓦斯浓度低于 5% 时，由于参加化学反应的瓦斯较少，不能形成能量积聚，因此不会爆炸。浓度在 5%～9.5% 时，瓦斯威力逐渐增强；在浓度为 9.5% 时，因空气中的全部瓦斯和氧气都能参加反应，所以这时的爆炸威力最强。②一定的引火温度。点燃瓦斯所需的最低温度，称为引火温度。在空气中瓦斯的引火温度是 650～750℃。明火、煤炭自燃、电气火花、炽热的金属表面、爆破等都能引起瓦斯爆炸。③氧气的浓度。氧气的作用是助燃，当空气中氧气的浓度超过 12% 时，瓦斯就能爆炸，这是最容易获得的条件，因为在正常通风气流中氧气的浓度通常大于 20%。

瓦斯爆炸产生的高温高压，促使爆源附近的气体以极大的速度向外冲击，造成人员伤亡，破坏巷道和器材设施，扬起大量煤尘并使之参与爆炸，产生更大的破坏力。另外，爆炸后生成大量的有害气体，造成人员中毒死亡。

统计表明：2000～2008 年共发生死亡 10 人以上 30 人以下的重大瓦斯爆炸事故 117 起，死亡 30 人以上的特别重大瓦斯爆炸事故 37 起，其中 7 起百人以上事故都发生在低瓦斯区域。2005 年全国发生煤矿瓦斯事故 414 起，死亡 2171 人；2006 年发生 327 起，死亡 1319 人；2007 年发生 272 起，死亡 1084 人；2008 年发生 182 起，死亡 778 人；2009 年发生 143 起，死亡 710 人；2010 年发生 135 起，死亡 593 人。

2. 压力容器爆炸

压力容器（Pressure Vessel）是指盛装气体或者液体，承载一定压力的密闭设备。压力容器的用途十分广泛。它是在石油化学工业、能源工业、科研和军工等国民经济的各个部门都起着重要作用的设备。压力容器由于密封、承压及介质等原因，容易发生爆炸、燃烧起火而危及人员、设备和财产的安全及污染环境的事故。目前，世界各国均将其列为重要的监检产品，由国家指定的专门机构，按照国家规定的法规和标准实施监督检查和技术检验。

压力容器爆炸事故屡见不鲜。如 2004 年 4 月 15 日 21 时，重庆天原化工总厂氯氢分厂 1 号氯冷凝器列管腐蚀穿孔，造成含铵盐水泄漏到液氯系统，生成大量易爆的三氯化氮。16 日凌晨发生排污罐爆炸，1 时 23 分全厂停车，2 时 15 分左右，排完盐水 4h 后 1 号盐水泵在静止状态下发生爆炸，泵体粉碎性炸坏。16 日 17 时 57 分，在抢险过程中，突然听到连续两声爆响，液氯储罐内的三氯化氮突然发生爆炸。爆炸使 5 号、6 号液氯储罐罐体破裂解体并炸出 1 个长 9m、宽 4m、深 2m 的坑，以坑为中心，在 200m 半径内的地面上和建筑物上有大量散落的爆炸碎片。爆炸造成 9 人死亡，3 人受伤，该事故使江北区、渝中区、沙坪坝区、渝北区的 15 万名群众疏散，直接经济损失 277 万元。

3. 油液（气）爆炸

液化石油气是一种常见的能源物质，液化石油气具有易燃、易爆、受热膨胀性、带电性、和腐蚀性的特性。并且相对密度比空气重，泄漏出来的气体能沿着地面漂浮，向地面低洼处扩散，不易被吹散，大大提高了与火源的接触机会。随着液化石油气与居民的生活联系越来越密切，液化石油气火灾爆炸事故也随之频频发生，造成了重大的经济损失和人员伤亡。加强对这种火灾爆炸事故的研究，可以最大限度地减少事故的发生和降低事故造成的危害。

2010 年 7 月 16 日 18 时 10 分许，位于大连大孤山半岛的大连保税油库一期仓储罐区原油管道起火。起火的管线为直径 900mm 的原油储罐陆地输油管线，后引起直径 700mm 管线起火，两根管线起火后，引燃旁边 10 万 m^3 原油罐，原油储罐被烧毁。

4. 粉尘爆炸

国际标准化组织对粉尘的定义：粒径小于 $75\mu m$ 的固体悬浮物。《粉尘防爆术语》GB/T 15604—2008 对粉尘的定义：细微的固体颗粒，其特点是能在空中停留、一段时间后可以沉降。一般可分为两类：呼吸性粉尘（漂尘、降尘）、可见粉尘（显微粉尘）。

可燃性粉尘是指可与助燃气体发生氧化反应而燃烧的粉尘。美国防火保护协会定义为：直径小于 $420\mu m$，在分散状态下点火会引起火灾或爆炸的细微颗粒物。

容易发生粉尘爆炸的物质主要有以下几类：

（1）燃烧热越大的物质越容易爆炸：如煤尘、碳、硫磺等。

（2）氧化速度快的物质容易爆炸：如镁粉、铝粉、染料等。

（3）容易带电的粉尘也很容易引起爆炸：如合成树脂粉末、纤维类粉尘、淀粉等。

通常不易引起爆炸的粉尘有土、砂、氧化铁、研磨材料、水泥、石英粉尘以及类似于燃烧后的飞灰等。这类物质的粉尘化学性质比较稳定，所以不易燃烧。土木工程主要材料为水泥、砂子、碎石等，因此不易引起粉尘爆炸灾害发生。

8.3 工程结构防爆设计

8.3.1 爆炸对结构的影响及爆炸荷载

爆炸对结构产生破坏作用，其破坏程度与爆炸的性质和爆炸物质的数量有关。爆炸物质数量越大，积聚和释放的能量越多，破坏作用也越剧烈。爆炸发生的环境或位置不同，其破坏作用也不同，在封闭的房间、密闭的管道内发生的爆炸其破坏作用比在结构外部发生的爆炸要严重得多。当冲击波作用在建筑物上时，会引起压力、密度、温度和质点迅速变化，而其变化是结构物几何形状、大小和所处方位的函数。

（1）当爆炸发生在一密闭结构中时，在直接遭受冲击波的围护结构上受到骤然增大的反射超压，并产生高压区。如果燃气爆炸发生在生产车间、居民厨房等室内环境下，一旦发生爆炸，常常是窗玻璃被压碎，屋盖被气浪掀起，导致室内压力下降，反而起到了泄压保护的作用。

Dragosavic 在体积为 $20m^3$ 的实验房屋内测得了包含泄爆影响的压力时间曲线，经过整理绘出了室内理想化的理论燃气爆炸的升压曲线模型（图 8-3-1）。图中 A 点是泄爆点，压力从 O 点开始上升到 A 点出现泄爆（窗玻璃压碎），泄爆后压力稍有上升随即下降，下降过程中有时出现短暂的负超压，经过一段时间，由于波阵面后的湍流及波的反射出现高频振荡。图 8-3-1 中 P_v 为泄爆压力，P_1 为第一次压力峰值，P_2 为第二次压力峰值，P_w 为高频振荡峰值。该试验是在空旷房屋中进行的，如果室内有家具或其他器物等障碍物，则振荡会大大减弱。

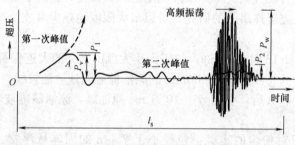

图 8-3-1　燃气爆炸理论升压曲线模型

对易爆建筑物在设计时需要有一个压力峰值的估算，作为确定窗户面积、屋盖轻重等的依据，使得易爆场所一旦发生燃爆能及时泄爆减压。Dragosavic 给出了最大爆炸压力计算公式：

$$\Delta P = 3 + 0.5 P_v + 0.04 \varphi^2 \tag{8-3-1}$$

式中　ΔP——最大爆炸压力（kPa）；

　　　φ——泄压系数，房间体积与泄压面积之比；

　　　P_v——泄压时的压力（kPa）。

上式不适用于大体积空间中爆炸压力估算和泄压计算。

（2）爆炸冲击波绕过结构物对结构产生动压作用。由于结构物形状不同，围护结构面相对气流流动方向的位置也不同。在冲击波超压和动压共同作用下，结构物受到巨大的挤压作用，加之前后压力差的作用，使得整个结构物受到超大水平推力，导致结构物平移和倾斜。而对于烟囱、桅杆、塔楼及桁架等细长形结构物，由于它们的横向线性尺寸很小，则所受合力就只有动压作用，因此结构物容易遭到抛掷和弯折。

（3）地面爆炸冲击波对地下结构物的作用与对上部结构的作用有很大不同。主要影响因素有：①地面上空气冲击波压力参数引起岩土压缩波向下传播并衰减；②压缩波在自由场中传播时参数变化；③压缩波作用于结构物的反射压力取决于波与结构物的相互作用。

根据《人民防空地下室设计规范》GB 50038—2005，综合考虑各种因素，采用简化的综合反射系数法的半经验实用计算方法。采用将地面冲击波超压计算的结构物各自的动载峰值，根据结构的自振频率以及动载的升压时间查阅有关图表得到荷载系数，最后再换算成作用在结构物上的等效静载。其中：

压缩波峰值压力：

$$P_h = \Delta P_d e^{-\alpha h} \tag{8-3-2}$$

结构顶盖动载峰值：

$$P_d = K'_f P_h \tag{8-3-3}$$

结构侧围护动载峰值：

$$P_c = \zeta \cdot P_h \tag{8-3-4}$$

底板动载峰值：

$$P_b = \eta \cdot P_h \tag{8-3-5}$$

式中　ΔP_d——地面上空气冲击波超压（kPa）；

h——地下结构物距地表深度（m）；

α——衰减系数，对非饱和土，主要由颗粒骨架承受外加荷载，因此传播时衰减相对大，而对饱和土，主要靠水分来传递外加荷载，因此传播时衰减很小，一般为 0.03～0.1（适合于核爆炸，对一般燃气爆炸或化学爆炸衰减的速率要大得多）；

P_h——顶盖深度处自由场压缩波压力峰值（kPa）；

K'_f——综合反射系数，与结构埋深、外包尺寸及形状等复杂因素有关，一般对饱和土中结构取 1.8；

ζ——压缩波作用下的侧压系数，按表 8-3-1 取值；

η——底压系数，对饱和土和非饱和土中结构分别取 0.8～1.0 和 0.5～0.75。

侧压系数　　　　　　　　　　　　　　　　表 8-3-1

岩土介质类别		侧压系数 ζ
碎石土		0.15～0.25
砂土	地下水位以上	0.25～0.35
	地下水位以下	0.70～0.90
粉土		0.33～0.43
黏土	坚硬、硬塑	0.20～0.40
	可塑	0.40～0.70
	软、流塑	0.70～1.0

爆炸冲击波能不同程度地破坏周围的房屋和建筑设施，造成直接经济损失。房屋的破坏程度不仅与爆炸源性质、爆炸能量、冲击距离等因素有关，而且与房屋本身的结构有关。

1968 年 Jarrett 对 100 次爆炸事故（涉及 TNT、硝化甘油、硝化棉和铝末混合炸药等爆炸物类型，药量从 136.1～2.4×10⁶ kg）系统调查研究的结果进行了归纳总结，得出了英式砖石结构房屋破坏程度与药量、距离间的关系，如下式所示：

$$R = \frac{K \cdot m_{TNT}^{1/3}}{\left[1 + \left(\frac{317.5}{m_{TNT}}\right)^2\right]^{1/6}} \tag{8-3-6}$$

式中　R——冲击波作用下的房屋破坏半径（m）；

K——破坏常数，与房屋破坏程度有关，取值参见表 8-3-2。

房屋破坏程度 表 8-3-2

破坏等级	破坏常数 K	破坏状况
A	3.8	房屋几乎被完全摧毁
B	4.6	房屋 50%～75% 的外部砖墙被摧毁,或不能继续安全使用,必须推倒
C_b	9.6	屋顶部分或完全坍塌,1～2 外墙部分被摧毁,承重墙严重破坏,需要修复
C_a	28	房屋隔板从接头上脱落,房屋结构至多受到轻微破坏
D	56	屋顶和盖瓦受到一定程度的破坏,10% 以上的窗玻璃破裂,房屋经过修复可继续居住

建筑物受破坏的程度不仅和爆炸波的波形、峰值超压及正相持续时间等因素有关,还和建筑物本身的性质如静态强度、自振频率及韧性等有关。建筑物大致分为钢结构、混凝土结构及砖石结构等几大类,国内外针对砖石结构建筑物遭受爆炸波破坏的情况研究得较多。

8.3.2 建筑结构防爆设计

爆炸产生的冲击波强度大至几十个大气压,小至几个大气压,对建筑物产生巨大的破坏力,据有关资料介绍,建筑物的抗爆能力是很低的,37cm 厚的砖墙的抗爆能力为0.007MPa,所以说建造能够承受爆炸最高压力的厂房是不现实的。

为了防止和减少爆炸事故对建筑物的破坏作用,所以要进行建筑防爆设计。防爆设计一般采用防和泄两种方法,其设计的指导思想就是避免爆炸时对建筑物主要构件的破坏,以小的损失保住大的价值。

1. 防爆设计的目的

对于有爆炸危险的厂房或仓库,在建筑设计中采取防爆措施,可以防止和减少爆炸事故的发生(防爆),或者当发生爆炸事故时,最大限度地减轻甚至完全避免其危害和造成的损失(抗爆和泄爆)。

根据爆炸机理,预防爆炸应从减少爆炸三要素的发生入手:①杜绝跑、冒、滴、漏现象的发生,从源头上减少爆炸危险;②利用各种手段保证建筑物内通风良好,使爆炸危险物料即使泄漏也能很快稀释扩散,不至达到爆炸极限;③严格控制火源,避免火花的产生。

2. 结构防爆的设计原则

(1) 总平面布置原则

① 有爆炸危险的厂房与周围建筑物、构筑物应保持一定的防火间距。如与民用建筑的防火间距不应小于 25m,与重要公共建筑的防火间距不应小于 50m,与明火或散发火花地点的防火间距不应小于 30m。

② 有爆炸危险的厂房平面布置最好采用矩形,与主导风向垂直或夹角不小于 45°,以有效利用穿堂风,将爆炸性气体吹散,在山区,宜布置在迎风山坡一面且通风良好的地方。

③ 防爆厂房宜单独设置。如必须与非防爆厂房贴邻时,只能一面贴邻,并在两者之间用防火墙或防爆墙隔开。相邻两厂之间不应直接有门相通,以避免爆炸冲击波的影响。

④ 有爆炸危险的甲、乙类生产部位不得设在建筑物的地下室或半地下室,以免发生事故影响上层,同时也不利于疏散和扑救。这些部位应设在单层厂房靠外墙或多层厂房的

最上一层靠外墙处；如有可能，尽量设在敞开或半敞开式建筑物内，以利通风和防爆泄压，减少事故损失。

⑤ 有爆炸危险的设备尽量避开厂房的梁、柱等承重结构。有爆炸危险的高大设备应布置在厂房中间，矮小设备应靠外墙门窗布置，以免挡风。

⑥ 有爆炸危险的厂房内不应设置办公室、休息室。如必须贴邻本厂房设置时，应采用一、二级耐火等级建筑，并应采用耐火极限不低于 3h 的防火墙隔开和设置直通室外的安全出口。

⑦ 有爆炸危险的甲、乙类生产厂房总控制室应独立设置；其分控制室可毗邻外墙设置，并应用防火墙与其他部分隔开。

（2）平面和空间布置基本要求

① 有爆炸危险的甲、乙类生产厂房，宜采用一、二级耐火等级建筑；

② 有爆炸危险的厂房、库房，宜采用单层建筑；

③ 有爆炸危险的生产或储存厂房，不应设在建筑物的地下室或半地下室内；

④ 有爆炸危险的厂房、库房，宜采用敞开或半敞开建筑；

⑤ 有爆炸危险的甲、乙类生产厂房和库房，其防火墙间的占地面积不宜过大；

⑥ 有爆炸危险的甲、乙类生产厂房和库房，宜采用钢筋混凝土框架或排架结构；

⑦ 有爆炸危险的甲、乙类生产厂房，应设置必要的泄压设施。

3. 防爆结构形式的选择

对于有爆炸危险的厂房和库房，选择正确的结构形式，再选用耐火性能好、抗爆能力强的框架结构，可以在发生火灾爆炸事故时，有效地防止建筑结构发生倒塌破坏，减轻甚至避免造成的危害和损失。耐爆框架结构一般有如下三种形式：

（1）现浇式钢筋混凝土框架结构。这种耐爆框架结构的厂房整体性好，抗爆能力强，但工程造价高，通常用于抗爆能力要求高的防爆厂房。

（2）装配式钢筋混凝土框架结构。这种框架结构由于梁、柱与楼板等接点处的刚性较差，抗爆能力不如现浇式框架结构。若采用装配式钢筋混凝土框架结构，则应在梁、柱与楼板等接点处预留钢筋焊接头并用高强度等级混凝土现浇成刚性接头，以提高耐爆强度。

（3）钢框架结构。这种框架结构虽然耐爆强度较高，但耐火极低，能承受的极限温度仅 400℃，超过该温度，便会在高温作用下变形倒塌。如果在钢构件外面加装耐火被覆层或喷刷钢结构防火涂料，可以提高耐火极限，但这样做并非十分可靠，只要部分开裂或剥落同样会失效，故应较少采用。

4. 泄压设施

泄压是减轻爆炸事故危害的一项主要技术措施，属于"抗爆"的一种措施。

爆炸能够在瞬间释放出大量气体和热量，使室内形成很高的压力，为了防止建筑物的承重构件因强大的爆炸力遭到破坏，将一定面积的建筑构、配件做成薄弱泄压设施，其面积称为泄压面积。当发生爆炸时，作为泄压面积的建筑构、配件首先遭到破坏，将爆炸气体及时泄出，使室内的爆炸压力骤然下降，从而保护建筑物的主体结构，并减轻人员伤亡和设备破坏。

防爆厂房的泄压主要靠轻质屋盖、轻质外墙和泄压门窗等来实现。这些泄压构件就建筑整体而言是人为设置的薄弱部位。当发生爆炸时，它们最先遭到破坏或开启，向外释放大量的气体和热量，使室内爆炸产生的压力迅速下降，从而达到主要承重结构不破坏，整座厂房不倒塌的目的。对泄压构件和泄压面积及其设置的要求如下：

（1）泄压轻质屋盖。根据需要可分别由石棉水泥波形瓦和加气混凝土等材料制成，并有保温层或防水层、无保温层或无防水层之分。

（2）泄压轻质外墙分为有保温层、无保温层两种形式。常采用石棉水泥瓦作为无保温层的泄压轻质外墙，而有保温层的轻质外墙则是在石棉水泥瓦外墙的内壁加装难燃木丝板作保温层，用于要求采暖保温或隔热降温的防爆厂房。

（3）泄压窗可以有多种形式，如轴心偏上中悬泄压窗，抛物线形塑料板泄压窗等。窗户上通常安装厚度不超过 3mm 的普通玻璃。要求泄压窗能在爆炸力递增稍大于室外风压时，能自动向外开启泄压。

（4）泄压设施的泄压面积与厂房体积的比值（m^2/m^3）宜采用 0.05~0.22。爆炸介质威力较强或爆炸压力上升速度较快的厂房，应尽量加大比值。体积超过 1000m^3 的建筑，如采用上述比值有困难时，可适当降低，但不宜小于 0.03。

（5）作为泄压面积的轻质屋盖和轻质墙体重量每平方米不宜超过 120kg。

（6）散发较空气轻的可燃气体、可燃蒸气的甲类厂房宜采用全部或局部轻质屋盖作为泄压设施。

（7）泄压面积的设置应避开人员集中的场所和主要交通道路，并宜靠近容易发生爆炸的部位。

（8）当采用活动板、窗户、门或其他铰链装置作为泄压设施时，必须注意防止打开的泄压孔由于在爆炸正压冲击波之后出现负压而关闭。

（9）爆炸泄压孔不能受到其他物体的阻碍，也不允许冰、雪妨碍泄压孔和泄压窗的开启，需要经常检查和维护。当起爆点能确定时，泄压孔应设在距起爆点尽可能近的地方。当采用管道把爆炸产物引导到安全地点时，管道必须尽可能短而直，且应朝向陈放物少的方向设置。因为任何管道泄压的有效性都随着管道长度的增加而按比例减小。

5. 隔爆设施

在容易发生爆炸事故的场所，应设置隔爆设施，如防爆墙、防爆门和防爆窗等，以局限爆炸事故波及的范围，减轻爆炸事故所造成的损失。具体要求如下：

（1）防爆墙必须具有抵御爆炸冲击波的作用，同时具有一定的耐火性能。防爆墙的构造设计，按照材料可分为防爆砖墙、防爆钢筋混凝土墙、防爆单层和双层钢板墙、防爆双层钢板中间填混凝土墙等。防爆墙上不得设置通风孔，不宜开门窗洞口，必须开设时，应加装防爆门窗。

① 防爆砖墙：只用于爆炸物质较少的厂房和仓库。

构造要求：柱间距不宜大于 6m，大于 6m 加构造柱；砖墙高度不大于 6m，大于 6m 加横梁；砖墙厚度不小于 240mm；砖强度等级不应低于 Mu7.5，砂浆强度等级不应低于 M5；每 0.5m 垂直高度不应少于构造筋；两端与钢混凝土柱预埋焊接或 24 号镀锌铁丝绑扎。

② 防爆钢筋混凝土墙：理想的防爆墙。构造厚度不应小于 200mm，多为 500mm、800mm，甚至 1m，混凝土强度等级不低于 C20。

③ 防爆钢板墙：以槽钢为骨架，钢板和骨架铆接或焊接在一起。

（2）防爆门的骨架一般采用角钢和槽钢拼装焊接，门板选用抗爆强度高的锅炉钢板或装甲钢板，故防爆门又称装甲门（图 8-3-2）。门的铰链装配时，应衬有青铜套轴和垫圈，门扇四周边衬贴橡皮带软垫，以防止防爆门启闭时因摩擦撞击而产生火花。

（3）防爆窗的窗框应用角钢板制作，窗玻璃应选用抗爆强度高、爆炸时不易破碎的安全玻璃。如夹层内由两层或多层窗用平板玻璃，以聚乙烯醇缩丁醛塑料作衬片，在高温下加压粘合而成的安全玻璃，抗爆强度高，一旦被爆炸波击破能借助塑料的粘合作用，不致使玻璃碎片抛出而引起伤害。

图 8-3-2　防爆安全门

8.3.3　工程爆破危害及预防措施

在铁路、矿山、水库等大型工程中，爆破技术的作用很关键很重要。采矿修路的开山挖隧道，城市对旧建筑物的拆除，都会用到爆破技术。随着经济的发展、工程建设的增多，爆破引起了人们更多的关注。

作为工程爆破能源的炸药，蕴藏着巨大的能量。1kg 普通工业炸药爆炸时释放的能量为 3.52×10^6 J，温度高达 3000℃，经过快速的化学反应所产生的功率为 4.72×10^8 kW，其气体压力达几千到一万多兆帕，远远超过了一般物质的强度。爆破技术的关键是控制炸药的爆炸能量，减小爆破的有害作用，但目前由于技术限制，工程爆破中仍然不可避免地存在一定的危害：如空气冲击波、爆破振动、爆破飞石、爆破噪声、爆破有毒有害气体等。

1. 爆破振动

随着爆破技术的广泛应用，人们越来越关注爆破振动，即爆破引起的岩土振动对周围环境和构筑物的影响，爆破振动危害已成为国民经济建设中一个重要的环保问题。

当药包在岩石中爆破时，临近药包周围的岩石会产生压碎圈和破裂圈。当压力波通过破裂圈时，由于它迅速衰减，无法引起岩石的破裂，只能使岩石质点产生弹性振动，这种弹性波就是地震波。影响地震波的因素有很多，比如：

（1）装药量的影响。

$$V = k \left(\frac{Q^n}{R} \right)^\alpha \qquad (8-3-7)$$

式中　V——质点运动速度；

　　k、α——与场地条件、爆破方式有关的系数，k、α 的变化范围很大，可按类似条件选取或以一定比例的试验确定；

　　Q——炸药容量；

　　R——装药中心至被保护目标点的距离（m）；

　　n——系数，$1/3 \sim 1/2$；

　　α——地震波衰减指数。

由式（8-3-7）可知，距爆源一定距离的质点振动速度随药量的增大而增加，随药量的降低而减少。爆破地震对建筑物、构筑物的破坏判据，多以非结构性损坏作临界标准。对普通地面建筑物，一般规定爆破振动速度不大于 5cm/s，参见表 8-3-3。

（2）爆炸爆轰速度的影响。一定条件下，振速与爆轰速度成正比。

（3）临空面条件的影响，根据利氏理论，药包埋置深，临空条件不好，引起的爆破震动强度大，反之则减少。

（4）传播途径介质影响，介质影响质点振动速度。

（5）节理、裂隙与裂缝影响，应力波传到介质曲后，会产生反射与折射，从而影响震速，而裂缝则起到了隔震作用。爆破地震波可能引起岩土和建筑物的破坏。

爆破振动安全允许范围标准（《爆破安全规程》GB 6722—2003）　　表 8-3-3

序号	保护对象类别	安全允许振速(cm/s)		
		<10Hz	10~50Hz	50~100Hz
1	土窑洞、土坯房,毛石房屋	0.5~1.0	0.7~1.2	1.1~1.5
2	一般砖房、非抗震的大型砌块建筑物	2.0~2.5	2.3~2.8	2.7~3.0
3	钢筋混凝土框架房屋	3.0~4.0	3.5~4.5	4.2~5.0
4	一般古建筑与古迹	0.1~0.3	0.2~0.4	0.3~0.5
5	水工隧道	7~15		
6	交通隧道	10~20		
7	矿山巷道	15~30		
8	水电站及发电厂中心控制室设备	0.5		
9	新浇大体积混凝土 龄期:初凝~3d 龄期:3~7d 龄期:7~28d	2.0~3.0 3.0~7.0 7.0~12		

降低爆破振动效应的安全措施：

（1）采用多段微差起爆技术，变能量一次释放为多次释放，减小每次爆破的能量，将振幅较大的地震波变成多个振幅较小的地震波，从而减小爆破振动的强度，分段越多，振幅越小，爆破振动也越小。

（2）采用分散布药方式，把所有装药筒里爆炸产生的大震源分成数个微差延时起爆的小震源，变能量集中释放为分散释放。

（3）合理选取微差起爆的间隔时间、起爆顺序和起爆方案，保证爆破后的岩石能得到充分松动，消除夹制爆破的条件，使爆炸能量及时得到有效的逸散，减小转化为爆破地震波的能量。

（4）合理选择爆破的方式。在一定场合下（如地下室内基础爆破）适当使碎块飞散，既有利于目标的破碎也能降低爆破振动的强度。

（5）严格按照被保护目标的抗震能力及其与爆点的相对距离等确定的一段（次）最大起爆药量进行装药和分段，把爆破振动引起的地面质点振动速度控制在周围需保护设施所允许的振动速度（即安全振动速度）以下，确保被保护目标的安全。

（6）合理选取爆破参数和单位炸药消耗量。

（7）在露天深孔爆破中，防止采用过大的超深，过大的超深会增加爆破的振动强度。

(8) 利用或创造减振条件。在爆破地点与被保护目标之间可开挖防震沟，在同一爆破体上爆破其中一部分而保留另一部分时，可用预裂爆破首先在两部分之间形成预裂缝；采用分段延时起爆技术，并尽量减少每个分段同时起爆的炮孔数量。

2. 爆破空气冲击波

爆破空气冲击波是爆破产生的空气内的一种压缩波。炸药在空气中爆炸，具有高温高压的爆炸产物直接作用在空气介质上；在岩体中爆炸，这种高温高压爆炸产物就在岩体破裂的瞬间冲入大气中。

爆破空气冲击波带来较大的危害，露天和地下大爆破或炸药库房意外爆炸时产生的强烈空气冲击波，可以造成建筑物、设备、管线及人不同程度的破坏和损伤，见表 8-3-4。

冲击波超压对人员的伤害作用　　　　　　　　表 8-3-4

超压 Δp(MPa)	冲击波破坏效应
<0.02	能保证人员安全
0.02~0.03	人体受到轻微损伤
0.03~0.05	损伤人的听觉器官或产生骨折
0.05~0.10	严重损伤人的内脏或引起死亡
>0.10	大部分人员死亡

爆破工程中，为有效减轻空气冲击波的危害，应从两方面着手：一是防止产生强烈的冲击波；二是进行必要的防护。防止产生强烈空气冲击波的具体措施有：(1) 采用良好的爆破技术；(2) 保持设计抵抗线；(3) 进行覆盖和堵塞；(4) 地质构造的影响；(5) 控制爆破方向及合理安排爆破时间；(6) 注意气象条件。防护的具体做法有：(1) 爆破前，应把人员撤离到安全区，并增加警戒；(2) 露天或地下大爆破时，可以利用一个或几个反向布置的辅助药包，与主药包同时起爆，以削弱手药包产生的空气冲击波；(3) 地下爆破区附近巷道构筑不同形式和材料的阻波墙，据研究，阻波墙可以消减冲击波强度 98％以上。

3. 爆破粉尘产生与预防

近年来，城市地铁隧道工程的爆破施工、城市建筑物拆除爆破中的粉尘对环境的污染问题越来越受到人们的关注。拆除爆破施工作业中，采用干湿钻孔时，其作业面周围的粉尘浓度可达数十毫克每立方米。粉尘对人身体健康有很大的影响，当吸入大量游离二氧化硅的粉尘时，会引起矽肺（尘肺）中最严重的一种职业病。

为有效控制爆破粉尘的危害，可以采取以下措施：(1) 为了减少钻孔时的粉尘，应采用湿式凿岩；(2) 对预处理的墙体或是构件着地点加大范围的预先用水淋湿、淋透，边锤击边使用水管喷射，如此可以有效地控制粉尘的产生；(3) 一些爆破工程采用在工作面喷雾洒水等方法降低爆破粉尘；(4) 一些建筑物拆除爆破工程，在爆破前将楼顶的贮水池装满水，或用储水袋爆破洒水控制爆破粉尘；(5) 为大幅减少拆除爆破时的爆破粉尘，爆前重视渣土清理；(6) 在拆除爆破建筑物的周围，宜采用篷布封闭，也可以有效减少施工作业对四周环境的粉尘污染。

4. 爆破飞散物

在工程爆破中，被爆介质中那些脱离主爆堆而飞得较远的碎石，称为爆破个别飞散物。

爆破施工中发生的安全事故，主要是由于爆炸引起的飞石导致的安全事故，确定爆破的安全距离就显得特别的重要。公路施工中，绝大部分是露天爆破，如果处理不当，会有些岩块飞散很远，对人员、牲畜、机具、建筑物和构筑物造成危害。确定飞石的安全距离可参考下列计算公式：

$$R = 20 \times k \times n \times w \tag{8-3-8}$$

式中　R——飞石安全距离；

k——安全系数，根据爆破的综合因数考虑；

n——最大药包爆破作用指数；

w——最大药包的最小抵抗线，一般为阶梯高度的 0.5～0.8 倍。

实践证明，只要充分掌握爆破地形地质、爆破器材基本性能，精心设计、精心施工，就能控制部分个别飞散物的飞散距离。对于已产生的爆破飞石，根据对爆破飞石产生的原因和影响因素的分析，采取以下控制措施：(1) 控制飞石的方向；(2) 改变局部装药结构和加强堵塞；(3) 合理安排起爆次序和选择间隔时间；(4) 减小装药集中度；(5) 进行覆盖。此外，对于爆破飞石还有其他一些防护措施，对人身的防护是撤离危险区，并加强警戒，对建筑物的防护，采用覆盖方法防止飞石危害。

5. 爆破噪声及其控制

爆破噪声是爆破空气冲击波超压值衰减到低于 180dB 以下时形成的声波。声压与药量、埋深、距离、地形和气象条件有关。爆破噪声损害人的健康，并可破坏建筑物。其控制标准各国不尽相同，美国公布的标准为不大于 128dB。

工程爆破应避免一次装药量大的爆破，调整合理的爆破参数和爆破方向，最大限度地降低大块率，以破碎器取代二次爆破，减少爆破飞扬和频繁的爆破次数，控制声源的产生和爆破振动声响，同时加强作业区周边的植树工作，减少噪声的传播距离。

8.4　防爆减灾措施与对策

随着社会经济的不断发展，新产品、新工艺、新材料的不断出现，用火、用电、用气量的增加，各种引发爆炸灾害的不安全因素日趋增多，火灾爆炸、粉尘爆炸、压力容器爆炸、瓦斯爆炸事故比例很高。各类爆炸事故灾害的发生其主要原因可以总结为两个方面：

(1) 主观原因。主观原因在各类爆炸灾害事故原因中占有很大比重，主要表现为：安全意识淡薄、监督管理不到位、未能严格履行培训机制等，导致未能从源头上消除灾害隐患。

(2) 客观原因。客观原因主要是不可预见的，超越人力之外引起爆炸灾害事故的原因，主要表现在雷电、静电、地震等原因引起爆炸灾害事故的发生。随着自然灾害事故的频繁发生，因此而导致的爆炸灾害事故逐年增多。

防止爆炸的措施总的来说可以分为两类，一类是预防性措施，即通过消除爆炸事故发生的条件来控制事故的发生；另一类是防护性措施，以避免或控制爆炸事故的破坏作用。由于爆炸一旦发生便会产生极其严重的后果，所以预防爆炸事故始终是防止爆炸的最佳方法。由于爆炸的起因千差万别，只有了解爆炸性物质的特性，明确爆炸危险程度后，才能相应地确定应采取的防爆措施。预防性措施可以概括为以下几点：

(1) 制定相应应急预案。根据危险源类别不同，分别制定防爆预案，由各级人民政府安全监督管理综合工作的部门会同同级其他有关部门，根据实际情况制定事故应急救援预案，并定期组织预案的演练。

（2）加强相关责任人员的培训，严格上岗制度。

选择防爆措施时，要考虑生产工艺的要求，做到既经济又合理，有效地避免事故的发生或将事故发生率降到最低，即使万一发生事故，也可限制其波及的范围，把爆炸事故的危害降到最低限度。防爆措施的选择要依据危险源类别，根据爆炸作用力传递原理，由结构计算确定设计参数。总之，防爆措施是一种被动防护措施，由于爆炸源类别不同，防爆措施设计只能减缓或消弱爆炸力的影响，加之，爆炸灾害的突发性和不确定性，防爆措施作用有限。由于爆炸灾害起因不同，其预防措施存在一定的差别。

第9章 生物与环境灾害

9.1 生物灾害

9.1.1 生物灾害含义及分类

生物灾害是指由于人类的生产生活不当、破坏生物链或在自然条件下的某种生物的过多过快繁殖（生长）而引起的对人类生命财产造成危害的自然事件。

生物灾害按照生物种类可以分为动物、植物和微生物三类。

9.1.2 生物灾害危害

在自然界，人类与各种动植物相互依存，可一旦失去平衡，生物灾难就会接踵而至。如捕杀鸟、蛙，会招致老鼠泛滥成灾；用高新技术药物捕杀害虫，反而增强了害虫的抗药性；盲目引进外来植物会排挤本国植物，均会造成不同程度的生物灾害，危及生态环境。

1. 鼠害

鼠的主要危害：偷吃食物、咬坏家具、衣物、书籍文具、毁坏建筑物、咬断电线等，引发火灾，造成严重经济损失，骚扰居住环境。通信、交通等方面有时可造成严重危害，洪涝期间的堤坝管涌有时与鼠洞有关。鼠类在堤坝上盗洞，造成漏水而引起决堤，形成河水泛滥的记载国内外均有。

鼠对建筑物的破坏也十分严重，褐家鼠、黄胸鼠在一些古建筑中栖息，鼠的门牙没有齿根，一生中在不断生长，所以必须经常借助磨牙，即"啮齿"来防止门牙无限制地生长，有时咬坏珍贵的雕刻和文物，破坏量很大。20 世纪 80 年代在内蒙古某旗建成一座价值近百万元的冷库，只使用了两年，由于褐家鼠在隔温层内做巢、打洞，把隔温层盗空失掉了隔温作用，不能再作冷藏，失去了使用价值。

2. 蚁害

蚂蚁是一类高度进化的社会性昆虫，每窝蚂蚁的数量从 30 万到 50 万只不等。蚂蚁的种类相当丰富，约有 16000 多种。

蚂蚁主要危害有：（1）损坏木材及其他生活物品；（2）窃取、污染食物；（3）叮咬、骚扰人类，影响人休息；（4）将各种细菌、病毒等病原体带到食物上，传播疾病。如普通的蚂蚁可以破坏堤坝，引起河堤溃口，而红火蚁甚至可以破坏电器。

蚂蚁种群中危害最大的一类当属白蚁，它是世界五大害虫之一，全世界白蚁种类有3000 多种，我国已发现白蚁有 500 多种。

白蚁可以在各种结构的建筑物内栖息做巢，危害十分严重，有的还引起房屋倒塌，造成人畜伤亡。因此，防治白蚁对保护建筑物，特别是古建筑物具有重要意义。白蚁危害主要表现在以下几个方面：

① 对房屋建筑的破坏。白蚁对房屋建筑的破坏，特别是对砖木结构、木结构建筑的破坏尤为严重。由于其隐藏在木结构内部，破坏或损坏其承重点，往往造成房屋突然倒塌，引起人们的极大关注。在我国，危害建筑的白蚁种类主要有：家白蚁、散白蚁等。其中，家白蚁属的种类是破坏建筑物最严重的白蚁种类。它的特点是扩散力强，群体大，破坏迅速，在短期内即能造成巨大损失。

② 对江河堤坝的危害。白蚁危害江河堤防的严重性，我国古代文献上已有较为详细的记载，近代的记载更为详尽。其种类有土白蚁属、大白蚁属和家白蚁属种类的白蚁群体，白蚁能在江河堤围和水库的土坝内营巢生存，常常十分隐蔽不易被人发现，在堤坝内迅速繁殖，密集营巢，蚁道相通，四通八达，有些蚁道甚至穿通堤坝的内外坡，汛期到来时，水位升高，水渗入白蚁筑巢的空洞或蚁道中，常常出现管漏险情，更严重者则酿成塌堤垮坝，洪水泛滥，给人类造成极大的损失。据调查，我国南方各省凡 15 年以上的河堤和水库堤坝，90％～100％有土栖白蚁的栖息。

9.1.3 生物灾害防治

人类对于有害生物危害的认识和防治已有很久的历史，大约在一万年前，自农业开始发展以来，各种形式的有害生物防治手段就已被广泛使用。到近现代，随着科学技术的发展，一系列的如化学手段、物理手段、生物手段等新的防治措施不断涌现，现在对某一特定有害物种的防治往往都会将多种技术手段加以综合运用，以实现防治的最优目标。目前常用的防治技术措施主要有：

（1）化学防治。化学防治是利用农药的生物活性，将有害生物种群或群体密度压低到经济损失允许水平以下。农药具有高效、速效、使用方便、经济效益高等优点，但使用不当可对植物产生药害，引起人畜中毒，杀伤有益微生物，导致病原物产生抗药性。

（2）物理防治。采用物理方法防治有害生物。例如对害虫进行灯光诱杀等。

（3）生物防治。主要利用有害生物的天敌来调节、控制有害生物种。如利用有益昆虫、微生物等来控制害虫、杂草等。生物防治的优点：对环境污染小，能有效地保护天敌，发挥持续控制作用。

以常见的白蚁病害为例，在蚁害区域内，建筑物预防白蚁工程技术是根据白蚁种类和保护对象的不同，综合运用生态防治法、生物防治法、物理机械防治法、化学滞留防治法和检疫防治法中的有关方法，创造不利白蚁生存的环境，阻止白蚁的孳生、蔓延、侵袭，提高保护对象抵抗白蚁的能力，使之免遭白蚁的危害。所采取的防蚁技术措施，从建筑物的设计、场地清理和建筑物建筑施工中入手，在建筑物的设计中，要充分注意到白蚁对水分的依赖性，尽量考虑把木构件吸收和保持的湿度降到最低限度，增加通风和防潮措施，选用抗蚁性较强的木材或其他建筑材料，提高建筑物自身预防白蚁的免疫力，这类技术措施主要从屋面、墙体地基、各类变形缝和木构件等的设计中予以考虑。场地清理是进一步断绝场地上遗留的可供白蚁生存的食料，直接消灭旧基础上的白蚁，减少其生存的可能性，这类技术措施主要是对现场调查和检查，清除地下的树根、棺木、朽木等一切废旧木材，做好场地内的排水设施畅通等一系列工作。建筑施工中增加预防白蚁的措施，是一种用物理和化学处理方法相结合的技术，用以弥补设计中存在的预防考虑不足之处，并提供一个能阻止白蚁侵入房屋内部的天然屏障，这类技术措施主要有墙基内外保护圈、室内地坪防蚁毒土层、辅助设施（踏步、台阶、管道井、变形缝等）防蚁毒土层和木构件防蚁药物涂刷等工作。用较少的投资，换取长时间不发生白蚁危害，其效果是事半功倍的。

9.2　环境灾害

9.2.1　概述

18 世纪兴起的产业革命，使人类文明达到了一个前所未有的高度，曾经给人类带来希望和欣喜。然而，随着工业化速度的不断加快，环境污染问题也日趋严重，区域性乃至全球性的灾害事件层出不穷。发达国家最早享受到工业化所带来的繁荣，也最早品尝到环境污染所带来的苦果。

1. 含义

环境灾害是指人类生存环境的变异，引起人群伤亡与物质财富损失的现象，主要是由于人类活动引起环境恶化所导致的灾害。

2. 分类

环境灾害按其表现形式可分为骤发性灾害和长期性灾害两类。

（1）骤发性灾害：突发猛烈、持续时间短、瞬间危害大、地理位置易确认；

（2）长期性灾害：缓慢发生、持续时间长、潜在危害大等。

环境灾害按其成因分为自然环境灾害与人为环境灾害（图 9-2-1）。

（1）自然环境灾害：自然环境中蕴藏的对其自身有威胁作用的某些因素发生变化，累积超过一定临界度，致使自然环境系统的功能结构部分或全部遭到破坏，进而危及人类生存环境，导致人类生命财产损失的现象。

（2）人为环境灾害：人类活动作用超过自然环境的承载能力，致使自然环境遭到破坏，失去其服务于人类的功能，甚至对人类生命财产构成严重威胁或造成损失的现象。

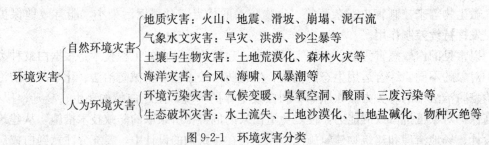

图 9-2-1　环境灾害分类

3. 特点

（1）全球性与区域性共存

目前，温室效应、臭氧层破坏及酸雨灾害，危害范围已遍及全球，对人类赖以生存的整个地球环境造成了极大危害，成为 21 世纪人类面临的真正威胁，必须通过国际社会的共同努力来解决。区域性是指环境灾害的种类与灾害发生的频率与区域自然环境特征有密切的相关性，即特定的灾害往往发生在特定的环境之中。

（2）两重性：环境灾害兼具有自然属性与人为属性

环境既是自然的环境，又是人类的生存环境，自然的环境固然有其随机变化，但是，目前人类活动的触须已经遍及地球表层的各个角落，没有打上人类烙印的纯自然环境已寥寥无几。任何环境灾害都是在人类的生产活动过程中，由于人类不合理活动，违背自然规律，致使环境发生与人类相背离的各类事件，都是自然原因与人为原因叠加的结果。

（3）周期性与群发性

有些自然灾害如火山爆发、地震和特大干旱因成因不同，往往有其自身独特的周期。火山爆发一般以百年为尺度。环境灾害群发性是指各种灾害包括自然灾害和人为灾害的群集伴生现象，即各种灾害常常接踵而至或是相伴发生。

（4）突发性和潜在性

突发性是指环境灾害尤其是自然灾害的发生往往出乎人们的意料，而且来势凶猛，令人猝不及防。潜在性是指一些环境灾害如水土流失、沙漠化、土壤侵蚀等环境灾害，既不像洪水那样凶猛，也不像地震那样强烈，瞬息间造成巨大的生命和财产的损失，但它却像癌细胞损害人体的健康一样，不声不响地破坏着一个国家、地区的生态基础。这种潜伏的环境灾害缓慢地侵蚀着人类的"生存"基础，不容忽视。

（5）危害性

目前，全球性的环境灾害，如温室效应、臭氧层枯竭、酸雨灾害等，给人们的生存与发展带来严重威胁，其危害范围之广和危害程度之深都是空前的。我国单就环境污染造成的经济损失每年逾 906 亿元。

（6）人为环境灾害可占份额的渐增性

随着社会生产力水平的不断提高，人类改造自然环境的深度和广度也在不断增强，这不仅使愈来愈多的自然灾害发生与人类社会因素密切相关，还会不断地产生许多人工诱发的新灾害。例如兴建水库会诱发地震，山区的水库由于两岸山体下部未来长期处于浸泡之中，发生山体滑坡、塌方和泥石流的频率会有所增加。

9.2.2 常见环境灾害及危害

目前，全球性的环境灾害，如大气污染及酸雨灾害、水污染、温室效应等，随着科技的发展，新的环境灾害灾种不断出现，如光污染、生化泄漏、噪声污染等，给人们的生存与发展带来严重威胁。

1. 大气污染和酸雨

大气污染灾害是指由于人类活动或自然过程，使局部、甚至全球范围的大气成分发生变化，导致对生物界产生的危害。大气污染来源：

① 自然形成：火山爆发、风吹扬沙和沙尘暴、雷击森林失火等。

② 人为造成：工业和交通上煤炭、石油、天然气的使用，农业上化肥、农药的喷施，生活上制冷采暖的排放与泄漏等。

大气污染物分类：分为一次污染物和二次污染物。一次污染物是指直接由污染源排出的有害物质；二次污染物是指进入大气的一次污染物互相作用或与大气正常组分发生化学反应，以及在太阳辐射线的参与下引起光化学反应而产生的新的污染物。典型案例如1968 年 3 月日本米糠油事件：因为生产米糠油时用多氯联苯作脱臭工艺中的热载体，生产管理不善，导致北九州市、爱知县一带居民食用该种米糠油时，普遍中毒，患者超过

1400 人，至七八月份，患者超过了 5000 人，残废 6 人，实际受害人数约 13000 人。1952 年 12 月 5～8 日，伦敦烟雾事件，英国几乎全境都为浓雾所覆盖，四天中死亡的人数较常年同期多出 4000 人，45 岁以上的死亡率更是平常的 3 倍，1 岁以下婴儿死亡率为平常的 2 倍，事件发生的一周内，支气管炎病人死亡人数是上一周的 9.3 倍。

（1）酸雨的分布

酸雨是指 pH 值<5.6 的包括雨、雪、霜、雾、露等各种形式的降水。

云雨过程本是大气的自洁过程，酸雨的结果反使污染物经过转化回到地面，影响生态环境（图 9-2-2）。酸雨中含有多种无机酸和有机酸，其中绝大部分是硫酸和硝酸，多数情况下，酸雨以硫酸为主，从污染源排放出来的二氧化硫（SO_2）和氮氧化物（NO_x）是形成酸雨的主要起始物。其中，氮氧化物（NO_x）是一种毒性很大的黄烟，不经治理通过烟囱排放到大气中，形成触目的棕（红）黄色烟雾，俗称"黄龙"，在众多废气治理中 NO_x 难度最大，是污染大气的元凶。如果得不到有效控制不仅对操作人员的身体健康

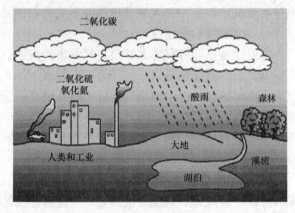

图 9-2-2　酸雨形成过程

与厂区环境危害极大，而且随风飘逸扩散对周边居民生活与生态环境造成公害。

目前全球已形成三大酸雨区：一个是以德、法、英等国为中心，波及大半欧洲的北欧酸雨区。另一个是包括美国和加拿大在内的北美酸雨区。这两个酸雨区的总面积大约为 1000 多万平方公里，降水的 pH 值小于 5，有的甚至小于 4。根据大量观测知道，北美和欧洲地区的雨水 pH 值年平均在 4.1～5.1，其中北美东部山地的雨水 pH 值平均达到 3.5，而在意大利北部人们曾记录到雨水 pH 值为 1.96，这已达到柠檬汁的酸度。

（2）酸雨的危害

酸雨对地球生态环境和人类社会经济带来严重影响和破坏。研究表明，酸雨对土壤、水体、森林、建筑、名胜古迹等人文景观均带来严重危害，不仅造成重大经济损失，更威胁着人类生存和发展。在酸雨区域内，湖泊酸化，渔业减产，森林衰退，土壤贫瘠，粮菜减产，建筑物腐蚀，文物面目皆非。

1）对水域生物危害

酸雨可造成江、河、湖、泊等水体的酸化，水体的酸性直接影响鱼的生长，尤其是酸雨释放出的土壤中的铝对鱼类更是具有毒性，致使水生生态系统的结构与功能发生紊乱。从目前的研究来看，酸化污染的水体可能会影响鱼卵的孵化和鱼苗的生长发育，抑制鱼对水中氧的吸收，使其食物供应减少，得病的可能性增加。水体的 pH 值降到 5.5 以下时鱼的繁殖和发育会受到严重影响，pH 值降到 5.0 以下，鱼群会相继死亡。水体酸化还会导致水生物的组成结构发生变化，耐酸的藻类、真菌增多，有根植物、细菌和浮游动物减少，有机物的分解率则会降低。流域土壤和水体底泥中的金属（铝）可被溶解进入水体中而毒害鱼类。例如，挪威南部 5000 个湖泊中有近 2000 个鱼虾绝迹。加拿大的安大略省已

有 4000 多个湖泊变成酸性,鳟鱼和鲈鱼已不能生存。美国酸化的水域已达 3.6 万 km²,在 28 个州 17054 个湖泊中,有 9400 个受到酸雨影响,水质变坏。纽约州北部阿迪达克山区,90％的湖泊没有鱼,听不到蛙声,死一般寂静。

2) 对陆生植物的危害

酸雨进入土壤可使土壤的物理化学性质发生变化,抑制土壤中有机物的分解和氮的固定,淋洗与土壤粒子结合的钙、镁、钾等营养元素,使土壤贫瘠化,植物难以生长,病虫害猖獗。除了间接影响植物生长外还直接作用于植物、破坏植物形态结构、损伤植物细胞膜、抑制植物代谢功能。酸雨可以阻碍植物叶绿体的光合作用,影响种子的发芽率。酸雨对农作物和森林的危害最大(图 9-2-3)。资料统计表明,欧洲每年有 6500 万公顷的森林受酸雨危害。我国的西南地区、四川盆地受酸雨危害的森林面积约为 27.56 万 km²,占林地面积的 31.9％。据 1988~1989 年的估算,广东因酸雨和二氧化硫造成的农田减产面积占全省耕地的 10％,年损失 1.3 亿元。

3) 对人体健康的影响和危害

酸雨对人类健康产生直接和间接伤害。首先,酸雨中含有多种致病致癌因素,能破坏人体皮肤、粘膜和肺部组织,诱发哮喘等多种呼吸道疾病和癌症,降低儿童的免疫能力。其次,酸雨还会对人体健康产生间接影响。在酸沉降作用下,土壤和饮用水水源被污染;其中一些有毒的重金属会在鱼类机体中沉积,人类因食用而受害。再者,农田土壤被酸化,原已固化在土壤中的重金属(如汞、铅、镉等)

图 9-2-3 酸雨对森林影响

再溶出,继而为植物、蔬菜吸收和富集,食物被降下的酸雨腐蚀(图 9-2-4),人类食用后中毒生病。美国每年因酸雨致病的人数高达 5.1 万人。

4) 酸雨对建构筑物和材料的危害

酸雨地区的混凝土桥梁、大坝、道路、轨道交通以及高压线钢架、电视塔等土木建筑基础设施都是直接暴露在大气中,遭受酸雨腐蚀的。酸雨与这些基础设施的构筑材料发生化学或电化学反应,造成诸如金属的锈蚀、水泥混凝土的剥蚀疏松、矿物岩石表面的粉化侵蚀以及塑料、涂料侵蚀等。

图 9-2-4 酸雨对农作物危害

① 酸雨能使非金属建筑材料(混凝土、砂浆和灰砂砖)表面硬化水泥溶解,发生材料表面变质、失去光泽、材质松散,出现空洞和裂缝,导致强度降低,最终引起构件破坏,这就是混凝土酸蚀作用。更严重的使混凝土大量剥落,钢筋裸露与锈蚀。

② 毁坏古迹

　　著名的美国纽约港自由女神像，钢筋混凝土外包的薄铜片因酸雨而变得疏松，一触即掉（1932 年检查时还是完好的），因此不得不进行大修，如图 9-2-5 所示。

图 9-2-5　酸雨腐蚀雕像

　　③ 对金属物品腐蚀严重，对电线、铁轨、船舶、桥梁、输电线路等设施危害严重。全世界 1/10 的钢铁产品受酸雨腐蚀而破坏甚至报废，如波兰的托卡维兹因酸雨腐蚀铁轨，火车每小时开不到 40km，而且还显得相当危险。1967 年，美国俄亥俄河上一座大桥突然坍塌，桥上许多车辆掉入河中，淹死 46 人。原因就是桥上钢梁和螺钉因酸雨腐蚀锈坏，导致断裂。

2. 水污染

　　人类的活动会使大量的工业、农业和生活废弃物排入水中，使水受到污染。目前，全世界每年约有 4200 多亿 m^3 的污水排入江河湖海，污染了 5.5 万亿 m^3 的淡水，这相当于全球径流总量的 14% 以上。

　　1984 年颁布的《中华人民共和国水污染防治法》中为"水污染"下了明确的定义，即水体因某种物质的介入，而导致其化学、物理、生物或者放射性等方面特征的改变，从而影响水的有效利用，危害人体健康或者破坏生态环境，造成水质恶化的现象称为水污染（Water Pollution），如图 9-2-6 所示。

　　污染物主要有：（1）未经处理而排放的工业废水；（2）未经处理而排放的生活污水；（3）大量使用化肥、农药、除草剂而造成的农田污水；（4）堆放在河边的工业废弃物和生活垃圾；（5）森林砍伐，水土流失；（6）因过度开采，产生矿山污水。

图 9-2-6　水污染

　　水体污染影响工业生产、增大设备腐蚀、影响产品质量，甚至使生产不能进行下去。水的污染，又影响人民生活，破坏生态，直接危害人的健康，损害很大。

3. 生化及核污染

英国哲学家波普尔曾说过"科技进步带给人类像希腊神话中火种一样巨大的财富，同时也打开装有各种灾难和祸患的潘多拉魔盒"。面对当前日益快速发展的科学技术，各种生化危机或核事故发生风险越来越大，加之自然灾害的影响，加剧了这种灾害发生的可能性。这些灾害的发生原因是多方面的：

（1）工业泄漏

由于人为或自然因素使有毒有害物质泄漏导致重大经济损失和人员伤亡。如 1984 年印度震惊世界的博帕尔化学泄漏事件，它直接致使 3150 人死亡，5 万多人失明，2 万多人受到严重毒害，近 8 万人终身残疾，15 万人接受治疗，受这起事件影响的人口多达 150 余万，约占博帕尔市总人口的一半。

（2）自然灾害的次生灾害致灾

2011 年 3 月 11 日，日本当地时间 14 时 46 分，日本东北部海域发生里氏 9.0 级地震并引发海啸，造成重大人员伤亡和财产损失。地震造成日本福岛第一核电站 1～4 号机组发生核泄漏事故。根据国际核事件分级表（INES），福岛第一核电站事故定为 7 级（最高级）。至 2011 年 8 月 24 日，日本福岛以东及东南方向的西太平洋海域已受到福岛核泄漏的显著影响，监测海域海水中均检出了铯-137 和锶-90，94％监测站位样品中检出了正常情况下无法检出的铯-134。71％监测站位铯-137 含量超过我国海域本底范围，其中铯-137 和锶-90 最高含量分别为我国海域本底范围的 300 倍和 10 倍。

（3）战争导致环境灾害

战争的进展往往伴随着高科技的应用，同时也不可避免地导致环境的破坏，交战双方为了达到快速取胜的目的，往往采取各种手段包括使用大规模杀伤性武器，例如毒气、核武器、生化武器等。战争造成大量人员伤亡的同时，对环境的破坏最为严重，杀伤性武器的使用，直接或间接地对人造成伤害并长期威胁人们健康。

美军当年曾在越南战争中密集喷洒橙色落叶剂对付越共游击队，橙色毒剂污染"触目惊心"，在接受抽样调查的越南平和的居民当中，95％居民的血液二噁英含量超标，有些人的含量甚至超过普通水平的 200 倍。二噁英可致癌，并对人体的生殖系统、神经和免疫系统造成问题。

9.3　环境灾害防治

1. 坚持可持续发展方式，把环境保护和建设纳入国民经济和社会发展计划

（1）环境问题实质上是国民经济和社会发展的问题，是环境与发展的对立统一如何平衡问题。

（2）生态破坏是一种不可逆转的过程。

（3）可持续发展是一种既满足当代人需要，又不对子孙后代构成危害的发展方式。

2. 控制人口快速增长，减少人口对环境的压力

人口问题既是一个社会问题，又是一个经济问题。人口数量增多和科学技术的进步，使人对环境的影响和作用越来越大，而对环境的依赖性逐渐减少。

3. 制定和严格实施环境法规和标准

4. 大力推行城市综合整治

5. 综合技术改造防止工业污染

（1）制定和实施国家产业政策，通过产业结构调整，减少环境污染和生态破坏。

（2）对于污染密集型的基础工业，要改革工艺和革新设备，尽量在生产过程中对污染物加以清除，即发展清洁生产工艺。

（3）现有企业的技术改造，把防治工业污染作为重要内容，提出防治目标任务和技术方案，技术改造方案和防治污染方案必须符合经济效益、社会效益和环境效益统一的原则。

6. 建立以合理利用能源和资源为核心的环境保护战略

7. 坚持以强化监督管理为中心的环境管理政策

（1）预防为主、谁污染谁治理和强化管理三大环境政策，是具有中国特色的环境管理思路逐渐形成、成熟和发展的明显标志。

（2）三同时制度：防治污染设施必须与主体工程同时设计、同时施工、同时投入运行。

（3）排污收费制度：对排放污染物超过排放标准的企事业单位征收超标排污费，用于污染治理。

（4）环境影响评价制度：规定所有建设项目，在建设前对该项目可能对环境造成的影响进行科学论证评价，提出防治方案，编报环境影响报告书或表，避免盲目建设对环境造成损害。

（5）环境保护目标责任制。

（6）环境综合整治定量考核制度；排放污染物许可制度。

（7）污染集中控制制度。

（8）限制治理制度。

第 10 章　防灾减灾规划

10.1　防灾减灾体系

1. 防灾减灾体系概念

防灾减灾体系是人类社会为了消除或减轻自然灾害对生命财产的威胁，增强抗御、承受灾害的能力，灾后尽快恢复生产生活秩序而建立的灾害管理、防御、救援等组织体系与防灾工程、技术设施体系，包括灾害监测、灾害预报、灾害评估、防灾、抗灾、救灾、安置与恢复、保险与援助、宣教与立法、规划与指挥共 10 个子系统，是社会、经济持续发展所必不可少的安全保障体系。

2. 子系统内涵

（1）灾害监测。是减灾工程的先导性措施。通过监测提供数据和信息，从而进行示警和预报，甚至据此直接转入应急的防灾和减灾的指挥行动。

（2）灾害预报。是减灾准备和各项减灾行动的科学依据。如气象预报以数值预报为主，结合天气图方法、统计学方法和人工智能技术的综合预报方法。有些灾害预报，如地震多年预报成功率仍徘徊在 20%～30%。由于各种自然灾害的发生经常有密切的连发性和关联性，应在发展预报技术的同时，探索自然灾害的综合预报方法及巨灾预报研究。使预报内容与形式系列化、多样化，提高预报的适应性。

（3）灾害评估。是指对灾害规模及灾害破坏损失程度的估测与评定。

灾害评估分为灾前预评估、灾时跟踪评估、灾后终评估。

灾前预评估是指在灾害发生之前，对可能发生灾害的地点、时间、规模、危害范围、成灾程度等进行预测性估测，为制定减灾预案提供依据。

灾时跟踪评估是指灾害发生后，为了使上级管理部门和社会及时了解灾情，组织抗灾救灾，对灾害现实情况和可能趋向所做的适时性评估。

灾后终评估是指灾害结束后通过全面调查，对灾情的完整的总结评定。其主要内容包括：灾害种类、灾害强度、灾害活动时间与地点、人员伤亡和财产破坏数量、经济损失、抗灾救灾措施等。

（4）防灾。包括两方面措施，一是在建设规划和工程选址时要充分注意环境影响与灾害危害，尽可能避开潜在的灾害；二是对遭受灾害威胁的人和其他受灾体实施预防性防护措施。前一方面，在国家的大型工程规划中都按规范进行了考虑。后一方面与防灾知识和技术的普及有关，这方面在提高全民防灾意识的指导下，具有很大减灾潜力。

（5）抗灾。通常是指在灾害威胁下对固定资产所采取的工程性措施。这方面减灾的有效性是明确的，如大江大河的治理，城市、重大工程的抗灾加固，均可大大提高抗灾的水平。反之，若工程质量差，年久失修，抗灾能力远远低于自然灾害的危害强度时，则自然灾害发展趋势会明显增长。

（6）救灾。是一项社会行动，除了国家拨发救灾款外，要大力提倡自救、互救，应大力发展灾害保险，拓宽社会与国际援助渠道。要加强救灾技术与设备、机器的研究。灾害频发区应做好各项救灾物资的储备。

（7）安置与恢复。包括生产和社会生活的恢复，这也是一项具有很大减灾实效的措施。一次重大灾害发生之后，必然造成大量企业的停产、金融贸易的停顿、工程设施的损毁，以致社会家庭结构的破坏等，会引起巨大的损失。尽快缩短恢复生产、重建家园的时间，是减灾的重要措施。

（8）保险与援助。是灾后恢复人民生活、企业生产和社会功能的重要经济保障之一。灾害保险是一种社会的金融商业行为，但它以保户自储和灾时互助的准则，千万保户的自援行动是对国家灾损援助的重要补充。

（9）宣教与立法。减灾的宣传教育是提高全民减灾意识、素质和全社会减灾能力的重要措施，国内外对灾害教育和多种灵活的普及宣传活动都十分重视。灾害立法是保障各项减灾措施、规范减灾行为、实施减灾管理的法律保障，同时也是提高减灾意识和积极性的一种社会舆论。

（10）规划与指挥。制定国家和各级政府的减灾规划和减灾预案，协调全社会的减灾、救灾行为，建立政府的减灾指挥系统，建立减灾试验区、组织减灾队伍及防灾救灾训练、演习等均须统一规划和指挥。

现代灾害的多样性与复杂性，不仅使认识灾害变得越来越困难，而且对现代减灾提出了挑战。防灾减灾是涉及广泛的系统工程，它强调减灾必须多种途径、多种措施相互配合，相互衔接，统筹安排，由此形成结构完整、有序运作的减灾系统工程。与此同时，灾害的影响涉及方方面面，从人员伤亡到社会各界心理；从直接经济损失到间接经济损失；从构筑物的破坏到生态环境的影响；从灾害区的损失到区域社会经济发展。因此应该把灾害看作是社会经济发展的一个重要因素，将减灾与经济建设作为一个统一的系统进行整体的考虑，制定社会经济与减灾同步发展规划。

10.2　指导思想、基本原则和规划目标

1. 指导思想

深入贯彻落实科学发展观，按照以人为本、构建社会主义和谐社会的要求，统筹考虑各类自然灾害和灾害过程各个阶段，综合运用各类资源和多种手段，始终坚持防灾减灾与经济社会发展相协调、坚持防灾减灾与应对气候变化相适应、坚持防灾减灾与城乡区域建设相结合，发挥各级政府在防灾减灾工作中的主导作用，努力依靠健全法制、依靠科技创新、依靠全社会力量，着力提高全民防灾减灾意识，全面加强各级综合防灾减灾能力建设，切实改善民生和维护人民群众生命财产安全，有力保障经济社会全面协调可持续发展。

2. 基本原则

（1）预防为主，防减并重。加强自然灾害监测预警预报、风险调查、工程防御、宣传教育等预防工作，坚持防灾、抗灾和救灾相结合，协同推进灾害管理各个环节的工作。

（2）政府主导，社会参与。坚持各级政府在防灾减灾工作中的主导作用，加强各部门之间的协同配合，积极组织动员社会各界力量参与防灾减灾。

（3）以人为本，科学减灾。关注民生，尊重自然规律，以保护人民群众的生命财产安全为防灾减灾的根本，以保障受灾群众的基本生活为工作重点，全面提高防灾减灾科学与灾害风险科学理论与技术支撑水平，规范有序地开展综合防灾减灾各项工作。

（4）统筹规划，突出重点。从战略高度统筹规划防灾减灾各个方面工作，着眼长远推进防灾减灾能力建设，优先解决防灾减灾领域的关键问题和突出问题。

3. 防灾减灾基本目标

《国家综合防灾减灾"十二五"规划》（征求意见稿）提出的防灾减灾发展目标如下：

（1）全面提升国家综合防灾减灾能力，有效抑制自然灾害风险的上升趋势，最大程度地减少自然灾害造成的损失，全民防灾减灾素养明显增强，自然灾害对国民经济和社会发展的影响明显降低。

（2）自然灾害监测、预警和信息发布能力进一步提高，基本摸清全国重点区域自然灾害风险底数，基本建成国家综合减灾与风险管理信息平台。

（3）自然灾害造成的死亡人数在同等致灾强度下较"十一五"期间明显下降，年均因灾直接经济损失占国内生产总值的比例控制在 1.5% 以内。

（4）防灾减灾工作纳入各级国民经济和社会发展规划，并将防灾减灾作为土地利用、资源开发、能源供应、城乡建设、气候变化和扶贫等规划的优先事项。

（5）自然灾害发生 12 小时之内，保证受灾群众基本生活得到初步救助。增强保险在灾害风险管理中的作用，自然灾害保险赔款占自然灾害损失的比例明显提高。

（6）严格执行灾后恢复重建选址灾害风险评估，基础设施和民房普遍达到规定的设防水平。到 2015 年经济社会灾后可恢复性基本达到中等收入国家水平。

（7）全民防灾减灾意识明显增强，建立国家防灾减灾科普教育网络平台。全国防灾减灾人才资源总量达到 275 万人，创建 5000 个综合减灾示范社区。

（8）防灾减灾体制机制进一步完善。各省、自治区、直辖市，多灾易灾的地（市）、县（市、区）建立防灾减灾综合协调机制。

10.3 防灾减灾现状和发展趋势

1. 中国防灾减灾现状

随着我国经济建设和社会发展的全面进步，国内生产和生活的环境发生深刻变化，人民在享受物质生活的同时，也饱受了各种各样灾害的侵袭，我国自 20 世纪 80 年代以来也加强了对各种灾害领域的研究，并逐步建立起了较为完善、广为覆盖的各种灾害地面监测和观测网络，目前，已建立了一系列的气象卫星、海洋卫星和陆地卫星，并正在建设减灾小卫星星座系统。

初步形成了自然灾害立体监测预警体系，完善了气象、地震、水文、地质、海洋、环境、农业、林业等各类自然灾害监测站网和预警预报系统。天气和自动气象观测系统建设初具规模，地质灾害群测群防体系进一步完善，台风等自然灾害早期预警水平得到提高，农林病虫害和森林草原火灾的监测预警能力进一步加强。

不断完善国家防灾减灾管理体制机制和法律法规，到目前为止，27 个省（区、市、兵团）成立了减灾委员会或救灾综合协调机构，充分发挥了防灾减灾的综合协调职能。先后出台了《中华人民共和国突发事件应对法》、《中华人民共和国防震减灾法》、《自然灾害救助条例》、《气象灾害防御条例》、《抗旱条例》等法律法规。

实施了防汛抗旱、危房改造、饮水安全等重大工程，大江大河重点防洪保护区基本达到规定的防洪标准、防洪能力进一步提高，人口密集区、大中城市及国家重大工程建设区的地质灾害隐患点得到初步治理，创建了 1562 个综合减灾示范社区，中小学校舍安全工程全面实施，农村危房改造工程逐步推进。一系列建筑和工程设施设防规定、标准和规程修订。

以应急指挥、应急响应和应急资金、物资拨付等为主要内容的抢险救灾应急体系初步建立。基本建立"纵向到底、横向到边"的应急预案体系，国家自然灾害四级响应制度得到确立。中央和地方救灾物资储备库体系进一步完善，基本实现重大自然灾害发生 24 小时内受灾群众得到基本生活救助，救助标准明显提高。

防灾减灾科技水平不断提高，在灾害机理研究、预警预报技术、重特大自然灾害应对与防范等方面实施了一批防灾减灾重大科技项目，遥感、卫星导航与通信等技术在重特大自然灾害应对过程中发挥了重要作用，有关防灾减灾科研技术机构相继成立，科技条件支撑平台逐步形成。

防灾减灾专业人才培训教育水平进一步提升，人才队伍结构进一步合理。防灾减灾人才队伍建设纳入国家中长期人才发展规划纲要，专兼结合的防灾减灾人才队伍初步形成，防灾减灾人才队伍和专家队伍协调发展，以抢险救援、医疗防疫等为主体的应急救援队伍体系初步建立。

防灾减灾社会动员能力和社会资源整合能力明显提高。全面参与防灾减灾文化氛围正在形成，企事业单位、社会团体、志愿者和普通群众积极参与防灾减灾工作、奉献爱心，投身防灾抢险救援和恢复重建，人民解放军、武警、公安消防部队、民兵预备役在防灾减灾中发挥了骨干作用，形成了社会各界踊跃参与防灾减灾的良好氛围。国家设立 5 月 12日为全国"防灾减灾日"，防灾减灾宣传教育活动逐步推广，公众防灾减灾意识明显提升。

防灾减灾国际合作与交流不断深化，加强了防灾减灾信息管理、教育培训、科学研究以及国际人道主义援助等方面的交流与合作，积极借鉴国际先进经验。与联合国组织、国际或区域相关机构、各国政府以及一些非政府组织在防灾减灾领域建立了密切的合作机制。与联合国国际减灾战略成立"国际减轻旱灾风险中心"，与联合国外层空间事务司共同推动"联合国灾害管理与应急反应天基信息平台北京办公室"的成立，建立了"国际减灾宪章"等灾害应急空间信息共享机制。

尽管政府和社会各界为防灾减灾事业付出了巨大努力，但我国防灾减灾工作仍然存在一些亟待加强的薄弱环节，存在诸多问题：

（1）管理缺乏综合协调。长期以来，我国的灾害管理体制基本是以单一灾种为主、分部门管理的模式，各涉灾管理部门自成系统，没有常设的综合管理机构，不利于部门之间协调。缺少综合性的防灾减灾应急处置技术系统，科学决策评估支持系统与财政金融保障制度尚未建立等，直接影响防灾减灾实效。

（2）投入不足，资金渠道单一。主要是因为我国防灾减灾科研基本依赖于财政拨款，资金来源渠道单一。

(3) 科技资源尚待优化配置。科技资源没有得到合理配置，科技开发与应用水平发展很不平衡，资源共享共用低。

(4) 防灾减灾科技发展缓慢。科技发展与应用水平很不平衡，技术手段和装备落后，监测能力不强，缺乏各类灾害的科学评估模型和方法，对一些重大灾害的认识与防治技术，科技整体支撑能力有待提高等。

(5) 防灾减灾高水平科技人才匮乏。防灾减灾领域的高层次、高水平的学术技术带头人和工程技术应用人才相对较少。

(6) 科普宣教力度不够。

在日本，学校安全教育细致到位，高标准建设学校校舍，防灾用品有备无患，学校是所有居民避灾的地方，第一个原因是前期房屋造得比较牢固，第二这里有操场，可以供直升机进行救援。同时日本的居民已经养成习惯，一谈到灾害先看学校，学校变成一个参照物。日本所有学校每年都要有计划地进行 4 次左右的全国学校灾害模拟教育；定期举行防灾食物模拟竞赛，让学生养成灾害本能反应，减少对灾害的恐惧；从学校课程到家庭演练都不放松灾害教育，几乎每个家庭都配备一套灾害应急自救包。日本的防灾教育可以说"从精神层面形成较强的防灾意识，从细节上凸显对学生生命的呵护"。如图 10-3-1 所示，震后日本小朋友身上的黄色行头，是他们的座椅靠垫，每所学校必备，地震时随时取下作为防护用品，图 10-3-2 为日本地震后地铁暂时停运，日本人坐在楼梯两侧，确保中间畅通。这些充分体现了日本对国民的防灾意识和防灾教育是非常重视的，在政府管理缺位的情况下，日本民众自我约束、自我维持应有的秩序，可以说处惊不乱，遭灾不慌，充分反映了日本灾害教育的长期性和连续性。

图 10-3-1 小学生避震

图 10-3-2 避难中的民众

2. 国外防灾减灾工作现状

联合国 1989 年提出 20 世纪 90 年代为"国际减灾十年"之后，发达国家开始重视防灾减灾技术的研究和开发，不断加强各个灾害种类的基础理论研究，积极研发防灾救灾的技术，尤其注重应用科学技术手段来提高防灾减灾能力，但是各国的发展呈现出了不平衡的态势，以美国、日本等为首的发达国家拥有世界上最先进的科学理论和技术，防灾减灾能力较强，相比之下，发展中国家则在各研究领域存在着较大差距。

近几年来，科学技术在美国国家防灾减灾体系建设中的比重日益增大。在气象监测中，美国利用先进的专业技术，包括大地同步卫星、极轨卫星、多普勒雷达等现代信息技术，利用科学的地面观测系统、大气运动分析处理系统等，建立了具有世界一流水平的国家天气服务系统，对洪水、干旱、龙卷风等气象灾害进行及时、准确的监测和预测。尤其是在龙卷风形成机理模型方面，已从简单模型发展成为在中等雷暴中的循环模型，对龙卷风的预警正从"探测"向"预测"阶段转变。

美国在抗震方面也拥有世界领先的技术，借鉴了世界上受地震灾害严重的国家的经验教训，积极开发了一系列在技术上安全可靠、经济上可行的设计和施工方法，采纳了几十项的智慧技术，使现有和新建的建筑物的抗震水平得到了提高，已经解决了农村和城市住房的抗震安全问题。在地震预警方面，日本已开发出地震预警系统，并在 2008 年 6 月 14 日 8 点 43 分 51 秒，日本岩手宫城地震，成功速报，大大减少了生命和财产损失。

国外的先进经验简单介绍如下。

（1）日本完善的法律体系和规划体系

防灾减灾法律体系是一个以《灾害对策基本法》为龙头的相当庞大的体系，共由 52 项法律构成。根据《灾害对策基本法》的规定，"中央防灾会议"负责制定"防灾基本规划"，作为防灾领域的最高层次规划。

众多灾害所积累的经验教训使日本认识到，使民众具有较高的防灾意识和正确的知识，对于提高民众的自护能力，减少灾害可能带来的生命财产损失是非常重要的。因此，日本对防灾减灾宣传普及活动非常重视，有许多制度化而又丰富多彩的形式。

① 众多的宣传活动日。采取的活动形式有展览、媒体宣传、标语、讲演会、模拟体验等。

② 学校普及防灾教育。1995 年阪神大地震发生以后，日本更加重视在学校开展防灾教育，文部省（现文部科学省）号召各地中小学都要开展防灾教育，并组织编写防灾教材，分发给各个学校。2000 年编写了一套面向小学低年级学生的教材，名为"思考我们的生命和安全"。

③ 居民自主防灾组织的形成。日本 3252 个市区町村级行政区划中，有 2472 个拥有居民自主防灾组织，组织的总数接近 9.7 万个，按全国总户数统计，有 56.1% 的家庭加入其中。这些自主防灾组织平时开展防灾训练、防灾知识普及、防灾巡逻等活动，发生灾害时进行初期消防、引导居民进行避难、救助伤员、搜集和传递信息、分发食物和饮用水等活动。阪神大地震后，日本提倡"自救"、"共救"、"公救"的原则。即灾害发生后首先是居民的"自救"、然后是邻里和社区的"共救"、最后是政府的"公救"。居民自主防灾组织的日常活动对于提高居民的自救能力具有不可忽视的作用，当灾害发生后居民自主防灾组织就是开展共救活动的重要主体。

（2）美国注重防灾减灾的科技研究和管理

美国十分注重防灾减灾的科研工作，提倡运用高新技术防灾减灾，明确提出：

① 探求主要自然灾害的物理特性。如气候、气象与自然灾害之间的关系。

② 增强减灾工程和技术的能力。如研究并改善生命线工程结构特性；改进防灾减灾工程设计；研究用于监测、试验、通信、搜寻和抢险等的工程系统。

③ 改善减灾的数据管理。研究和完善实时灾害观测资料、告警信息和完整灾害信息的获取手段，建立信息的实时专家应用系统。

④ 改进灾害风险评估，包括自然灾害的时空特性、多灾害风险组合以及减灾措施的成本效益分析，如改进全国范围的系统风险评估，提供自然灾害损失的可靠评估、自然灾害损失的后果评估、对不同减灾政策和战略的成本、效益、有效性、优先程度等的评估。建立定量风险评估数据库；研究先进的动力模型评估极难预报的重大灾害风险。

⑤ 实行生态系统管理。如气候、气象与水文系统。更好地监测和预报气候、气象与洪水、干旱等自然灾害之间的关系，特别重视对水文系统的研究。

⑥ 研究环境变化的社会经济问题。如人类的相互作用。进一步研究人类个体行为对自然灾害的响应，提高安全避险行为的机会。改进研究减灾机制的分析工具和减灾的费用-效率分析，开发科学决策工具，如各种为减灾决策服务的分析模型、调查方法等。

⑦ 开发减灾工程技术。如开发新的或具有使用前景的减灾工程技术并加速其应用，关注大规模集成人类系统工程和由于先进技术的采用而可能出现的问题。

⑧ 加强自然灾害的观测与数据管理。如开发在信息高速公路上的灾害信息资源网络；充分应用地理信息系统于减灾；开发减灾人工智能系统软件和先进的图形技术。

3. 防灾减灾工作发展趋势

经过多年的努力，全球在应对自然灾害的理论、方法和国际实践等方面取得了重大进展，形成了新的防灾减灾理论和方法。当前，国际减灾理论与方法有四大发展趋势。

（1）从灾中救助转向灾前预防

人类对自然生态环境的破坏和影响是近年来灾害加重的主要因素。环境衰退、气候变化已经成为人类不得不面对的灾难性问题，这些问题使沿海地区洪涝灾害加重，近岸湿地、红树林大面积丧失。有研究称，到 2080 年，全球将有数百万人因海平面上升而被迫迁移。

面对如此大规模的灾难，等待灾害来临时的灾中救助已为时过晚。国际社会呼吁消除灾难发生的人为隐患，推迟、减缓灾害的发生进程和强度，将环境保护领域的预防原则应用到自然灾害的防灾减灾中。在这方面最具代表性的莫过于国际社会应对全球气候变化采取的行动。通过在减缓和适应两方面采取措施，减少人类温室气体的排放，同时提高人类适应气候变化带来的影响，特别是提高沿海地区适应气候变化的能力，最大限度地将气候变化的影响降至可控的最低标准。对其他各类灾害的预防，重视从成灾机理入手，消除致灾因素及其耦合作用导致灾害发生的可能，同时提高承灾体的抗灾能力。

（2）重视次生灾害防治

自然灾害除其本身造成的影响外，还会引发次生灾害，这种灾害有时比原生灾害更严重。2011 年 3 月 11 日日本东北部 9 级特大地震引发的海啸，以及随后的核泄漏事故，次生灾害造成的危害已远远超过原生灾害本身。当前，防治次生灾害已经成为国际减灾防灾理论的重要内容。

（3）提高突发性灾害的应急能力

提高突发性灾害的应急能力是现行国际社会防灾减灾的重要措施之一，特别是对地区性影响较大的突发性灾害事件，迅速、有力的灾中救助是减轻灾害损失的关键环节。这种应急能力不仅包括医疗、物品、资金的准备，还包括技术能力，如对溢油、赤潮等突发性海洋灾害，迅速降解或消除污染物，是减少灾害损失所需要的。2011 年 3 月 11 日，日本强震海啸引发如此严重的核泄漏事故，其根本原因也是核设施本身抗海啸标准不够以及处置重大核泄漏事故技术手段不足。

（4）从危机管理向风险管理转变

灾害管理是防灾减灾的重要手段。以往，国际社会对灾害管理的重点是危机管理。这种管理无法或很少降低灾害风险。随着人类对各种灾害认知的深入，针对灾害发生的多因性、系统性和不可预期性，在长期自然灾害管理的基础上提出综合自然灾害的风险管理理论，并且在日、美等一些发达国家的灾害管理中得到应用。

10.4 灾害应急预案

应急预案是针对具体设备、设施、场所和环境，在安全评价的基础上，为降低事故造成的人身、财产与环境损失，就事故发生后的应急救援机构和人员，应急救援的设备、设施、条件和环境，行动的步骤和纲领，控制事故发展的方法和程序等，预先做出的科学而有效的计划和安排。

应急预案指面对突发事件如自然灾害、重特大事故、环境公害及人为破坏的应急管理、指挥、救援计划等。它一般应建立在综合防灾规划上。其几大重要子系统为：完善的应急组织管理指挥系统；强有力的应急工程救援保障体系；综合协调、应对自如的相互支持系统；充分备灾的保障供应体系；体现综合救援的应急队伍等。

总体预案是全国应急预案体系的总纲，明确了各类突发公共事件分级分类和预案框架体系，规定了国务院应对特别重大突发公共事件的组织体系、工作机制等内容，是指导预防和处置各类突发公共事件的规范性文件。

1. 应急预案类型

应急预案的类型有以下四类：

（1）应急行动指南或检查表。针对已辨识的危险制定应采取的特定的应急行动。指南简要描述应急行动必须遵从的基本程序，如发生情况向谁报告，报告什么信息，采取哪些应急措施。这种应急预案主要起提示作用，对相关人员要进行培训，有时将这种预案作为其他类型应急预案的补充。

（2）应急响应预案。针对现场每项设施和场所可能发生的事故情况，编制的应急响应预案。应急响应预案要包括所有可能的危险状况，明确有关人员在紧急状况下的职责。这类预案仅说明处理紧急事务的必需的行动，不包括事前要求（如培训、演练等）和事后措施。

（3）互助应急预案。相邻企业为在事故应急处理中共享资源，相互帮助制定的应急预案。这类预案适合于资源有限的中、小企业以及高风险的大企业，需要高效的协调管理。

（4）应急管理预案。应急管理预案是综合性的事故应急预案，这类预案详细描述事故前、事故过程中和事故后何人做何事，什么时候做，如何做。这类预案要明确制定每一项职责的具体实施程序。应急管理预案包括事故应急的 4 个逻辑步骤：预防、预备、响应、恢复。

2. 应急预案主要内容

应急预案要形成完整的文件体系。重大事故应急预案可根据 2004 年国务院办公厅发布的《国务院有关部门和单位制定和修订突发公共事件应急预案框架指南》进行编制。应急预案主要内容应包括：

(1) 总则。说明编制预案的目的、工作原则、编制依据、适用范围等。

(2) 组织指挥体系及职责。明确各组织机构的职责、权利和义务，以突发事故应急响应全过程为主线，明确事故发生、报警、响应、结束、善后处理处置等环节的主管部门与协作部门；以应急准备及保障机构为支线，明确各参与部门的职责。

(3) 预警和预防机制。包括信息监测与报告，预警预防行动，预警支持系统，预警级别及发布（建议分为四级预警）。

(4) 应急响应。包括分级响应程序（原则上按一般、较大、重大、特别重大四级启动相应预案），信息共享和处理，通信，指挥和协调，紧急处置，应急人员的安全防护，群众的安全防护，社会力量动员与参与，事故调查分析、检测与后果评估，新闻报道，应急结束 11 个要素。

(5) 后期处置。包括善后处置、社会救助、保险、事故调查报告和经验教训总结及改进建议。

(6) 保障措施。包括通信与信息保障，应急支援与装备保障，技术储备与保障，宣传、培训和演习，监督检查等。

(7) 附则。包括有关术语、定义，预案管理与更新，国际沟通与协作，奖励与责任，制定与解释部门，预案实施或生效时间等。

(8) 附录。包括相关的应急预案、预案总体目录、分预案目录、各种规范化格式文本，相关机构和人员通讯录等。

3. 应急预案的编制方法

应急预案的编制一般可以分为 5 个步骤，即组建应急预案编制队伍、开展危险与应急能力分析、预案编制、预案评审与发布和预案的实施。

(1) 组建编制队伍

预案从编制、维护到实施都应该有各级各部门的广泛参与，在预案实际编制工作中往往会由编制组执笔，但是在编制过程中或编制完成之后，要征求各部门的意见，包括高层管理人员，中层管理人员，人力资源部门，工程与维修部门，安全、卫生和环境保护部门，邻近社区，市场销售部门，法律顾问，财务部门等。

(2) 危险与应急能力分析

分析国家法律、地方政府法规与规章，如安全生产与职业卫生法律、法规，环境保护法律、法规，消防法律、法规与规程，应急管理规定等。调研现有预案内容包括政府与本单位的预案，如疏散预案、消防预案、工厂停产关闭的规定、员工手册、危险品预案、安全评价程序、风险管理预案、资金投入方案、互助协议等。

(3) 预案编制

(4) 预案的评审与发布

(5) 预案的实施

4. 应急培训与演习

(1) 应急预案培训的原则和范围。应急救援培训与演习的指导思想应以加强基础、突出重点、边练边战、逐步提高为原则。应急培训的范围应包括：政府主管部门的培训、社区居民的培训、企业全员的培训和专业应急救援队伍的培训。

（2）应急培训的基本内容。基本应急培训主要包括：报警、疏散、灾害应急培训、不同水平应急者培训等。

（3）训练和演习类型。根据演习规模可以分为桌面演习、功能演习和全面演习。根据演习的基本内容不同可以分为基础训练、专业训练、战术训练和自选科目训练。

5. 应急预案的发展历程

美国是使用应急预案较早的国家之一，在 20 世纪 50 年代之前，应急救援还被看做是受灾人的邻居、宗教团体及居民社区的一种道德责任，而不是政府的责任。1967 年，美国开始统一使用"911"报警救助电话号码。20 世纪 60～70 年代，美国地方政府、企业、社区等开始大量编制应急预案，不过，尽管如此，大约 20% 的地方政府到 1982 年还没有正式的应急预案。1992 年，美国发布《联邦应急预案》（Federal Response Plan）。"911"事件之后的 2002 年，美国国土安全部成立。2004 年，美国发布了更为完备的《国家应急预案》。

1949 年建国初期，我国开始制定单项应急预案，直到 2001 年才开始进入综合性应急预案的编制使用阶段。在我国的煤矿、化工厂等高危行业，一般会有相应的《事故应急救援预案》和《灾害预防及处理计划》。公安、消防、急救等负责日常突发事件应急处置的部门，都已制定各类日常突发事件应急处置预案。20 世纪 80 年代末，国家地震局在重点危险区开展了地震应急预案的编制工作，1991 年完成了《国内破坏性地震应急反应预案》编制，1996 年，国务院颁布实施《国家破坏性地震应急预案》，大约在同一个时期，我国核电企业编制了《核电厂应急计划》，1996 年，国防科工委牵头制定了《国家核应急计划》。

2003 年 7 月，国务院办公厅成立突发公共事件应急预案工作小组，开始全面布置政府应急预案编制工作。

我国于 2006 年 1 月 8 日颁布了《国家突发公共事件总体应急预案》，同时还编制了若干专项预案和部门预案，以及若干法律法规。截至 2007 年年初，全国各地区、各部门、各基层单位共制定各类应急预案超过 150 万件，我国应急预案框架体系初步形成。

6. 国家专项应急预案

（1）国家自然灾害救助应急预案

（2）国家防汛抗旱应急预案

（3）国家地震应急预案

（4）国家突发地质灾害应急预案

（5）国家处置重、特大森林火灾应急预案

（6）国家安全生产事故灾难应急预案

（7）国家处置铁路行车事故应急预案

（8）国家处置民用航空器飞行事故应急预案

（9）国家海上搜救应急预案

（10）国家处置城市地铁事故灾难应急预案

（11）国家处置电网大面积停电事件应急预案

（12）国家核应急预案

（13）国家突发环境事件应急预案

　　（14）国家通信保障应急预案

　　（15）国家突发公共卫生事件应急预案

　　（16）国家突发公共事件医疗卫生救援应急预案

　　（17）国家突发重大动物疫情应急预案

　　（18）国家重大食品安全事故应急预案

10.5　灾害风险

1. 灾害风险概念及发展现状

　　风险定义为遇到危险或遭受伤害或损失的概率。对灾害来说，风险专门用来评述灾害将要发生的概率，并且应用如高风险、中等风险、低风险等相应术语来表明概率值。根据灾害作用和易损性分析，风险评估有几个步骤，即什么能够并应该保护、保护到何种程度、如何采取科学措施来对付原先没有采取减轻风险措施而潜在的灾害影响。

　　灾害风险的区域灾害风险评价与管理是随着社会经济高速发展应运而生的一门新兴学科。由于社会经济高速发展，各种不同风险的新技术、新能源的采用，人口的集中，人类活动和各类设施高度密集，综合性的复杂工业体系的形成，虽然个别设施采取了必要的安全措施，但区域内各种危险因素同时并存，交互作用，从而诱发出新的环境风险的可能性。对现代城市危险源的关注，不再是某个危险点的概念，必须关注它对城市面源的危害程度。一个工厂的事故常常给整个区域带来灾害，如 1984 年印度博帕尔市的一个农药厂毒气泄漏，引起该市 2500 人死亡，上万人双目失明，经济损失达 1.7 亿美元。1997 年 6 月 27 日北京东方化工厂燃炉爆炸损失也很严重。以上这些都是区域灾害风险管理不善，从而给社会公众带来灾难。这些灾难性的事故，早就引起各国减灾部门与世界有关国际组织重视。1986 年联合国环境规划署、世界卫生组织、国际原子能机构联合呼吁各国开展区域风险评价与管理研究活动，强调区域灾害风险评价与管理研究是保护环境生态，维护公众健康，发展经济的不可缺少的工作。

　　科学地看，城市建设中灾害风险有多种分类方法，如可按风险发生机制划分：

　　（1）常规风险。灾害常规风险主要是区域内各种技术设施（如工厂、矿山、交通等）在常规运行时，有的技术设施向环境排放有害物质。例如燃煤电厂运行时，向环境排放燃煤烟尘、二氧化碳、氮氧化物等，这些污染使区域环境大气质量受到影响，公众健康受到慢性危害，形成酸雨时会毁坏农作物、森林等，使环境生态受到影响。我们把由于各种技术设施常规运行时排放的有害物质而危害环境、健康的风险称为常规风险。

　　（2）事故风险。是指人们在从事生产活动和社会活动时，由于种种原因，致使技术设施发生故障，产生人员伤亡，经济损失，环境受到损害。按事故风险的危害程度，可粗分为 3 种等级：灾难性事故风险；严重事故风险；一般事故风险。

　　（3）潜在风险。灾害潜在风险是指在区域环境内，那些具有发生环境危害可能而暂时还没有发生的风险。

2. 灾害保险

　　《国家综合防灾减灾十二五规划》（征求意见稿）透露，1990～2009 年 20 年间，我国因灾直接经济损失占国内生产总值的 2.48%，平均每年约有 1/5 的国内生产总值增长率因自然灾害损失而抵消。目前，中国大灾之后的重建基本上是靠国家财政和民间捐助，应对自然灾害，政府当然要有所作为，但仅靠政府是不够的。有关专家认为，推动建立符合国情的巨灾风险管理体系已成为当务之急。

随着我国经济和社会的快速发展和城市化进程的加快，财富集中程度的上升，灾害事故造成的经济损失呈现出快速增长的趋势，巨灾风险问题已成为我国经济社会发展过程中必须关注的重大问题。

建立巨灾风险金融保障机制十分必要，保险作为一种市场化的风险转移机制、社会互助机制和社会管理机制，与和谐社会建设的目标具有内在的一致性。政府应通过建立巨灾保险制度，使广大人民群众遭受巨灾损失后能够及时得到经济补偿，可以保障社会正常的生产生活秩序不被重大意外和风险事件破坏和打断。

应用保险机制管理巨灾风险可通过政府推动、政策支持的方式进行推广，巨灾风险发生频率较低，群众投保商业险的意愿不强，同时巨灾造成的损失程度大，保险公司很难独立承担。因此建立巨灾保险为重要内容的巨灾风险管理体系，政府推动和政策支持是必要的条件。这也是从国际国内政策性保险发展实践得出的重要结论。同时，由于巨灾风险的破坏性很大，涉及范围广，保险业要通过再保险业务进一步分散风险。再保险使风险在更广泛的区域内分散，可减少巨灾对保险行业的冲击，更大程度上规避风险。

国际灾害保险方面，以土耳其灾害保险机制为例简单介绍灾害保险方面的经验。

20 世纪 90 年代以来，土耳其经历了一系列严重的灾害，例如 1992 年发生在埃尔津詹省（Erzincan）的大地震，1998 年发生在黑海地区的洪涝灾害，以及 1998 年发生在 Adana-Ceyhan 的地震，1999 年 8 月 17 日在马尔马拉又发生了里氏 7.4 级的地震，造成约 1.5 万人死亡，40～60 万人无家可归。马尔马拉地震对土耳其的工业腹地造成了重创，财产损失高达 65 亿美元（GDP 的 3.3%），是土耳其 90 年代破坏程度最严重的一次地震。

马尔马拉地震后，土耳其成立了巨灾保险集团，成为一种创新的风险融资。风险融资计划是土耳其政策变革的一个亮点。制定了国家巨灾保险计划，对居民建筑提供强制性保险，以便转移个人和国家预算风险。巨灾保险计划由土耳其巨灾保险集团实施。该集团是根据土耳其政府地震保险法令成立的，并于 1999 年 12 月开始生效，是独立的国有法人实体。巨灾保险集团由政府、民营部门和学术团体的代表组成。该集团设有公共部门的雇员。该集团为每个住户提供最高不超过 2.5 万美元的保险金。根据各地的震级、土壤情况以及建筑物的类型和质量，保险金额在全国各地各不相同。

自从 2000 年 9 月该计划开始实施以来，巨灾保险金额翻了三陪。土耳其巨灾保险集团现在已经成为世界上第二大的政府保险机制之一（规模仅次于日本），共向 270 万土耳其房屋所有人提供了保险金（占合法住宅的 20%）。该计划现已做到自我维持并成为可持续性的保险金库。

然而土耳其巨灾保险集团也有它的不足，包括：

（1）不包括建筑物的修复和改造；

（2）不支持政策的更新；

（3）对不参加保险的行为处罚力度有限，阻碍了政策的效力。

此外，土耳其灾害保险法没有颁布，这一点也弱化了保险的强制性质。

参 考 文 献

[1] 周云，李伍平等. 土木工程防灾减灾概论. 北京：高等教育出版社，2005
[2] 江见鲸，徐志胜等. 防灾减灾工程学. 北京：机械工业出版社，2005
[3] 王茹. 土木工程防灾减灾学. 北京：中国建材工业出版社，2008
[4] 王绍玉，冯百侠. 城市灾害应急与管理. 重庆：重庆出版社，2005
[5] 张庆贺，廖少明，胡向东. 隧道与地下工程灾害防护. 北京：人民交通出版社，2009
[6] 冯志泽，胡政，何钧等. 建立城市自然灾害承灾能力指标的思路探讨. 灾害学，1994，9（4）：40-44
[7] 李海江. 2000-2008 年全国重特大火灾统计分析. 中国公共安全：学术版，2010，18（1）64-69
[8] 中华人民共和国住房和城乡建设部. GB 50011—2010 建筑抗震设计规范. 北京：中国建筑工业出版社，2010
[9] 张岗，贺拴海，郭琦等. 火灾下钢筋混凝土梁桥高温场形变分析. 长安大学学报（自然科学版），2009，29（1）：54-58
[10] 邢国伟. 地下建筑火灾中的烟气危害与火场排烟技术. 安防科技，2006（6）：26-27，56
[11] 中华人民共和国住房和城乡建设部. GB 50009—2001 建筑结构荷载规范. 北京：中国建筑工业出版社，2002
[12] 中华人民共和国交通部. JTG D60—2004 公路桥涵设计通用规范. 北京：人民交通出版社，2004
[13] 钟立勋. 中国重大地质灾害实例分析. 中国地质灾害与防治学报，1999，10（3）：1-10
[14] 张虎男. 火山与火山灾害. 灾害学，1989（6）：80-85
[15] 陈培善，白彤霞. 火山灾害及减灾措施. 国际地震动态，1999（2）
[16] 张维宸. 地质灾害防治对策. 中国地质灾害与防治学报，2001，12（4）：77-80
[17] 郭进修，李泽椿. 我国气象灾害的分类与防灾减灾对策. 灾害学，2005，20（4）：106-110
[18] 蒋卫国，李京，王琳. 全球 1950—2004 年重大洪水灾害综合分析. 北京师范大学学报（自然科学版），2006，2（5）：530-533
[19] 宋萌，周小凤，郑必杰. 浅谈爆破产生的危害及预防措施. 硅谷，2009（14）：76-77
[20] 王可强. 爆炸冲击波在建筑群中传播规律及其毁伤效应研究. 硕士学位论文，北京工业大学，2007
[21] 孙文彬. 爆炸荷载及爆炸对 RC 结构影响的研究. 基建优化，2007，28（5）：147-151
[22] 谭国庆，周心权，曹涛等. 近年来我国重大和特别重大瓦斯爆炸事故的新特点. 中国煤炭，2009，35（4）：7-8，13
[23] 赵艳霞，侯青，徐晓斌等. 2005 年中国酸雨时空分布特征. 气候变化研究进展，2006，2（5）：242-245
[24] 邵力刚，刘蓓. 城市光污染及其防治措施. 灯与照明，2006，30（1）：13-15
[25] 中国国际减灾十年委员会. 中华人民共和国减灾规划（1998～2010 年）. 中国减灾，1998，8（3）：1-8
[26] 中华人民共和国住房和城乡建设部. GB 50017—2003 钢结构设计规范. 北京：中国计划出版社，2003

［27］ 中华人民共和国住房和城乡建设部. GB 50045—95 高层民用建筑设计防火规范（2005 年版）. 北京：中国计划出版社，2005

［28］ 李治平. 工程地质学. 北京：人民交通出版社，2002

［29］ 李国强，李兆治. 钢结构性能化抗火设计的初步设想. 消防科学与技术，2004，23（1）

［30］ 高冬光，王亚玲. 桥涵水文. 北京：人民交通出版社，2008

［31］ 赵明华. 土力学与基础工程. 第 3 版. 武汉：武汉理工大学出版社，2009

［32］ 乔登江，朱焕金. 人类的灾难——核武器与核爆炸. 北京：清华大学出版社，暨南大学出版社，2000

［33］ 刘嘉麟. 中国火山. 北京：科学出版社，1999

［34］ 黄本才. 结构抗风分析原理及应用. 上海：同济大学出版社，2001

［35］ 李国强. 钢结构抗火设计方法的发展. 钢结构，2000，15（3）

［36］ 方正，程彩霞，卢兆明. 性能化防火设计方法的发展及其实施建议. 自然灾害学报，2003，12（1）

［37］ 朱永全. 隧道工程. 第 2 版. 北京：中国铁道出版社，2011

［38］ 徐占发，马怀忠，王茹. 混凝土与砌体结构. 北京：中国建材工业出版社，2004

［39］ 李凤. 工程安全与防灾减灾. 北京：中国建筑工业出版社，2005

［40］ 李爱群，高振世. 工程结构抗震与防灾. 南京：东南大学出版社，2003

［41］ 杨金铎. 建筑防灾与减灾. 北京：中国建材工业出版社，2002

［42］ 王茹. 城市灾害的属性与研究方法. 北京城市学院学报 2005 增刊，57-60